Wissen
auf einen Blick

Planeten, Sterne, Universum

Bildnachweis

AAAS/Science: 33 (ESA XMM-Newton and NASA Spitzer data)
Agentur Focus/SPL/Gary Hincks: 79
Steve Albers, Dennis di Cicco, Gary Emerson: 55
Yuri Beletsky: 13
Clementine, BMDO, NRL, LLNL: 67
DESY, Hamburg: 25
ESA: 105, 125, 193, 195, 199
ESA: 43 (NASA/SOHO), 91 und 95 (DLR/FU Berlin (G. Neukum)), 151
(NASA, G. Tinetti (University College London, UK & ESA) and M. Kornmesser
(ESA/Hubble)), 197 (J. Huart)
ESO: 6, 23, 123, 131, 143, 167
Gemini Observatory/GMOS Team: 155
Robert Gendler: 159, 218 u.
The International Astronomical Union/Martin Kornmesser: 4, 75
mauritius images: 15 (Edmund Nägele), 19 (SuperStock), 27 (imagebroker),
47 (Rolf Hicker), 59 (Firstlight), 115 (Phototake), 117 (Detlev van Ravenswaay),
119 (Photo Researchers), 133 (Photo Researchers), 149 (age), 153 (Photo Re-
searchers), 216 u. (Edmund Nägele), 217 o. M. (Firstlight), 218 o. (Phototake)
NASA: 21, 29, 45, 113, 175, 181, 185, 189, 201, 219 o. r. und u. r.
NASA: 31 (Goddard Space Flight Center), 35 (General Dynamics), 41 (Goddard
Space Flight Center Scientific Visualization Studio), 53 (JPL-Caltech), 57 und
61 (JPL), 63 (Apollo), 65 (David R. Scott), 69 (Headquarters/Greatest Images of
NASA (NASA-HQ-GRIN)), 71 (JPL), 73 (JPL-Caltech), 77 (Goddard Space Flight
Center/Reto Stöckli/Robert Simmon/MODIS/USGS), 81 (Johns Hopkins University
Applied Physics Laboratory/Carnegie Institution of Washington), 83 (NSSDC),
85 (JPL), 87 (James Bell (Cornell Univ.), Michael Wolff (Space Science Inst.) and
the Hubble Heritage Team (STScI/AURA)), 89 (JPL), 93 (JPL/MSSS), 97 (ESA),
99 (JPL/University of Arizona), 101 (JPL/DLR), 103 (ESA and Erich Karkoschka
(University of Arizona)), 107 (JPL/Space Science Institute), 109 (JPL/STScI), 111 (JPL),
127 (JPL-Caltech), 129 (Casey Reed), 135 (ESA and G. Bacon (STScI)), 137 (ESA, A.
Sarajedini (University of Florida) and G. Piotto (University of Padua)), 139 (JPL-Caltech, J. Stauffer (SSC, Caltech)), 141 (ESA, T. Megeath (University of Toledo) and M.
Robberto (STScI)), 145 (JPL-Caltech/J. Hora (Harvard-Smithsonian CfA)), 147 (ESA
and Allison Loll/Jeff Hester (Arizona State University). Acknowledgement: Davide
De Martin (ESA/Hubble)), 157 (JPL-Caltech/University of Wisconsin), 161 (JPL-Cal-
tech/M. Meixner (STScI) & the SAGE Legacy Team), 163 (N. Benitez (JHU),
T. Broadhurst (Racah Institute of Physics/The Hebrew University), H. Ford (JHU),
M. Clampin (STScI), G. Hartig (STScI), G. Illingworth (UCO/Lick Observatory), the
ACS Science Team and ESA), 165 (ESA, the Hubble Heritage (STScI/AURA)-ESA/
Hubble Collaboration and A. Evans (University of Virginia, Charlottesville/NRAO/

Stony Brook University)), 169 (ESA, M. J. Jee and H. Ford (John Hopkins University)), 171 (WMAP Science Team), 173 (ESA, HEIC and the Hubble Heritage Team
(STScI/AURA)), 177 (GSFC/METI/ERSDAC/JAROS and U.S./Japan ASTER Science
Team), 183 (Headquarters/Greatest Images of NASA (NASA-HQ-GRIN)), 187 (Jim
Grossmann), 207 (Ames Research Center), 217 u. l. (JPL/STScI), 217 u. r. (JPL),
219 o. l. (Jim Grossmann), 219 u. l. (Headquarters/Greatest Images of NASA (NASA-
HQ-GRIN))
picture-alliance: 9 (KPA/HIP/Ann Ronan Picture Library), 11 und 17 (akg-images),
49 (KPA/HIP/Museum of London), 121 (dpa), 179 (dpa), 191 (dpa/dpaweb),
205 (Picture Press), 216 o. und 217 o. r. (akg-images)
SOHO: 37 und 39 (ESA & NASA), 51 (ESA & NASA, MDI/SOI and VIRGO data
imaged by A. Kosovichev, Stanfort University), 217 o. l. (ESA & NASA)
Virgin Galactic: 203

© Naumann & Göbel Verlagsgesellschaft mbH

Gesamtherstellung: Naumann & Göbel Verlagsgesellschaft mbH, Köln

Realisation und Redaktion: Guido Huß, Neslihan Kilic, Frank J. Müller,
Olaf Rappold, Michaela Salden, Anja Schlatterer, Julia Wahnschaffe (red.sign
GbR, Stuttgart)

ISBN 978-3-625-12141-1

www.naumann-goebel.de

Wissen
auf einen Blick

Planeten, Sterne, Universum

Bernhard Mackowiak

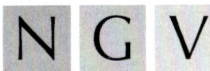

NGV

Inhalt

Vorwort

Mit der Frage konfrontiert, was sie für die faszinierendste Erscheinung unserer Welt halten, würden wahrscheinlich viele Menschen selbst heute, im Zeitalter der Computer und virtuellen Welten, den Sternenhimmel nennen. Die Faszination, die von den unvorstellbar weit entfernten funkelnden Lichtpunkten am Firmament ausgeht, ist immens und hat im Laufe der letzten Jahrzehnte mit den dramatisch wachsenden Kenntnissen über den Kosmos eher noch zugenommen. „Was ist da draußen und wie ist es dort? Ist irgendwo im All Leben möglich?" – das sind Fragen, die die Menschen bewegen, auch wenn die Astronomie als Wissenschaft ihnen ansonsten eher fremd ist.

Die Anziehungskraft des Themas „Weltraum" zeigt sich nicht zuletzt an den hohen Besucherzahlen in den Planetarien und Volkssternwarten, am großen Interesse an den über das Internet verbreiteten eindrucksvollen Bildern des Hubble-Weltraumteleskops und an der immer wieder immensen öffentlichen Resonanz bei besonderen astronomischen Ereignissen.

Vor allem die Hubble-Fotos haben uns viele neue Ansichten und Einsichten über den Kosmos vermittelt. Denn was Himmel und Weltraum angeht, so sind ihre Dimensionen nicht fassbar, ihre Grenzen nicht erreichbar, geschweige denn überwindbar. Die extremen physikalischen Verhältnisse, die gewaltigen Entfernungen verhindern ein direktes Untersuchen und damit wörtliches Begreifen der kosmischen Objekte. Darüber hinaus ist ein Vorstoß ins All mit ungeheurem technischem Aufwand verbunden, denn es ist eine extrem lebensfeindliche Umgebung, in die der Mensch sich dabei begibt: ein Vakuum, angefüllt mit tödlicher Strahlung. Wir können deshalb die überwiegende Zahl kosmischer Objekte nur aus der Ferne beobachten.

In diesem Rahmen können wir zum einen versuchen, mit immer raffinierteren Instrumenten jene Informationen aufzufangen und auszuwerten, die diese fernen kosmischen Objekte – seien es Sterne, Sternhaufen, Gasnebel, Galaxien oder Exoten wie die Schwarzen Löcher – in Form verschiedener Arten elektromagnetischer Strahlung zur Erde senden. Neben dem Licht und den Radiowellen sind es die Infrarot-, Ultraviolett-, Röntgen- und Gammastrahlung, die uns neue Einblicke gewährt haben. Zum anderen können wir auf der Grundlage der so gewonnenen Informationen entsprechende Modelle entwickeln und mit ihrer Hilfe die unfassbaren Verhältnisse und Vorgänge, die das Weltall zur Bühne der dramatischsten und faszinierendsten Schauspiele der Natur werden lassen, zu beschreiben und zu erklären versuchen.

Dank der Computer, der Raumfahrt sowie revolutionärer Techniken im Fernrohrbau hat es in den letzten fünfzig Jahren auf dem Gebiet der Astronomie gewaltige Fortschritte gegeben. Annahmen, die in den 1950er-Jahren noch als überzogene Spekulationen oder gar als Produkte wilder Fantasien galten und der Science-Fiction zugeordnet wurden, haben heute den Status wissenschaftlich gesicherter Fakten. Als Beispiele seien nur die Existenz der Exoplaneten und der Schwarzen Löcher genannt. Wenn wir heute über die Landschaften des Mars sprechen, können wir uns auf zahlreiche Raumsondenfotos stützen. Am heimischen PC oder in Planetarien können wir die Milchstraße durchqueren oder uns den energiereichen zerstörerischen Prozess eines Schwarzen Loches anschauen.

Von all diesen Phänomenen handelt dieses Buch. Es handelt aber auch vom Menschen, seiner Neugier und seiner Fantasie. Gepaart mit seinem Erfindergeschick werden sie ihm auch in Zukunft helfen, weitere Rätsel des Weltalls zu entschlüsseln. Doch gleichzeitig werden sich dabei neue stellen. Und so wird die Astronomie auch in Zukunft das bleiben, was sie immer war: eine grenzenlose Wissenschaft.

Ein Dom voller Sterne

Der Blick ins All

Bereits vor Jahrtausenden blickten unsere Vorfahren in den nächtlichen Himmel über sich. Und nutzten dabei die einzigen „Instrumente", die sie besaßen – die Augen. Doch was konnten die Menschen mit ihnen in einer sternenklaren Nacht sehen? Dinge, die für unsere Vorfahren allnächtlich waren, für uns Städter aber fremd geworden sind.

Spaziergang am Nachthimmel

Schon kurz nach Sonnenuntergang erscheint manchmal im Rot der Abenddämmerung kurz über dem Horizont nicht allzu weit vom Sonnenuntergangspunkt ein helles Gestirn – der Planet Merkur. Wegen seiner Sonnen- und damit Horizontnähe ist er nur äußerst schwer

Weißt du, wie viel Sternlein stehen?
Diese Frage können die Astronomen heute sehr genau beantworten. Vorausgesetzt, der Mond steht nicht am Himmel, kann das bloße Auge etwa 2500 Sterne erkennen. Insgesamt gibt es am Himmel etwa 6000 Sterne. Verwendet man einen Feldstecher, werden es 10 000; in einem kleinen Fernrohr 100 000 und in den Großteleskopen geht die Sternenzahl in die Millionen bis Milliarden.

zu beobachten. Auffälliger, ja wegen Helligkeit ins Auge springend, ist dagegen ein viel höher stehendes Gestirn, das als Abendstern bekannt ist. Es ist die Venus, der zweite Planet des Sonnensystems. Beide werden einige Wochen später höher am Himmel stehen oder ganz verschwunden sein. Denn obwohl sie wie Sterne erscheinen, sind sie keine.

Während die übrigen Sterne, die sich nun langsam aus dem tiefer werdenden Blau des Himmels herausschälen, untereinander immer an derselben Stelle stehen, sodass die Alten sie zu Sternbildern verbinden konnten, wandern Merkur und Venus zwischen diesen festgehefteten Sternen weiter. Die Griechen sprachen deshalb auch von Wandelsternen. Wir nennen sie heute Planeten und meinen damit Gestirne, die sich nicht nur unter den übrigen Fixsternen bewegen, sondern auch nicht selbst leuchten. Während die Fixsterne ferne Sonnen sind, also selbstleuchtende heiße Gaskugeln wie unsere Sonne, handelt es sich bei Planeten um eigentlich dunkle Gesteinskugeln, die das Licht der Sonne wie ein Spiegel zurückstrahlen. Zu diesen beiden werden sich später noch der rötlich leuchtende Mars, der gelblich leuchtende Jupiter und der Saturn gesellen. Die zunehmende Sichel unseres Erdtrabanten, des Mondes, leuchtet schon hoch am Himmel. Sie wird in

den nächsten Tagen noch breiter werden – eindrucksvoller lässt sich nicht verfolgen, wie ein Himmelskörper im geborgten Licht der Sonne leuchtet.

In der Tiefe des Weltalls

Inzwischen ist es stockdunkel geworden. Neben vielen hellen und noch viel mehr schwächeren Sternen schält sich ein mattleuchtendes Sternenband heraus, das sich hoch am Himmel entlangzieht. Es ist die Milchstraße, die Ebene unseres scheibenförmigen Sternsystems, unserer Galaxis. Hier stehen die Sterne am dichtesten, ist unsere Sonne nur ein Stern unter Milliarden.

Plötzlich scheinen auf einmal mehrere kleine Sterne zur Erde zu fallen, gefolgt von einem kurz aufleuchtenden zischenden Feuerball: Minimeteoriten, Sternschnuppen genannt, und ein Großmeteorit sind in die Erdatmosphäre eingedrungen; der große ist vielleicht sogar irgendwo niedergegangen.

Es wird langsam Morgen. In der Dämmerung zeigt sich ein Schweifstern, ein Komet. Wieder einmal hat einer dieser aus gefrorenem Staub und Wasser bestehenden Vagabunden vom äußeren Rand des Sonnensystems zu uns gefunden und bildet den krönenden Abschluss dieser wunderbaren Nacht.

Der Himmel über uns

*Romantik pur und auch heute noch möglich: der
Mond im braungrauen Licht und Venus am Hori-
zont. Hier auf einem Gemälde von Caspar David
Friedrich „Zwei Männer in Betrachtung des Mondes".*

Wie der Große Bär zum Großen Wagen wurde

Sternbilder und ihre Geschichte

Auf die Frage, welches Sternbild sie kennen, werden die meisten Leute: „Der Große Wagen, der Kleine Wagen und der Orion!" antworten oder eines der Tierkreissternbilder nennen, das sie vom Horoskop her kennen. Geht es aber ans Zeigen, so werden viele es noch beim Großen Wagen und Orion können, mit dem Kleinen Wagen ihre Schwierigkeiten haben und bei den Tierkreissternbildern kapitulieren.

Denn leider stimmt die Form der meisten Sternbilder nicht mit der benannten Figur überein. Der Große und Kleine Wagen sowie Orion bilden eben deutliche Ausnahmen. Leicht lässt sich in den sieben Sternen ein großer und kleiner vierrädriger Wagen mit einer von drei Pferden gezogenen Deichsel erkennen, und die sieben Sterne des Orion ergeben einfach einen gegürteten Jäger. Schwieriger, ja unmöglich wird es, im vereinfachten volkstümlichen Großen Wagen das ursprüngliche Sternbild Großer Bär zu erkennen oder im w-förmigen Sternbild Kassiopeia eine äthiopische Königin: Zu sehr haben wir uns mit unserer Zivilisation vom Nachthimmel entfernt.

Bilderbuch am Firmament

Anders dagegen sah es für unsere Vorfahren aus: Sie lebten noch unter einem wirklich dunklen Nachthimmel. Mit seinen Sternen wanderten oder navigierten sie, maßen die Zeit nach dem Sonnen- und Mondlauf, richteten nach diesen Gestirnen ihren Kalender und damit Aussaat und Ernte. Nicht zuletzt sahen sie über sich ein gewaltiges Bilderbuch für Geschichten über Götter und Helden; meinten sie, in der Stellung von Sonne, Mond sowie den Planeten Merkur, Venus, Mars, Jupiter und Saturn auf den Willen der Götter schließen zu können. Praktische und religiöse Gründe führten also zur Beobachtung des Himmels und Erfindung der Sternbilder.

Gezählte Figuren

Seit 1922 gibt es 88 international anerkannte Sternbilder. Sie sind babylonisch-griechischen Ursprungs – soweit sie den Nordhimmel und die in Europa und im Orient sichtbaren Teile des Südhimmels betreffen. Die erst durch die Entdeckungsfahrten bekannt gewordenen Sternbilder der südlichsten Teile des Südsternhimmels tragen dagegen zum Teil technische Namen, wie Teleskop oder sogar Luftpumpe. Den Himmel der nördlichen Halbkugel schmücken 32, den der südlichen 47, und 9 Sternbilder erstrecken sich teilweise über beide Himmelshälften.

Der Tierkreis entsteht

Vor allem die Landwirtschaft betreibenden und Überschüsse erwirtschaftenden Hochkulturen in den Schwemmlandebenen von Euphrat und Tigris, Nil sowie Indus und Ganges waren gezwungen, sich mit dem Himmel zu beschäftigen. Nicht umsonst sind die ältesten Sternbilder, nämlich die des Tierkreises, babylonischen Ursprungs. Die Babylonier hatten herausgefunden, dass sich Sonne, Mond und die fünf sichtbaren Planeten während eines Jahres in einer ganz bestimmten Zone des Himmels aufhalten. Sie hatten sie entsprechend ihrem Zahlensystem in zwölf gleiche Abschnitte unterteilt und mit mythologischen Figuren, zumeist aus dem Tierreich, besetzt.

Die Griechen übernahmen das System und bauten es aus, indem sie die übrigen Regionen des sichtbaren Himmels mit Gestalten und Gegenständen aus ihrer Sagenwelt ausschmückten. So gibt es neben dem Schwan oder Herkules auch eine Leier und eine Waage. Bis heute haben sich diese Sternbilder erhalten, auch wenn sie in modernen Sternatlanten nicht mehr als Figuren, sondern nur noch als geometrische Linien eingezeichnet sind.

Ein Kupferstich vom Beginn des 18. Jhs. zeigt die Sternbilder beider Hemisphären als Figuren.

Unter dem Kreuz des Südens

Der südliche Sternhimmel

Was früher nur wagemutigen Entdeckern wie Magellan und Cook oder Aussteigern wie Gauguin vorbehalten blieb, ist seit dem Beginn des Jet-Zeitalters und Massentourismus längst Allgemeingut: die Nächte unter dem südlichen Sternhimmel mit dem berühmten Kreuz des Südens. Sie sind wirklich anders als bei uns auf der Nordhalbkugel.

Der Polarstern ist weg!

Die Veränderungen beginnen schon, wenn wir uns dem Äquator nähern. Da wir auf einer Kugel leben und von der oberen Hälfte – von uns aus gesehen – auf die untere wechseln, ändert sich die Höhe der sichtbaren Sterne und Sternbilder am Himmel. Das wird vor allem an den dem Himmelsnordpol nahen Sternbildern Großer und Kleiner Wagen sowie Kassiopeia deutlich: Sie sinken immer mehr dem Horizont entgegen, bis sie schließlich, wenn wir den Äquator überschritten haben, ganz verschwunden sind.

Das extremste Beispiel ist dabei der Hauptstern am Ende der Deichsel des Kleinen Wagens, der als Polarstern den nördlichsten Punkt des Himmels und damit seinen Drehpunkt markiert. Eine derartige Markierung gibt es auf der Südhalbkugel nicht, weshalb sich die ersten europäischen Seefahrer für ihre Navigation auf ihren Entdeckungsreisen einen Ersatz suchen mussten. Es ist das dem Himmelssüdpol nahe stehend einfach zu erkennende Kreuz des Südens.

Das Kreuz des Südens ist auch eine der vielen neuen Konstellationen, die dem Reisenden in den südlichsten Gefilden begegnen (ab 60° südlicher Breite), mit Namen wie Teleskop, Chemischer Ofen, Luftpumpe, Indianer, Tukan sowie Gold- oder Schwertfisch. Diese Namen sind von den Europäern geschaffen worden und spiegeln Entdeckungen und Erfindungen des 15. bis 17. Jhs. wider.

Altbekanntes und Verblüffendes

Allerdings, einige vertraute Dinge gibt es doch: So sind auch hier die Sternbilder des Tierkreises zu sehen, manche davon aber besser und schöner, weil höher stehend als auf der Nordhalbkugel. Zu ihnen gehört der Skorpion: Während bei uns nur seine Scheren über dem Horizont erblickt werden können, zieht er sich hier in voller Länge über den Himmel! Das gilt auch für das Sternbild Schütze, in dem das Zentrum der Milchstraße, unserer Galaxis, liegt – überhaupt, die Milchstraße steht ebenfalls heller und höher am Himmel. Auch das uns bekannte Sternbild des Orion ist zu finden, denn durch seinen Gürtel verläuft der Himmelsäquator. Aber der Orion erscheint hier nicht als aufrechtstehender Jäger, sondern liegend wie ein Schmetterling, weshalb das Sternbild bei einigen Völkern auch so genannt wird.

Andere nur auf der Südhalbkugel zu bewundernde Objekte sind die Große und Kleine Magellansche Wolke sowie der Kohlensack in der Nähe des Himmelssüdpols. Dabei handelt es sich um zwei unsere Galaxis begleitende Minigalaxien und eine dunkle Staubwolke. Eine weitere einschneidende Veränderung ist der Lauf der Gestirne. Sie gehen zwar wie bei uns im Osten auf und im Westen unter, erreichen jedoch ihren höchsten Stand (die Kulmination) nicht im Süden, sondern im Norden!

> ### Der schwimmende Mond
>
> *In der Nähe des Äquators zeigt der Mond ein für uns seltsames Bild. Die inzwischen nur noch wenigen Menschen geläufige Regel, aus der zunehmenden Phase ein altes deutsches Z formen zu können, dagegen aus der abnehmenden ein deutsches A, hat hier keine Gültigkeit mehr. Ja es scheint, als schwämme in Äquatornähe die Mondsichel am Himmel wie eine Barke auf dem Wasser.*

Das auch bei uns bekannte Sternbild Kreuz des Südens dominiert zusammen mit der Dunkelwolke Kohlensack diesen Teil des südlichen Sternhimmels.

Geheimnisvolles Stonehenge

Astronomie in der Steinzeit?

Auch wenn die bis zu 50 t schweren Steine von Stonehenge längst nicht mehr alle aufrecht stehen: Die Silhouette ist so unverkennbar historisch, dass man meint, in eine ferne Vergangenheit geraten zu sein. Wer hat dieses Monument errichtet? Wie wurde diese technische Meisterleistung vollbracht – und: warum?

Eine titanische Konstruktion

Stonehenge, in der englischen Grafschaft Wiltshire, besteht aus einer Grabenanlage, die eine ringförmige Ansammlung megalithischer Steine umschließt. Diese Konstruktion wird aus mehreren konzentrischen Steinkreisen gebildet. Ihre beiden auffälligsten sind ein äußerer Kreis auf Pfeilersteinen, die von Decksteinen überbrückt werden, sowie eine innere hufeisenförmige Struktur aus ursprünglich fünf sogenannten Trilithen – jeweils zwei Tragsteine, auf denen ein Deckstein liegt. Dazwischen befinden sich weitere Strukturen aus kleineren Steinen sowie Löchern im Boden. Ferner gibt es in unmittelbarer Nachbarschaft zahlreiche Hügelgräber, einen sogenannten Cursus sowie die Erdwall-Rundgraben-Anlagen (Henges) von Woodhenge und der Siedlung Durrington Walls, verbunden durch Wege zum Fluss Avon, und nicht zuletzt Spuren eines Dorfes.

Niemand kennt bis heute Stonehenges genaue Bedeutung, obwohl im Laufe der Jahrhunderte zahllose Theorien entwickelt wurden. Sicher ist nur, dass es zu einer Zeit entstand, als der Mensch das Jäger- und Sammlerdasein aufgab, um zum Ackerbauern und Viehzüchter zu werden, und zwar im Neolithikum. Die Beobachtung des Sonnenlaufs, aber auch des Standes der beiden Sternhaufen Hyaden und Plejaden, worauf die berühmte Himmelsscheibe von Nebra hinweist, lieferten die Grunddaten für den in der neuen Lebensweise notwendigen Kalender. Sicher ist, dass ungeheure technische und logistische Anstrengungen nötig waren, um Stonehenge zu errichten. Und auch diplomatisches Geschick – es mussten ja mehrere Stammesgebiete durchquert und Menschen unterschiedlichster Herkunft zur Mitarbeit motiviert werden.

Den Sonnenlauf im Visier

Ob durch Zufall oder aus Notwendigkeit: Stonehenge ist an den Winkeln des Sonnenaufgangs zur Zeit der Sommersonnenwende und des Sonnenuntergangs zur Zeit der Wintersonnenwende ausgerichtet. Dagegen fängt der südliche Kreis innerhalb der Anlage von Durrington Walls den Sonnenaufgang zur Zeit der Wintersonnenwende ein, „Daten", die für einen Kalender wichtig sind! Andererseits stand möglicherweise die Sommersonnenwende für das Ende des Lebens und die Wintersonnenwende für dessen Anfang. Symbolisierte also vielleicht, wie eine umstrittene Theorie behauptet, der südliche Kreis in Durrington Walls das Reich der Lebenden und Stonehenge das Reich der Toten?

Ein Generationenprojekt

Stonehenge wurde über einen Zeitraum von rund 1500 Jahren errichtet. Etwa 3100 v. Chr. entstanden Wall und Graben, gefolgt von hölzernen Palisaden. 2500 v. Chr. wurden Paare von bis zu 4 t schweren, blauschimmernden Steinen aufgestellt, die aus dem 400 km entfernten Wales herangeschafft wurden. Das geschah per Boot und auf Rollen mit Hebelwirkung durch Menschenkraft. Einige Zeit später entstand der 5 m hohe innere Sarsenkreis aus 30 bearbeiteten Steinen, innerhalb derer die fünf Tritlithen aufragen. Etwa 1500 v. Chr. wurde die Anlage dann vermutlich aufgegeben.

Stonehenge, die im Süden Englands gelegene Megalithanlage, fasziniert nicht nur Wissenschaftler – jedes Jahr treffen sich dort Hunderte von Menschen zu Sonnwendfeiern.

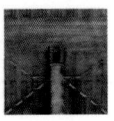

Die Astronomie begann in Babylon
Die himmelskundlichen Zentren des Altertums

Zwar ist der Turm zu Babel durch die Bibel als Sinnbild menschlicher Vermessenheit berühmt geworden, aber dieser wolkenkratzerartige Stufenturm war im Land zwischen Euphrat und Tigris nicht allein. Archäologen haben etwa 25 derartige Bauwerke entdeckt, die sich perlschnurartig über das ganze Zweistromland verteilen. „Zikkurat" oder „Schiggorat" werden die typischen pyramidenartigen Stufenbauwerke im Babylonischen genannt, was so viel heißt wie „hoch aufragend", „aufgetürmt", „Himmelshügel" oder „Götterberg". Und damit ist die hauptsächliche Funktion schon klar: Die Zikkurate waren abgestufte Tempel, Höhen-

---

Die drei Weisen

Wenn man die biblische Geschichte vom Weihnachtsstern als wahr nimmt, kamen die drei Weisen aus Babylon. Es lag östlich von Bethlehem und hatte die am höchsten entwickelten himmelskundlichen Kenntnisse. Seine Priesterastronomen hatten im Jahr 7 v. Chr. möglicherweise ein dreifaches, äußerst seltenes enges Zusammentreffen der beiden Planeten Jupiter und Saturn im Sternbild der Fische beobachtet und das als Hinweis für die Geburt eines neuen Königs im Lande der Juden gedeutet.

---

heiligtümer, errichtet von Menschen, die ihre Götter ursprünglich von Bergen aus anbeteten, dann aber, nachdem sie in die fruchtbaren Schwemmlandebenen gesiedelt waren, sich einen künstlichen Ersatz schaffen mussten.

Ein frühes Observatorium?

Darüber hinaus gab es noch eine weitere Bedeutung, die zumindest beim Zikkurat von Borsippa nachgewiesen ist: Jede Stufe war einem der damals sieben bekannten Planeten (Wandelsterne) geweiht, zu denen auch Sonne und Mond gezählt wurden. Vom Dach des Gebäudes aus wurden wahrscheinlich auch Sternbeobachtungen vorgenommen. Die Sternkunde kontrollierte den Kalender und untermauerte astrologische Zukunftsprognosen, die sich einzig und allein auf das Herrscherhaus und das Reich bezogen und nicht auf den Einzelnen. Astronomie und Astrologie waren für die Bewohner Mesopotamiens untrennbar miteinander verbunden und nur die Priester durften diese Geheimwissenschaft studieren.

Verblüffende Erkenntnisse

Und die Priester der beiden in dieser Region rivalisierenden Mächte Assyrien und Babylonien – nennen wir sie der Einfachheit halber „Chaldäer" – kamen zu Erkenntnissen, die

seit 700 v. Chr. noch in unsere moderne Astronomie hineinragen: Die Chaldäer bestimmten nicht nur den scheinbaren Lauf von Sonne und Mond sowie der sichtbaren Planeten Merkur, Venus, Mars, Jupiter und Saturn, beobachteten ihre Begegnungen am Himmel (Konjunktionen); sie schufen auch die noch heute gültigen Sternbilder des Tierkreises; und sie entdeckten, dass sich Sonnen- und Mondfinsternisse in einem bestimmten Zyklus wiederholen. Diese Erkenntnisse gelangten zu den Griechen und von diesen an die Römer. Daher die enorme Bedeutung der chaldäischen Himmelskunde für uns, obwohl sich Inder, Chinesen und Maya ebenfalls fundierte astronomische Kenntnisse erarbeitet hatten.

Die alten Ägypter, die, wenn auch nicht so stark, die Griechen und später die Römer ebenfalls auf diesem Gebiet beeinflussten, hatten eigene Sternbilder und einen eigenen Kalender. Bei ihnen stand vor allem ein Stern im Mittelpunkt: Sirius. Das Erscheinen dieses hellen Sternes (Hauptstern des Sternbildes Großer Hund) in der Morgendämmerung kurz vor Sonnenaufgang fiel ungefähr mit der Nilschwelle zusammen, jener Flut, die den fruchtbaren Schlamm auf die Felder brachte. In unserem Begriff „Hundstage" lebt diese Erkenntnis fort.

Diese Rekonstruktion zeigt eine Zikkurat, die unter Nebukadnezar II. (er herrschte von 605–562 v. Chr) in Babylon errichtet wurde – als babylonischer Turm fand das Gebäude Eingang in die Bibel.

Die gläsernen spiegelnden Augen
Fernrohre – das wichtigste Handwerkszeug der Astronomen

„Sechzehnhundertzehn, zehnter Januar: Galileo Galilei sah, dass kein Himmel war", schreibt Bertolt Brecht in seinem Schauspiel über diesen Gelehrten. Neben der von Nikolaus Kopernikus 1543 veröffentlichten heliozentrischen Theorie war die Einführung des Fernrohrs die zweite große Revolution in der Astronomie. Bis zu diesem Zeitpunkt war die Himmelskunde eine Wissenschaft des bloßen Auges gewesen. Nun konnte der Himmel in seinen Einzelheiten untersucht werden, waren die Gestirne zwar weiterhin ferne, ewige, aber keine göttlichen Objekte. Sie schienen – zumindest, was die damals bekannten Mitglieder des Sonnensystems anging – Welten ähnlich der Erde. Seitdem ist das Fernrohr, das Teleskop, aus der Astronomie nicht mehr wegzudenken.

Zwei Systeme

Auch wenn es seit den Zeiten Galileis zahlreiche quantitative und qualitative Wandlungen erfahren hat und durch weitere Beobachtungsinstrumente wie das Radioteleskop ergänzt wurde: Ein Großteil und der interessanteste, ja populärste Teil der astronomischen Beobachtungen wird im optischen Bereich von der Erde mit Fernrohren ausgeführt. Es sind zwei Systeme im Einsatz, die fast zeitgleich erfunden wurden: Beim Linsenfernrohr (Refraktor) wird das Licht durch Linsen gebrochen und zum Beobachter gelenkt, während beim Spiegelfernrohr (Reflektor) das Licht von Spiegeln eingefangen und ins Auge des Betrachters umgelenkt wird. Beide Fernrohrtypen haben am hinteren Ende eine Linse zum Schauen: das Okular.

Die das Licht sammelnde Fläche (egal ob Linse oder Spiegel) heißt Objektiv. Sein Durchmesser entscheidet darüber, wie viel Licht ein Teleskop sammeln kann, welche schwächsten Objekte noch erfasst werden können. Wenn also von der Größe eines Fernrohrs die Rede ist, dann geht es immer um den Objektivdurchmesser und nie um die Länge. Bis Anfang der 1990er-Jahre galten das Hale-Spiegelteleskop auf dem Mount Palomar (1706 m) mit 5 m und der Selentschukskaja-Reflektor im Kaukasus mit 6,1 m als die größten Spiegelteleskope der Erde. Sie wurden durch Spiegelfernrohre wie das mit vier 8,2-m-Spiegeln bestückte VLT (Very Large Telescope) der Europäischen Südsternwarte (ESO) auf dem 2635 m hohen Paranal in Chile, das 10-m-Keck-Spiegelteleskop auf dem über 4200 m hohen Mauna Kea auf Hawaii sowie das Gran Telescopio Canarias (10,4 m Spiegeldurchmesser) abgelöst.

Favorit Spiegelfernrohr

Die meisten Großteleskope sind heute Spiegelteleskope, denn da die Objektivlinse eines Refraktors wie ein Brillenglas in der Halterung des Teleskops liegt, würde sie sich bei einem zu großen Durchmesser unter ihrem Eigengewicht verformen. Ein Spiegel dagegen bildet quasi den „Boden" des Fernrohres, weshalb in Verbindung mit anderen technischen Raffinessen Durchmesser um die 10 m möglich sind. Doch damit ist das Ende der Entwicklung noch nicht erreicht. So plant die Europäische Südsternwarte ein 40-m- und eventuell sogar ein 100-m-Teleskop.

> ### Der Reiz liegt im Detail
> *Wichtig für den Astronom ist nicht, wie weit er mit einem Fernrohr sehen kann, sondern wie viele Einzelheiten er sieht, also die Auflösung des Instruments. Die vier ESO 8,2-m-Spiegelfernrohre des VLT könnten, wenn sie per Computer zusammengeschaltet werden, die während der Apollo-Missionen auf dem Mond zurückgelassenen Unterstufen der Landefähren ausmachen – so stark ist deren Auflösung. Das geplante 100-m-Spiegelteleskop der ESO, das OWL (Overwhelmingly Large Telescope), könnte sogar Menschen auf dem Mond erkennen.*

Ein Wissenschaftler arbeitet in den 1930er-Jahren an einem Teleskop des U.S. Naval Observatory in Washington – Groß-Linsenfernrohre wie dieses Instrument werden heute für die Forschungs-astronomie nicht mehr gebaut.

Sternwarte im Erdorbit

Das Hubble-Weltraumteleskop

Verschwommene Flecke statt punktscharfer Sterne, verwaschene Nebel statt leuchtende Spiralarme benachbarter Galaxien – die Blamage des am 25. April 1990 gestarteten Hubble-Weltraumteleskops konnte kaum noch größer sein. Der Jahrzehnte gehegte Traum der Raumfahrtpioniere und Astronomen wurde zum Alptraum. Schuld für die schlechte Bildqualität war ein bei der Herstellung nicht bemerkter Schleiffehler von 0,002 mm im Hauptspiegel des Weltraumfernrohrs. Zum Glück war das HST, wie Hubble abgekürzt genannt wird, wartungsfreundlich konstruiert, und so konnte der Abbildungsfehler im Rahmen einer besonderen Spaceshuttle-Mission (Dezember 1993) durch eine Art „Brille" behoben werden.

Hubble-Steckbrief

Länge:	13,1 m
Durchmesser:	4,3 m
Solarzellen:	12,1 x 2,4 m
Masse:	11,6 t
Höhe des Orbits:	610 km
Umlaufzeit:	95 Minuten
Geschwindigkeit:	27 700 km/h
Kosten (am Start):	1,5 Mrd. US-Dollar

Fernrohr der besonderen Art

Das HST ist ein Spiegelfernrohr mit einem 2,4 m durchmessenden Hauptspiegel – das jedoch im Weltraum arbeitet. Hier muss es ohne Stromanschluss, Montierung und Kabelverbindung zu den Rechnern funktionieren. Deshalb hat Hubble Instrumente an Bord, wie man sie auch bei vielen Satelliten findet: Solarzellen für die Stromversorgung, eine Steuerung für die Positionierung und Radioantennen für den Funkkontakt zur Erde.

Zudem könnten die extremen Temperaturschwankungen zwischen Licht und Dunkelheit leicht zu einer Verformung der empfindlichen Optik führen. Daher muss das HST gut isoliert sein. All dem stehen aber viele Vorteile gegenüber: Den Effekt, dass die Atmosphäre bestimmte Wellenlängen im elektromagnetischen Spektrum, z.B. im Ultraviolett und im Infrarot, herausfiltert, gibt es hier nicht. Es treten auch keine Störungen durch Luftbewegungen auf, die bei terrestrischen Teleskopen nur aufwendig ausgeglichen werden können.

Der Mensch als Beobachter hinter dem Okular wird im HST durch empfindliche Lichtdetektoren und Kameras ersetzt: die Wide Field and Planetary Camera (WF/PC), das wichtigste elektronische Aufnahmegerät, von dem die meisten Fotos stammen, die sehr

lichtempfindliche Faint Object Camera, die Near-Infrared Camera und das Multi-Object-Spectrometer sowie den Space Telescope Imaging Spectrograph, der das Licht in seine Spektralfarben zerlegt.

Ein exzellentes Forschungs- und PR-Instrument

Seit seiner Reparatur ist das HST eines der produktivsten wissenschaftlichen Instrumente der Welt. Es führte zahllose Beobachtungen durch und löste viele Rätsel des Universums. So zeigte es bekannte Objekte wie die Planeten im neuen Licht, präsentierte Überraschendes wie die Sternentstehungsregionen im Adlernebel oder machte fundamentale Entdeckungen wie kurz nach dem Urknall entstandene Sterne und Galaxien. Außerdem ist das HST eine gute Werbung für die NASA: Seine schönen, spektakulären Bilder sorgten oft für Schlagzeilen. Die Popularität des HST ist so hoch, dass die NASA 2006 dem öffentlichen Druck nachgab und mit einer für 2008 angesetzten weiteren Wartungsmission die Betriebsdauer noch einmal verlängerte.

Das Hubble-Weltraumteleskop soll bis zum Start seines Nachfolgers, des James Webb Space Telescope, im Jahr 2013 in Betrieb bleiben.

Über den Wolken

Warum Astronomen ins Hochgebirge gehen

Wer an einem der Keck-Spiegelteleskope auf dem Hawaii-Vulkan Mauna Kea arbeiten will, der sollte sich vorher akklimatisiert haben, denn eine gute Kondition schützt nicht vor der gefürchteten Höhenkrankheit. Das Keck-Observatorium liegt nämlich rund 4200 m über dem Meeresspiegel und dort ist die Luft sehr dünn und noch dazu extrem trocken.

Gipfelsturm der Observatorien

Es sind harte Fakten, die die Astronomen mit ihren Teleskopen in solche Höhenlagen treiben: Die Sicht am Boden hat sich in den letzten fünf Jahrzehnten durch Staub, Abgase und die rasch zahlreicher gewordenen künstlichen Lichtquellen immer weiter verschlechtert. Ein Ausweg ist die Flucht auf hohe und höchste Berggipfel wie beim Keck-Observatorium. Andere Universitäten und Institutionen aus elf Nationen nutzen diesen Standort ebenfalls, weshalb das ganze Gebiet als „Mauna-Kea-Observatorium" bezeichnet wird.

Noch höher hinaus gehen die ESO und ihre Partner aus den USA und Japan mit dem Superradioteleskop-Projekt ALMA – nämlich bis auf 5050 m über dem Meeresspiegel. Im Millimeterwellenbereich wollen sie von dort aus die Geburtsstätten von Planeten und Sternen in kalten interstellaren Wolken und protoplanetare Akkretionsscheiben (Ringe aus Gas und Staub um einen jungen Stern) erforschen. Millimeterwellen sind besonders gut geeignet, um ausgedehnte Gas- und Staubwolken zu durchdringen, die die Stern- und Planeten-Entstehungsgebiete verhüllen.

Ein Fernrohr für die Antarktis

Als ob Sauerstoffarmut nicht schon belastend genug wäre, planen die Astronomen bereits für einen Standort, an dem auch noch extreme Kälte und halbjährige Dunkelheit herrschen. Wissenschaftler des Astrophysikalischen Observatoriums Potsdam (AIP) und des Alfred Wegener Instituts für Polar- und Meeresforschung (AWI) sowie sechs weitere Institute in Europa und Australien wollen 2012 ein 60-cm-Doppelteleskop unter dem Namen ICE-T (International Concordia Explorer Telescope) in Betrieb nehmen. Sein Standort wird ein 3280 m hoch gelegenes Plateau in der Ostantarktis sein mit einer Umgebungstemperatur zwischen –30 °C im Sommer und bis zu –80 °C im Winter.

Die ICE-T-Wissenschaftler haben sich ein ehrgeiziges Beobachtungsprogramm vorgenommen – beispielsweise die Frage zu lösen, wo es wirklich erdähnliche extrasolare Planeten gibt. Dazu sollen die beiden wie bei einem Feldstecher angeordneten Fernrohre rund 1,3 Mio. Sterne gleichzeitig nach Helligkeitsschwankungen absuchen, die durch den Vorübergang (Transit) des Planeten vor der Scheibe seines Muttersternes entstehen. Vielleicht kommt einmal die Nachricht über den direkten Nachweis eines erdähnlichen Planeten außerhalb unseres Sonnensystems von einer dieser Sternwarten, deren Lage im Grunde selbst schon exoterrestrisch ist – und nicht etwa von einem bereits dafür geplanten Weltraumteleskop.

Höhensternwarten

Der Hang der Astronomen, sich in extreme Lagen zu begeben, hat seit den 1960er-Jahren Tradition. Sie arbeiten an Orten wie:

- *der Europäischen Südsternwarte La Silla (2400 m), Chile*
- *dem Roque-de-los-Muchachos-Observatorium (2400 m), La Palma, Spanien*
- *dem ESO Paranal-Observatorium (2635 m), Atacamawüste, Chile*
- *dem W. M. Keck-Observatorium (ca. 4200 m), Mauna Kea (Hawaii/USA)*
- *der Large Binocular Telescope-Sternwarte (3267 m), Mount Graham (Arizona/USA)*

*Das Very Large Telescope der Europäischen Süd-
sternwarte (ESO), das aus vier einzelnen Teleskopen
besteht, wurde auf dem Paranal errichtet, einem
2635 m hohen Berg im Norden Chiles.*

Botschafter aus dem All
Die elektromagnetische Strahlung

Ohne das breite Spektrum der elektromagnetischen Strahlung gäbe es keine Astronomie: Die Wissenschaftler dieser Zunft würden wörtlich im Dunkeln tappen. Auch das Leben hätte sich nicht zu höheren Formen entwickeln können, wenn nicht Licht und Wärmestrahlung der Sonne bis zum Erdboden und in die obersten Meerestiefen gelangten. Zum Glück schaffen das nur diese Strahlungsarten, denn die anderen, für das Leben gefährlichen, werden von der Erdatmosphäre wie von einem Schutzschild zurückgehalten. Nur für das Licht, Wärme und die Radiostrahlung bildet unsere Lufthülle sogenannte Fenster.

Astronomie des Unsichtbaren
Jahrhundertelang war das sichtbare Licht die einzige Informationsquelle der Astronomen. Eine Situation, die man mit dem Hören einer einzelnen Note aus einer Melodie vergleichen kann. Aber um die Musik komplett zu erleben, muss man alle Noten hören können, von den höchsten bis zu den tiefsten. In der Astronomie bedeutet dies, dass man außer Licht auch die Radio-, Infrarot-, Ultraviolett-, Gamma- und Röntgenstrahlung empfangen muss. Da aber ein Großteil dieses Strahlungsspektrums von der Erdatmosphäre absorbiert wird, wurden einige raffinierte technische Tricks und Instrumente entwickelt, um auch diesen „unsichtbaren" Teil des Weltalls kennenzulernen.

Strahlungsboten und ihre Absender
Alle Sterne, Galaxien, Gasnebel oder Supernovaexplosionen senden Strahlung im gesamten elektromagnetischen Spektrum aus. Abhängig davon, wie die Quelle beschaffen ist, können die einzelnen Bereiche unterschiedlich stark vertreten sein. Da sich Strahlung wie eine Welle im Meer fortpflanzt, lassen sich die verschiedenen Arten anhand der Wellenlängen unterscheiden.

So haben Gammastrahlen die kürzesten Wellenlängen. Sie bilden die energiereichste Form der Strahlung und haben ihren Ursprung u.a. in den rätselhaften Gammabursts in entfernten Galaxien. Die im Spektrum angrenzenden Röntgenstrahlen werden von 1 bis 100 Mio. °C heißem Gas ausgesandt. Das findet sich im intergalaktischen Raum sowie in der Nähe von Schwarzen Löchern. Diese Strahlungsart wird in der Hochatmosphäre absorbiert.

Sehr heiße Sterne emittieren ihre Energie vor allem im Ultraviolettbereich. Vor dieser schädlichen Strahlungsart schützt uns zum größten Teil die Ozonschicht, die aber gleichzeitig den Blick auf diesen Teil des Universums versperrt. Die Infrarot- oder Wärmestrahlung stammt von Körpern mit Temperaturen bis etwa 1000 °C (jungen Sternen mit ausströmendem Gas oder Dunkelwolken). Sie wird in der unteren Atmosphäre absorbiert, kann aber von hohen Bergen aus beobachtet werden. Und die Radiowellen, die im Kosmos zu finden sind, stammen von Supernova-Überresten, aktiven Galaxien, dem in der Milchstraße verteilten Wasserstoffgas sowie vom Urknall.

Ein schneller Strom
Für die Physiker und Astronomen ist Strahlung nur eine besondere Form der Energie. Energie wird von einer Quelle abgegeben und wandert als Welle oder Teilchen durch den Raum und durchdringt auch einige Arten von Materie. Ganz egal, um welche Strahlungsart es sich handelt: Es ist immer ein Strom oszillierender, elektrischer und magnetischer Felder, die sich mit einer Geschwindigkeit von etwa 300 000 km/s, d.h. mit Lichtgeschwindigkeit, ausbreiten. Auf diese Weise werden riesige Entfernungen, manchmal sogar Milliarden von Lichtjahren zurückgelegt, bis die Strahlung uns erreicht.

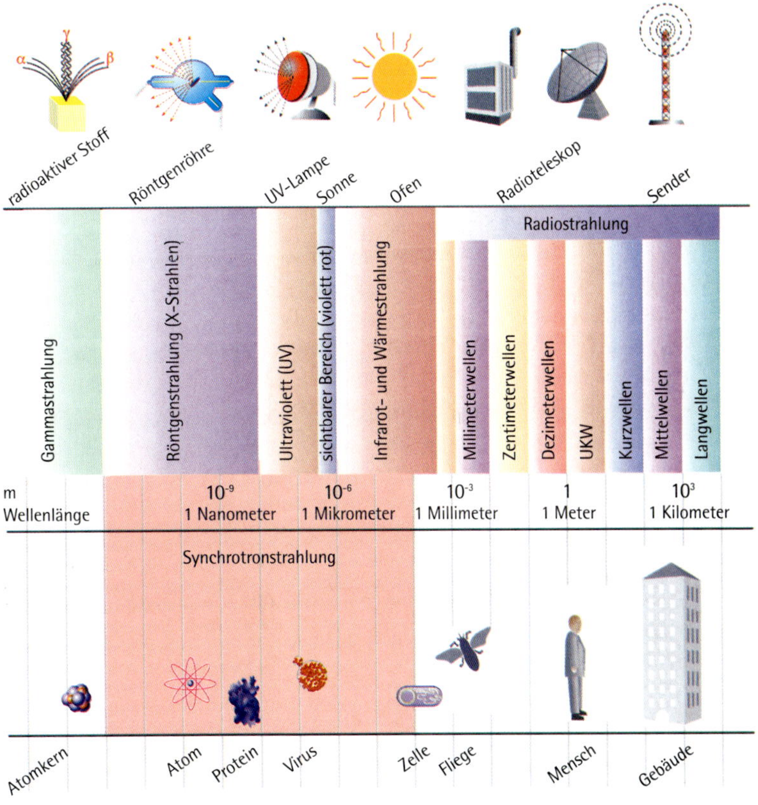

radioaktiver Stoff · Röntgenröhre · UV-Lampe · Sonne · Ofen · Radioteleskop · Sender

| | | | | | Radiostrahlung | | | |

| Gammastrahlung | Röntgenstrahlung (X-Strahlen) | Ultraviolett (UV) | sichtbarer Bereich (violett rot) | Infrarot- und Wärmestrahlung | Millimeterwellen | Zentimeterwellen | Dezimeterwellen | UKW | Kurzwellen | Mittelwellen | Langwellen |

m
Wellenlänge

10^{-9}
1 Nanometer

10^{-6}
1 Mikrometer

10^{-3}
1 Millimeter

1
1 Meter

10^{3}
1 Kilometer

Synchrotronstrahlung

Atomkern · Atom · Protein · Virus · Zelle · Fliege · Mensch · Gebäude

Diese Übersicht über das elektromagnetische Spektrum zeigt neben beispielhaften Verursachern der jeweiligen Strahlungsart auch einen Größenvergleich zur Veranschaulichung der zugehörigen Wellenlänge. Der mit dem menschlichen Auge wahrnehmbare Bereich des sichtbaren Lichts ist verhältnismäßig klein.

Lauschen ins All

Die Radioastronomie

Ohne die Radiotechnik wäre es um die globale Kommunikation schlecht bestellt, ohne Radar eine Flugzeuglandung im Nebel ein lebensgefährliches Risiko und anfliegende Gegner könnten nicht im Voraus entdeckt werden. Radiowellen sind in der Lage, Unsichtbares sichtbar zu machen – es ist kein Zufall, dass im Zweiten Weltkrieg das Radar entwickelt und die Funktechnik verbessert wurde, wovon auch die Astronomen profitierten. Sie etablierten nach 1945 in ihrer Wissenschaft einen neuen Forschungszweig: die Radioastronomie.

Große Schüsseln

Die Radioastronomie begann 1932, als der Ingenieur Karl Jansky „Funkstörungen" entdeckte, die aus der Milchstraße stammten. Die 1942 von Stanley Hey gemachte Entdeckung starker Strahlungsausbrüche auf der Sonne wurde nicht gleich weltweit bekannt, weil im Krieg Forschungen auf dem Radiosektor der Geheimhaltung unterlagen. Umso stürmischer war der Fortschritt nach dem Zweiten Weltkrieg: Es entstanden immer ausgedehntere Empfangsanlagen, vor allem schüsselförmige Antennen mit immer größeren Durchmessern. Wie bei den Fernsehsatellitenschüsseln werden die Strahlen von den Wänden der Schüsseln reflektiert und auf eine Antenne fokussiert.

Diese Entwicklung gipfelte mit dem Bau des 305 m durchmessenden Radioteleskops von Arecibo auf Puerto Rico 1963. Diesem fest stehenden Beobachtungsinstrument folgte 1972 der Radioparabolspiegel von Effelsberg in der Eifel. Bis zum Jahr 2000 war er das größte frei bewegliche Radioteleskop der Erde, musste

Radioteleskope im Verbund

Um die Auflösung und damit die Abbildungsqualität zu erhöhen, schalten die Astronomen mehrere kleinere Teleskope zusammen. So können die 27 Parabolantennen (jede mit 25 m Durchmesser) des Very Large Array in New Mexico entlang dreier Eisenbahnschienen so verschoben werden, dass sie scheinbar ein 36 km durchmessendes Teleskop bilden. Eine weitere Steigerung ist durch das Zusammenschalten aller auf einem Kontinent stehenden Radioteleskope zu einem Very Long Baseline Array (VLBA) möglich. Das VLBA der USA hat ein höheres Auflösungsvermögen als das Hubble-Weltraumteleskop! Da aber auch so noch Lücken im Radiobild bleiben, schließt man die Teleskope mehrerer Kontinente zusammen und lässt sie infolge der Erddrehung das zu untersuchende Objekt Stück für Stück abtasten.

diesen Rang dann aber an das 10 m größere in Green Bank, West Virginia (USA) abtreten. Dass Radioteleskope im Gegensatz zu optischen so große Durchmesser haben (müssen), liegt an ihrer geringeren Auflösung. Radiowellen sind viel länger als Lichtwellen; sie reichen weit in den Meterbereich.

Kosmisches Rauschen

Mit dem Empfang von Radiowellen konnten die Astronomen den Himmel nun auch bei schlechtem Wetter beobachten und das auf der Wellenlänge von 21 cm strahlende Wasserstoffgas in den Spiralarmen der Milchstraße untersuchen und so deren Struktur entschlüsseln. Sie drangen auch in das von dichten Staubwolken verborgene Zentrum unserer Galaxis vor und entschleierten dessen Aufbau sowie die sich dort abspielenden Vorgänge.

Die Radioastronomen entdeckten sehr viele energiereiche Objekte (Quasare, Radiogalaxien) und hochexplosive Vorgänge wie Supernova-Überreste, magnetische „Strudel" in der Umgebung supermassiver Schwarzer Löcher und sogar die Reststrahlung (Hintergrundstrahlung) des Urknalls, mit dem das Universum entstand. Darüber hinaus lassen sich mit Radioteleskopen Moleküle im Weltall nachweisen – die Bausteine für neue Planeten und Lebewesen.

Das 100 m durchmessende und 3200 t schwere Radioteleskop von Effelsberg ist nicht nur ein Arbeitsplatz für Wissenschaftler. Inzwischen ist die Anlage auch ein Reiseziel für Touristen, komplett mit Planeten- und Milchstraßenwanderweg.

Mit der Wärme sehen

Die Infrarotastronomie

Wenn unsere Augen nicht nur im sichtbaren Licht, sondern auch im Infrarot sehen könnten, würde der nächtliche Himmel völlig anders aussehen. Er wäre erfüllt von leuchtenden kosmischen Wolken und über das gesamte Firmament verstreuten fernen Galaxien, die von neu entstandenen Sternen aufgehellt werden. Selbst das dem normalen Anblick durch dichte Staubwolken entzogene Zentrum der Milchstraße wäre für uns wie ein aufgeschlagenes Buch, denn Infrarotstrahlung kann interstellaren Staub durchdringen.

Flugzeuge für IR-Beobachtungen

IR-Flugzeugteleskope sind eine Art Zwischenlösung. Sie fliegen hoch in der Stratosphäre – in rund 12,5 km – und können dort die ferne Infrarotstrahlung empfangen. Von 1974 bis 1995 betrieb die NASA das Kuiper Airborne Observatory: ein auf einem umgebauten Militärtransporter Lockheed C-141 stationiertes 91,5 cm durchmessendes Spiegelteleskop. Sein Nachfolger ist das SOFIA Airborne Observatory, dessen 2,5-m-Spiegel sich an Bord einer Boeing 747SP befindet. Sein erster Flug fand am 26. April 2007 statt; der reguläre Flug- und damit Beobachtungsbetrieb soll 2009 beginnen.

Hinter dem roten Ende

Der Name deutet es schon an: Der Infrarotbereich liegt gleich hinter dem roten Rand des sichtbaren Spektrums. Der deutsch-englische Astronom Wilhelm Herschel entdeckte ihn 1800 mithilfe eines Thermometers und taufte ihn Infrarotstrahlung. Sie nimmt einen weit größeren Teil des elektromagnetischen Spektrums ein als das sichtbare Licht, nämlich von 700 Nanometer bis 1 mm, wo der Radiowellenbereich beginnt. Infrarotstrahlung wird in vier Bereiche unterteilt: naher, mittlerer und ferner sowie Submillimeterbereich.

Und was ist im Infrarotbereich zu entdecken? Z. B. können junge, von dichten Staubhüllen umgebene Sterne, die oft Jets aus heißem Gas ausstoßen, beobachtet werden. Weitere derartige sogenannte Infrarotpunktquellen innerhalb unserer Galaxis sind u. a. kühle Riesensterne. Und tiefer im All gehören etwa ferne Infrarot- oder Starburst-Galaxien zu ihnen – sie senden mehr Wärmestrahlung als Licht aus. Kühle Staubwolken leuchten im fernen Infrarot und im Submillimeterbereich ist selbst das Echo des Urknalls zu sehen.

Kalte Teleskope

IR-Beobachtungen stellen einen ständigen Wettkampf mit der Erdatmosphäre dar. Sie enthält Kohlendioxid und Wasserdampf, wodurch der größte Teil der Infrarotstrahlung aus dem Weltraum absorbiert wird und somit nur ganz wenig bis auf Meereshöhe gelangt. Einige der kürzeren und längeren IR-Wellenlängenbereiche erreichen aber die Bergspitzen. Und so wurden auf einigen der höchsten Gipfel der Erde Infrarotteleskope errichtet. Am besten ist es jedoch, man stationiert ein entsprechendes Beobachtungsinstrument auf einem Satelliten in der Erdumlaufbahn. Das ist zwar teuer, doch die Investition zahlt sich aus. So fand 1983 der IRAS-Satellit 250 000 kosmische Infrarotquellen.

Unabhängig davon, wo die Teleskope zu finden sind: Instrumentenkühlung ist die Voraussetzung jeglicher IR-Forschung. Eine am Boden stationierte IR-Kamera muss mit flüssigem Helium gekühlt werden (–270 °C), damit die von ihr abgegebene Wärme nicht die schwache Infrarotstrahlung aus dem Weltraum überdeckt. Dasselbe gilt natürlich auch für IR-Satellitenkameras; diese müssen aber noch zusätzlich isoliert werden.

Infrarotastronomie im Flugzeug: Das Stratosphären-Observatorium für Infrarot-Astronomie (SOFIA) ist in einer Boeing 747SP untergebracht. An dem Projekt ist neben der NASA u. a. auch das deutsche DLR beteiligt.

Die heißesten Sterne im Visier

Die Ultraviolettastronomie

In Discos lässt sie Hemden leuchten, unter dem Ladentisch prüft man mit ihr die Echtheit von Geldscheinen. Den Astronomen erlaubt die Ultraviolettstrahlung jedoch, die heißesten Sterne zu untersuchen – deren Temperatur oft 50-mal so hoch ist wie die unserer Sonne. Ferner können sie in diesem Spektralbereich sehen, wie die heißen, im Visuellen unsichtbaren Gaswolken zwischen den Sternen aussehen. Doch die Ozonschicht der Atmosphäre bildet einen Schutzschild gegen die UV-Strahlung und verwehrt so den Astronomen den Blick auf deren Quellen im Universum.

Das Reich der UV-Strahlung

Der Bereich des Ultraviolett ist kürzer als der des sichtbaren Lichtes und erstreckt sich vom violetten Ende des sichtbaren Spektrums (390 Nanometer) bis zum Beginn des Röntgenbereichs (10 nm). Der zwischen 10 und 91 nm gelegene Wellenlängenbereich wird extremes Ultraviolett genannt.

Um die Ultraviolettstrahlung als Informationsträger zu nutzen, müssen UV-Teleskope oberhalb der Erdatmosphäre fliegen; denn die Sauerstoff- und Stickstoffatome in der Hochatmosphäre absorbieren die kürzeren ultravioletten Wellen, während die anderen Wellenlängenbereiche von der Ozonschicht abgeblockt werden. Daher sind auch die meisten UV-Teleskope auf Satelliten stationiert und werden von der Erde aus gesteuert. Der erste UV-Satellit war der 1972 gestartete Copernicus. Aber erst als von 1978 bis 1996 der International Ultraviolett Explorer (IUE) für fast zwei Jahrzehnte zur Verfügung stand, gewann die UV-Astronomie an Bedeutung. Auch das Hubble-Weltraumteleskop hat UV-Instrumente an Bord und ermöglichte eine erneute Verbesserung der Ergebnisse.

UV-Objekte

Schon ein UV-Blick in die nächste Nachbarschaft vermittelt interessante Eindrücke. So leuchtet die Chromosphäre der Sonne im ultravioletten Licht, da ihr Gas Temperaturen von 100 000 °C erreicht – im Gegensatz zur sichtbaren Sonnenoberfläche, die „nur" 6000 °C heiß ist. Richtet man ein UV-Teleskop auf die Erde, zeigt sich ein leuchtender Halo, der unseren Planeten umgibt. Er entsteht dadurch, dass Atome in der Hochatmosphäre von geladenen Teilchen des Sonnenwindes aufgeheizt werden.

In unserer Galaxis strahlen Sterne mit 200 000 °C im UV-Bereich am hellsten, ebenso ist das in fernen Galaxien der Fall: So zeigt die Galaxie M 94 in einem optischen Teleskop nur eine leuchtende zentrale Verdickung, die vorwiegend aus alten, kühlen Sternen besteht. Eine UV-Aufnahme des an Bord des Spaceshuttles transportierten Astro Ultraviolett Observatory zeigt etwas ganz anderes: Statt der zentralen Verdickung ist ein gigantischer Ring aus heißen, jungen Sternen zu sehen, die in den letzten 10 Mio. Jahren entstanden sind.

Mit der UV-Astronomie werden in erster Linie spektroskopische Untersuchungen durchgeführt. Der Vorteil liegt in der großen Zahl von Spektrallinien in diesem Wellenlängenbereich.

> ### Der Wasserstoffschleier
>
> *Auch im Weltall absorbieren viele Atome die UV-Strahlung stark. Das störendste Beispiel sind Wasserstoffatome, die Bausteine des verbreitetsten Elements im Weltall. Sie absorbieren die extrem kurzen UV-Wellenlängen so stark, dass der Wasserstoff wie ein Schleier wirkt, hinter dem sich der größte Teil des fernen Universums verbirgt.*

▸ *Der Nebel 30 Doradus (Tarantelnebel) im Sternbild Schwertfisch bietet im UV-Licht einen großartigen Anblick. Der 170 000 Lichtjahre entfernte Nebel befindet sich in der Großen Magellanschen Wolke.*

Der durchleuchtete Himmel

Die Röntgenastronomie

In der Medizin dient Röntgenstrahlung dazu, das Innere des menschlichen Körpers sichtbar zu machen – denn diese elektromagnetischen Strahlen können auf der Erde vieles durchdringen. Es sind sehr energiereiche Strahlen mit Wellenlängen zwischen 0,01 und 10 nm, also viel kürzer als beim sichtbaren Licht. Die Hochatmosphäre unseres Planeten absorbiert aber alle aus dem Weltall kommenden Röntgenstrahlen. Deshalb müssen Röntgendetektoren mithilfe von Raketen oder Satelliten über die Atmosphäre hinaus befördert werden.

Ein ganz besonderer Spiegel

Im Gegensatz zum sichtbaren Licht sind Röntgenstrahlen schwer zu fokussieren, da sie von herkömmlich gekrümmten Spiegeln absorbiert werden. Sie lassen sich nur reflektieren, wenn sie in sehr flachem Winkel auf eine Metalloberfläche treffen. In Röntgenteleskopen wird daher ein hochpolierter konischer Metallzylinder zur Fokussierung benutzt. Im Brennpunkt arbeiten zwei Typen von Detektoren: ein CCD, der die auftreffenden Röntgenquanten zählt, sowie ein Proportionalzähler – eine Weiterentwicklung des zur Strahlungsmessung verwendeten Geigerzählers. Er erzeugt im Röntgenteleskop ein dem Farbbild entsprechendes Röntgenbild.

Das erste große Röntgenteleskop mit dieser Technik war das 1978 gestartete Einstein-Observatorium. Es fotografierte über 5000 Röntgenquellen und man fand heraus, dass Quasare und einige junge Sterne Röntgenstrahlung aussenden. An Bord der russischen Raumstation Mir befand sich im Wissenschaftsmodul Quant-1 ein Röntgenteleskop, mit dem die Supernova 1987A untersucht und in ihr ebenfalls Röntgenstrahlung entdeckt wurde.

Den Rekord hält jedoch der deutsche Röntgensatellit ROSAT. Vom 1. Juni 1990 bis zum 12. Februar 1999 durchmusterte er den ganzen Himmel im Röntgenbereich und entdeckte dabei 125 000 neue Röntgenquellen.

Ein fremdartiger Himmel

Im Röntgenbereich sieht der Himmel sehr ungewöhnlich aus: Er ist voller großer leuchtender Gaswolken und seltsamer veränderlicher Röntgensterne. Sie treten vor allem als Doppelsterne auf, wobei die Leuchtkräfte das Hundert- bis Tausendfache der Sonnenleuchtkraft erreichen können. Ursache ist das starke Gravitationsfeld eines Partners, in dem Materie des anderen Sternes herabfällt. Dieses Feld kann durch einen Weißen Zwerg, einen Neutronenstern oder ein Schwarzes Loch erzeugt werden.

Da Röntgenstrahlen sehr kurze Wellenlängen haben und sehr energiereich sind, werden sie nur von Objekten ausgesandt, die über 1 Mio. °C heiß sind. So ist das Gas der Sonnenkorona gerade heiß genug, um Röntgenstrahlung auszusenden. Viel stärkere Röntgenquellen sind Supernova-Überreste, das Pulsare und Schwarze Löcher umgebende Gas mit Temperaturen von bis zu 100 Mio. °C. Auch Galaxienhaufen sind in dünne Hüllen aus derart heißem Gas eingebettet und selbst die fernsten Quasare emittieren aus ihren kleinen energiereichen Kernen Röntgenstrahlung.

Ein Sternenrest im Röntgenlicht

Ein eindrucksvolles Beispiel für die Leistungsfähigkeit der Röntgenastronomie ist der Supernova-Überrest im Sternbild Vela (Segel des Schiffs). Hier explodierte vor etwa 11 000 Jahren in 1500 Lichtjahren Entfernung eine Supernova. Im Helligkeitsmaximum muss sie sogar den Vollmond überstrahlt haben. Heute jedoch ist nur noch eine riesige heiße Gaswolke mit 140 Lichtjahren Durchmesser übrig. Mit optischen Teleskopen ist sie kaum zu sehen, aber Rosats empfindliches Röntgenteleskop zeigte das stellenweise immer noch 8 Mio. °C heiße Gas.

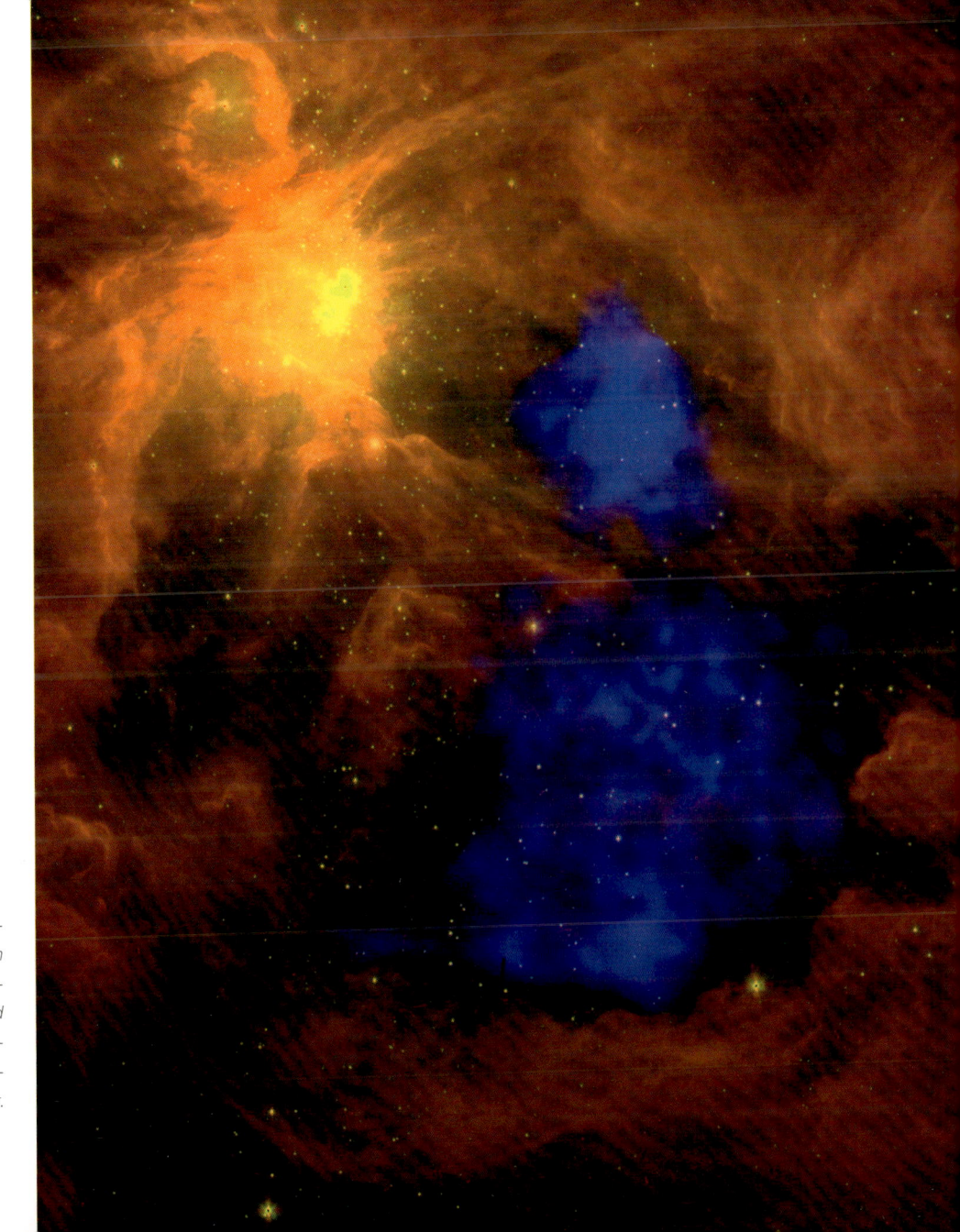

Besonders spektakuläre Bilder entstehen, wenn Ansichten in unterschiedlichen Wellenlängen miteinander kombiniert werden. Hier ist der Orionnebel in einer Kombination von Infrarot- und Röntgenbild (blau) zu sehen. Zwei Weltraumobservatorien, das Spitzer- und das XXM-Newton-Weltraumteleskop, waren daran beteiligt.

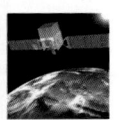

Mit Gammastrahlen in Extremräume

Die Gammaastronomie

Sie sind nicht zu bändigen, d. h., sie lassen sich nicht fokussieren. Gammastrahlen sind zu energiereich, als dass man sie mit irgendeinem Spiegel einfangen könnte. Scharfe Bilder sind somit unmöglich. Die Astronomen verwenden daher sandwichartig übereinandergelagerte sogenannte Szintillationszähler, bei denen beim Weg eines Gammaphotons durch ein bestimmtes Material Lichtblitze entstehen, die dann gemessen werden – doch trotz dieser Probleme enthüllen uns Gammastrahlen die extremsten Objekte des Universums wie Pulsare, Quasare und Schwarze Löcher.

Das besondere Spektrum

Gammastrahlung hat die kürzesten Wellenlängen und den höchsten Energiegehalt. Sie entsteht durch radioaktiven Zerfall, wenn Teilchen fast mit Lichtgeschwindigkeit zusammenstoßen oder durch Materie-Antimaterie-Vernichtung. Selbst die größten Gammawellenlängen, die an die Röntgenstrahlung grenzen, sind kleiner als Atome – und die kürzeste gemessene Wellenlänge ist sogar eine Billiarde mal kleiner als die des Lichts. Allerdings ist diese Art der Gammastrahlung ungewöhnlich, da derart energiereiche Objekte im Universum extrem selten sind. Zum Glück für das Leben auf der Erde, aber zum Unglück der Astronomen wird die kosmische Gammastrahlung in der Erdatmosphäre komplett absorbiert. So ist denn auch dieser Zweig der Astronomie noch relativ jung und Wissenschaftler, die Gammastrahlenquellen im All untersuchen wollen, sind auf Observatorien angewiesen, die auf Satelliten die Erde umkreisen.

Das schwerste Gammastrahlen-Observatorium, das je in die Erdumlaufbahn gebracht wurde, ist das 17 t wiegende Compton Gamma Ray Observatory (CGRO). Dieser Satellit besaß vier Detektoren, machte mit verschiedenen Methoden Bilder des Gammahimmels bei zwei unterschiedlichen Wellenlängen und erforschte Gammaspektren sowie -ausbrüche. Im Jahr 2000 musste er zum Absturz gebracht werden.

Der Himmel im Gammalicht

Im Gammalicht sind keine normalen Sterne und Sternbilder zu sehen. Stattdessen wird das Bild von riesigen leuchtenden Gaswolken beherrscht. Dazwischen liegen helle Punkte, die zeitweise aufblitzen. Bei einigen handelt es sich um Pulsare mit regelmäßig auftretenden Blitzen; andere dagegen – Gammabursts genannt – leuchten nur wenige Sekunden und überstrahlen alles andere am Himmel. Nach neuesten Theorien handelt es sich dabei meist um eine besondere Form der Supernovaexplosion eines massereichen Sterns am Ende seines Lebens. Ferner senden Überreste von Supernovaexplosionen wie Neutronensterne oder Schwarze Löcher Gammastrahlung aus, wenn sie Materie einfangen. Im Fall der Schwarzen Löcher wird diese Strahlung auch „Todesschrei der Materie" genannt.

Eine neue Art der Gammastrahlenbeobachtung

Neuerdings kann man mit besonders konstruierten Teleskopen Gammastrahlen auch indirekt vom Erdboden aus beobachten, indem man die Reaktion der Gammastrahlen mit der Erdatmosphäre untersucht: Beim Zusammenprall der Gammaphotonen mit den Atomen in der Hochatmosphäre entstehen sogenannte Sekundärteilchenschauer, die wiederum beim Durchflug ein besonderes Licht aussenden. Der so entstehende, in Flugrichtung der Teilchen gerichtete kegelförmige Lichtblitz kann mit den neuartigen Teleskopen gemessen werden. Derzeit gibt es zwei wegweisende Projekte: das H.E.S.S-Teleskop in Namibia und das MAGIC-Teleskop auf La Palma.

Das Gammastrahlenobservatorium Fermi Gamma-ray Space Telescope (bis August 2008: GLAST, Gamma-ray Large Area Space Telescope) der NASA, an dem auch einige europäische Nationen beteiligt sind, umkreist seit Juni 2008 die Erde. Mit seiner Hilfe sollen u. a. die Geheimnisse der rätselhaften Gammabursts untersucht werden.

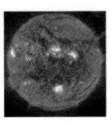

Unser nächster Stern

Die Sonne: Mittelpunkt und Energiequelle des Planetensystems

So mancher singt begeistert: „Und immer, immer wieder geht die Sonne auf…", reagiert aber auf die Frage: „Welcher ist unser nächster Stern?" verwirrt oder antwortet: „Alpha Centauri". Dass es ganz schlicht und einfach unsere Sonne ist, verblüfft dann doch – die Sonne geht auf und scheint, das ist für uns normal. Dass ohne Licht und Wärme dieser gigantischen Gratis-Energiequelle nichts auf der Erde „liefe", weiß auch jeder. Aber dass diese blendend helle Scheibe unter den vielen anderen Sonnen, den Sternen, im Weltall nur ein unbedeutender Lichtpunkt ist, will vielen nicht in den Kopf.

Der Motor des Sonnensystems

Der Vergleich der Sonne mit einem Motor könnte nicht treffender sein, denn wie bei einer Maschine hält die Sonne mit ihrer Energieproduktion, die uns in Form von Licht und Wärme deutlich sichtbar und spürbar erreicht, alle unsere Erde prägenden Kreisläufe in Gang. Das beginnt mit dem Kreislauf der Atmosphäre, geht über den Kreislauf des Wassers bis hin zum Kreislauf der Gesteine. Eingeschränkt gilt das auch für die übrigen Welten unseres Sonnensystems, vorausgesetzt, sie sind der Sonne nahe genug und ähnlich gebaut wie die Erde.

Doch ganz abgesehen davon, wie die Planeten aufgebaut sind: Ohne die Sonne gäbe es das Planetensystem überhaupt nicht, denn alle Mitglieder des Sonnensystems sind vor etwa 5 Mrd. Jahren aus demselben Gas- und Staubnebel entstanden – eigentlich als eine Art „Abfallprodukt" dieses Prozesses. Bis heute können die Astronomen übrigens noch nicht genau erklären, wann aus einer sich zusammenziehenden Gaswolke ein Doppel- oder Mehrfachsternsystem oder aber ein Planetensystem entsteht. Dass das zuletzt genannte Produkt nichts Besonderes ist, zeigt die Entdeckung extrasolarer Planetensysteme in den vergangenen zwei Jahrzehnten.

Jedenfalls hält unser Stern mit seiner gewaltigen Masse und seiner Anziehungskraft die Planeten auf ihren Bahnen, sodass sie nicht in die Kälte des Weltalls entfliehen können.

Ein „normaler" Stern

Der Mensch erkannte schon früh die lebenswichtige Bedeutung der Sonne. Nicht umsonst war der Sonnenkult der Mittelpunkt vieler altertümlicher Religionen. Berühmt dafür ist die Sonnenverehrung der Ägypter und ebenso berühmt, ja berüchtigt, ist der Sonnenkult der Inka, Maya und Azteken, weil er mit Menschenopfern einherging.

Für die Astronomen wurde die Sonne nach Einführung des Fernrohrs und neuer Methoden, wie der Untersuchung des Sonnenlichts mithilfe der Spektralanalyse im Rahmen der Astrophysik, sehr schnell zu einem Stern unter Sternen. Von ihrem Alter (rund 4,6 Mrd. Jahre) her gehört sie zu den jugendlichen Sternen, von der Größe und Oberflächentemperatur her wird sie unter die Normalsterne eingeordnet. Im von den Astronomen Hertzsprung und Russell für Sterne entwickelten Farbhelligkeitsdiagramm (HRD) steht sie wie die meisten anderen Sterne auf der sogenannten Hauptreihe. Und hier wird sie auch noch weitere rund 6 Mrd. Jahre unverändert bleiben.

Eine gewaltige Protuberanz dominiert diese Aufnahme der Sonne im Ultraviolettlicht. Die heißesten Stellen der Sonne erscheinen hier fast weiß, die kühleren Bereiche sind dagegen dunkelrot.

Steckbrief unserer Sonne

Entfernung von der Erde:	149,6 Mio. km
Durchmesser am Äquator:	1,4 Mio. km
Oberflächentemperatur:	5500 °C
Temperatur im Zentrum:	15 Mio. °C
Zusammensetzung:	75 % Wasserstoff,
	23 % Helium
Rotationszeit am Äquator:	25,4 Tage

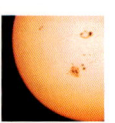

Geheimnisvolle schwarze Flecken

Die Sonnenflecken und ihr Zyklus

Diese dunklen Gebilde, die in größerer oder kleiner Zahl sowie unterschiedlichem Durchmesser die Sonnenscheibe bevölkern, sind das deutlichste und am einfachsten zu beobachtende Zeichen für die Aktivität unseres Sternes. Aber Vorsicht: Nie mit bloßem Auge, einem Fernglas oder Fernrohr in die Sonne schauen! Ohne spezielle Sonnenfilter oder eine Vorrichtung zur Projektion des Sonnenbildes würde man sofort erblinden!

Kühle Stellen auf der Sonne

Dass die Sonnenflecken dunkel erscheinen, ist eine Folge ihrer geringeren Temperatur, die etwa 1500 °C niedriger ist als das Umfeld mit 5500 °C. Ein typischer Sonnenfleck zeigt zwei Bereiche: einen dunklen zentralen Bereich, Umbra genannt (4000 °C), und einen sie umgebenden helleren, zerfasert wie die Speichen eines Rades von der Mitte nach allen Richtungen sich ausdehnend erscheinenden Saum, die Penumbra (5200 °C). Könnte man einen Sonnenfleck herausschneiden und an den Himmel versetzen, würde er noch zehnmal heller als der Vollmond leuchten.

Die Sonnenflecken sind keine beständigen Gebilde und haben unterschiedliche Dimensionen. Einzelne Flecken können zwischen 15 000 und 150 000 km durchmessen sein, d.h.:

Schon ein winziger Fleck, eine Pore, hat den Durchmesser der Erde. Dagegen können Gruppen von Sonnenflecken sogar Hunderte von Millionen Quadratkilometern einnehmen. Sonnenflecken sind flache Einsenkungen in der Photosphäre, wie die für uns sichtbare leuchtende Schicht der Sonne genannt wird. Starke Magnetfelder verhindern hier, dass heißes Gas

> ### Macht die Sonne mal Pause?
>
> *Neben dem elfjährigen Zyklus der Sonnenflecken vermutet man noch andere, die ihm überlagert sein könnten: 80, 145, 200 und sogar 400 Jahre. Allerdings zeigen historische Aufzeichnungen, dass es gelegentlich auch zu großen Lücken im Sonnenfleckenzyklus gekommen ist, in denen die Sonne fleckenfrei gewesen sein muss. Eine berühmte Lücke ist das Maunder-Minimum, benannt nach dessen Entdecker Walter Maunder (1851–1928). Es dauerte von 1645 bis 1715. Damals gab es in Europa eine Serie strenger Winter, die ihren Höhepunkt Ende des 17. Jhs. zeigte. Auf der Sonne scheint es zu dieser Zeit keine Flecken und damit Aktivität gegeben zu haben. Zwischen Sonnenfleckenpause und Kälteperioden gibt es anscheinend einen Zusammenhang.*

an die Oberfläche gelangt – wegen der fehlenden Thermik gibt es keinen Nachschub an aufsteigendem heißem Gas aus dem Sonneninnern. So kühlt die Oberfläche in dieser Gegend ab. Sonnenflecken bleiben einige Stunden bis mehrere Wochen bestehen und wandern in dieser Zeit durch die Rotation der Sonne über deren Oberfläche.

Ein seltsamer Zyklus

1848 veröffentliche der Amateurastronom Samuel Heinrich Schwabe seine Entdeckung, wonach die Zahl der Sonnenflecken in einem bestimmten Rhythmus schwankt: Alle elf Jahre sind auf der Sonne sehr viele Flecken zu beobachten und die Astronomen sprechen von einem Sonnenfleckenmaximum. Ihm folgt einige Jahre später ein Sonnenfleckenminimum. Der zeitliche Abstand zwischen zwei Maxima kann zwischen 7,3 und 15 Jahren schwanken. Das periodische Ansteigen und Abfallen der Sonnenfleckenanzahl innerhalb des zehn- bis elfjähren Zeitraumes wird „Sonnenaktivitätszyklus" oder „Sonnenzyklus" genannt. Seit Anfang 2008 sind wir im 24. Sonnenzyklus seit Beginn der Aufzeichnungen.

Dieses Bild des Sonnensatelliten SOHO vom Oktober 2003 zeigt besonders eindrucksvolle Sonnenflecken.

Die Sonne – der Stern des Lebens

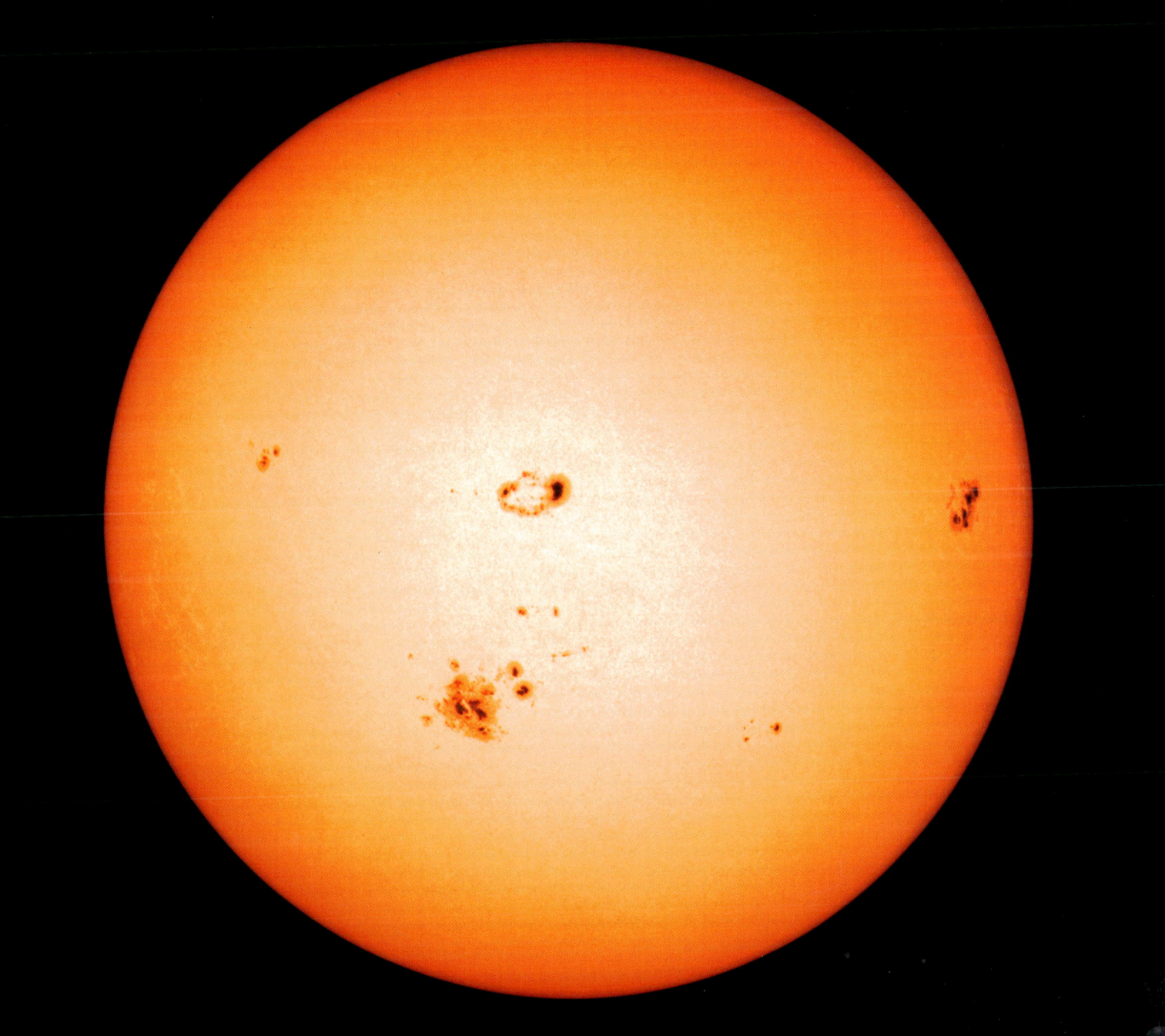

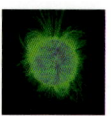

Explosionen auf der Sonne
Faszinierende Protuberanzen und Flares

Protuberanzen gehören mit zu den eindrucksvollsten, ja faszinierendsten Phänomenen, die die Sonne zu bieten hat. Und wie ein guter Dramaturg mit Highlights haushaltet, tut es in diesem Fall auch die Sonne: Nur bei totalen Sonnenfinsternissen und in Spezialfernrohren (Koronografen) mit besonderen Blenden oder Filtern werden sie sichtbar. Wer diese feurigen Gebilde einmal in einem Spezialfernrohr von der Sonnenoberfläche aufsteigen und als Bögen oder Schleier darüber verharren gesehen hat, wird die Bilder dieser Urgewalten wohl nie mehr vergessen.

Feurige Bögen

Protuberanzen bestehen aus bis zu 50 000 °C heißem Wasserstoffgas. Sie schweben über der orangerot leuchtenden Chromosphäre (Farbhülle) der Sonne oder werden mit hohen Geschwindigkeiten von rund 100 km/s gelegentlich 200 000 km weit in den ebenfalls bei totalen Sonnenfinsternissen sichtbaren Strahlenkranz der Korona hinausgeschleudert – der zweiten, darüberliegenden Schicht der Sonnenatmosphäre. Von dort stürzen sie meist auf die Sonnenoberfläche zurück. Doch die heftigsten unter ihnen schleudern Zungen oder Schleifen aus Materie sogar mehrere Hunderttausend Kilometer hoch über die

Photosphäre; manche können sich ganz von der Sonne lösen und in den Weltraum entweichen. Die Formen und Dimensionen der solaren Fontänen sind verschieden. Die meisten erreichen eine Länge von mehr als 100 000 km, während die „Dicke" nur wenig mehr als 10 000 km beträgt.

Natürlich geht es auch kleiner: Neben diesen in die Höhe schießenden Gaszungen gibt es in der Chromosphäre auch viele flammenartige Plasmasäulen, die sogenannten Spicules. Wie ein Wald aus ständig sich bewegenden kleinen Flammen erscheinen sie dem Betrachter. Jede von ihnen erstreckt sich bis zu 10 000 km in die Höhe, wo sie für ein paar Minuten bestehen bleibt. Das geschieht entlang von Magnetfeldlinien, die bei allen Aktivitätserscheinungen auf der Sonne eine Rolle spielen.

Flares und CMEs

Aber es gibt auch noch eine Steigerung, und zwar in Form der Flares, die auch als chromosphärische Eruptionen bezeichnet werden. Dies sind intensive Strahlungsausbrüche auf der Sonne, die sich ebenfalls in der Chromosphäre abspielen. Mit ihnen zusammen werden oft auch koronale Massenauswürfe (CMEs) beobachtet: Riesige Gasmassen (bis zu

10^{13} kg, was etwa der Masse der Zugspitze entspricht!) werden mit Geschwindigkeiten bis zu über 2000 km/s aus der Korona in den Weltraum geschleudert. Diese explosionsartigen Massenauswürfe verursachen innerhalb des stetig fließenden Sonnenwindes Stoßwellen, ähnlich dem Überschallknall eines Flugzeuges. Wenn diese Stoßwellen dann auf die Erdmagnetosphäre treffen, entladen sich auf der Erde geomagnetische Stürme und es sind verstärkt Polarlichter zu beobachten.

> ### Körnige Oberfläche
>
> *Die Sonne erscheint also im Allgemeinen als ein Ort nicht endenden Tumults. Dieser Eindruck stimmt zwar, aber wie in einem Topf kochenden Wassers gibt es auch ruhige Zonen, in denen unsere Sonne nur „köchelt". Vergrößert man die Bereiche zwischen den Sonnenflecken – und das ist der größte Teil der Sonnenoberfläche – zeigt sich eine Aufteilung in einzelne Zellen. Sie wirkt wie eine Art Körnung, weshalb die Sonnenphysiker auch von der „Granulation" sprechen. Sie besteht aus etwa 950 km breiten Zellen auf- und absteigender Gase, die der Sonnenoberfläche das Aussehen eines köchelnden Reisbreis geben.*

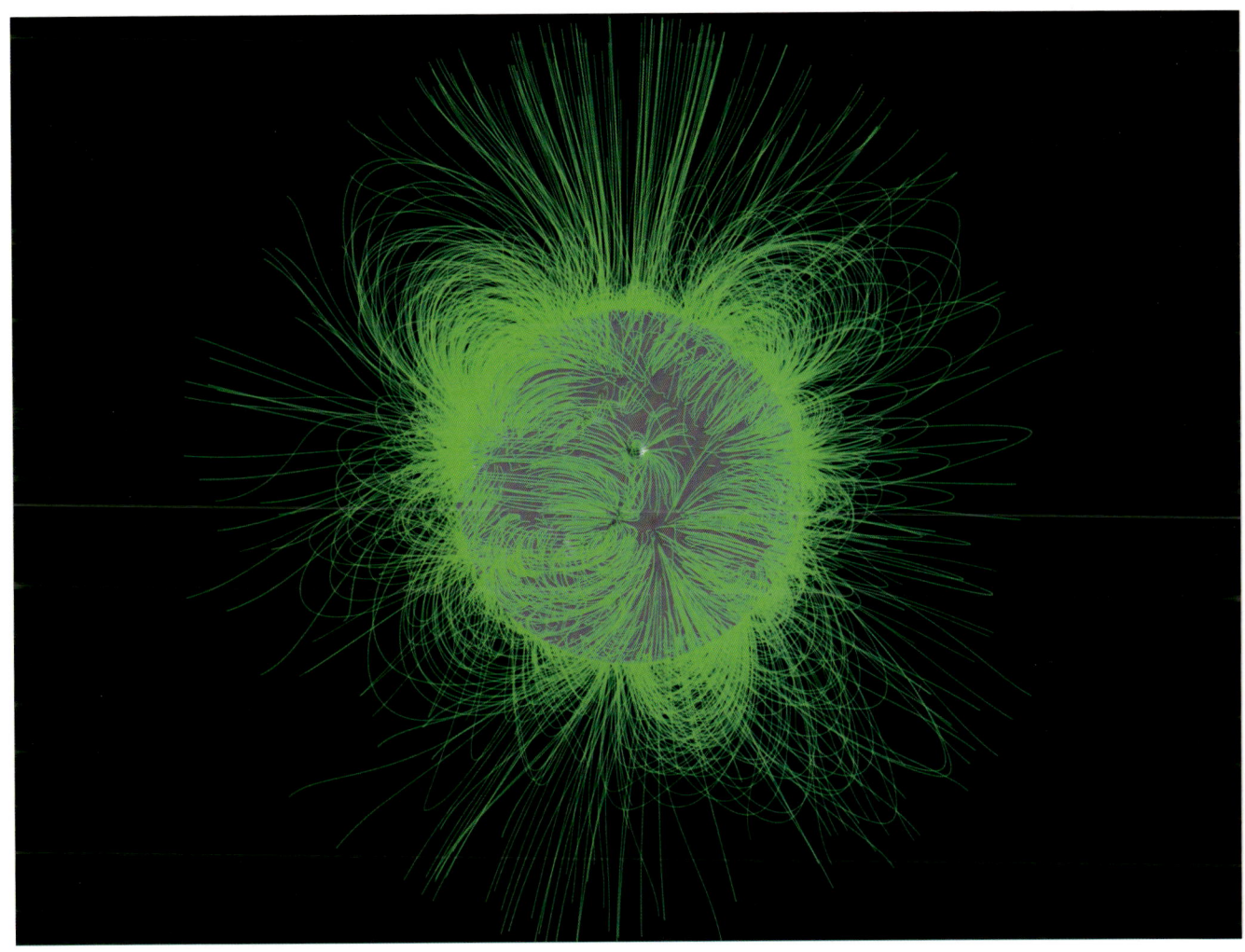

*Wie aktiv die Sonnenoberfläche ist, zeigt diese
Aufnahme der Magnetfeldlinien der Sonne.*

Ein Kranz um die Sonne

Faszination Korona

Man kann die nur bei einer totalen Sonnenfinsternis sichtbare Korona durchaus mit der Hintergrundbeleuchtung einer Bühne vergleichen. Wie sie hebt dieser die verdunkelte Sonnenscheibe umgebende helle Saum den Akteur in den Vordergrund, setzt ihn ins rechte Rampenlicht – und das ausgerechnet dann, wenn die Region, über der sich dieses Ereignis abspielt, wegen der Abblendung des Sonnenlichts für kurze Zeit in tiefe Nacht getaucht ist.

Ein milchig weißer Halo

Die Korona ist bei jeder Sonnenfinsternis zu sehen, denn sie ist ein Teil der Sonnenatmosphäre, und zwar der äußerste Bereich. Dass dieser milchig weiße Halo nur dann zu sehen ist, hat einen einfachen Grund: Diese Gasschicht ist sehr dünn und wird von der Photosphäre überstrahlt.

Bis zur Erfindung des Koronografen durch den französischen Astronom Bernard Lyot (1897–1952) in den 1930er-Jahren konnte man diese Hülle unseres Tagesgestirns nur während einer totalen Sonnenfinsternis erforschen – und dazu standen dann jeweils maximal sieben Minuten zur Verfügung. Mit einer speziellen Kegelblende, die eine Art ständige totale Sonnenfinsternis erzeugt, sowie besonderen Filtern konnte Lyots Spezial-

fernrohr zumindest einen Teil der „Zitterpartie Totale Sonnenfinsternis" beseitigen. Mit dem Koronografen gelangen ihm als erstem spektakuläre Aufnahmen der sich in und über der Korona tummelnden Protuberanzen.

Mit Raumsonden wie der 1995 gestarteten NASA-ESA-Sonnensonde SOHO und der seit 1998 im Orbit geparkten NASA-Sonnensonde TRACE ist die Beobachtung und Erforschung der Korona heute kein Problem mehr.

Die dünnste, aber heißeste Schicht

Die Korona erstreckt sich als äußerste Atmosphärenschicht oberhalb der Chromosphäre der Sonne und stellt damit den Über-

gang in den freien Weltraum dar – sie reicht einige Millionen Kilometer in ihn hinaus. Und weil sie eben sehr dünn ist, ist sie auch sehr lichtschwach.

Andererseits können die Temperaturen der Korona über 3 Mio. °C erreichen, weil die Gasdichte hier so gering ist. Diese Tatsache bereitet den Sonnenphysikern noch immer mit das größte Kopfzerbrechen, denn irgendwie muss die Korona aufgeheizt werden – nur wodurch? Bis heute ist diese Frage noch nicht restlos geklärt. Die Strahlung der Sonne, Überschallwellen oder elektrische Ströme, die Bündel magnetischer Felder erzeugen, werden als Erklärungen untersucht.

Veränderlich löcherige Form

Die Form der Sonnenkorona ist nicht immer gleich. So verändert sie sich z. B. mit der Sonnenfleckenperiode. So erscheint zur Zeit des Sonnenfleckenmaximums die Korona fast kreisförmig (z. B. bei der Sonnenfinsternis 1999), während sie im Sonnenfleckenminimum an den Polen stark abgeplattet ist und in den solaren Äquatorbereichen weit in den Raum ausgreifende Bänder zeigt (wie bei der Sonnenfinsternis 2006). In den Sonnen-Polargebieten sind dagegen meistens nur

kurze, fast genau radial verlaufende Strahlenbüschel zu erkennen.

Doch egal, wie die Korona gerade aussieht, sie zeigt auch Löcher. Dabei handelt es sich um kühlere Bereiche, die nur auf Aufnahmen im Röntgen- und extremen Ultraviolett-Bereich zu sehen sind, wo sie dunkel erscheinen. Das besondere Merkmal dieser Koronalen Löcher sind ihre offenen Magnetfeldlinien, wodurch es geladenen Teilchen gelingt, die Sonnenoberfläche zu verlassen. Sie gelten daher als Ursprung des Sonnenwinds.

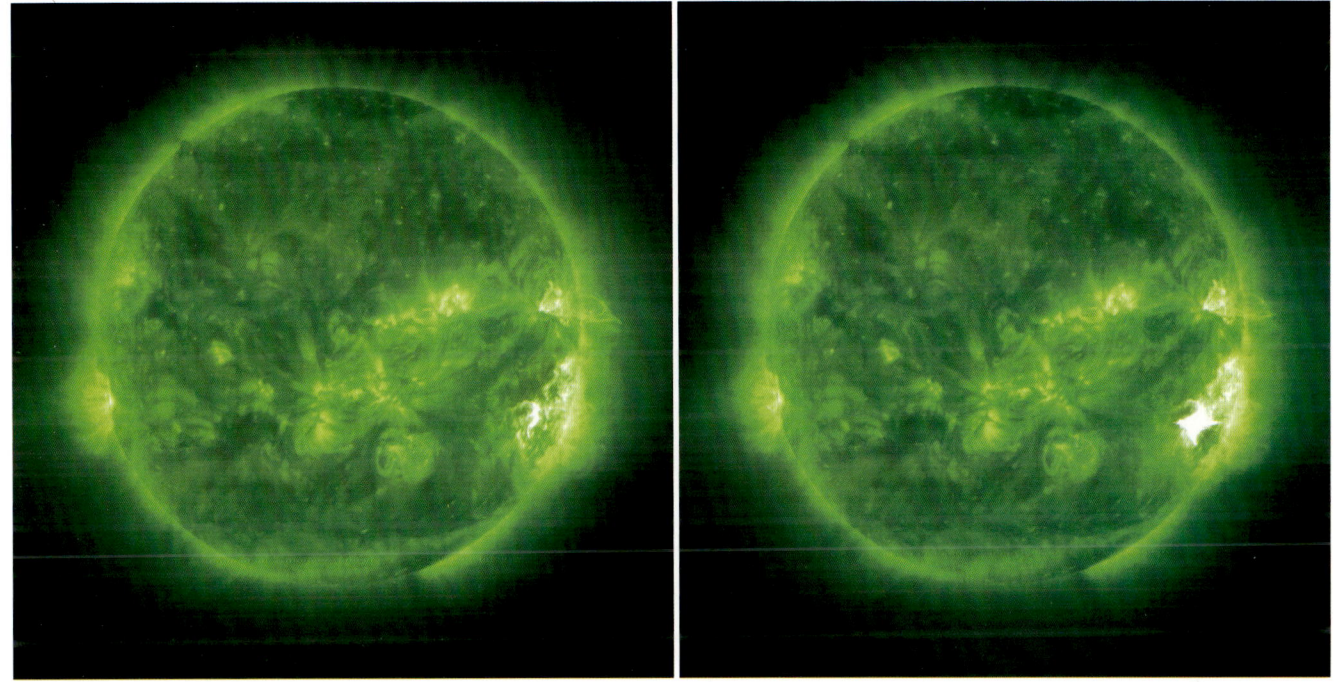

Die beiden Bilder des Sonnensatelliten SOHO vom November 2003 zeigen die Korona der Sonne im extremen Ultraviolettlicht. Auf dem rechten Bild ist rechts ein Flare zu sehen, der eine große Menge an Teilchen aus der Sonne herausschleuderte.

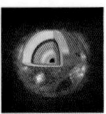

Ins Schwarze der Sonne

Der innere Aufbau unseres Sternes

Mit dem Fahrstuhl eine Reise zum Mittelpunkt der Sonne unternehmen oder, wie in so manchem Science-Fiction-Roman eindrucksvoll geschildert, in einem von starken magnetischen Hochenergieschirmen geschützten Raumschiff ins Innere der Sonne fliegen – das ist der Traum eines jeden Sonnenphysikers. Und es wird auch ein Traum bleiben, denn die physikalischen Verhältnisse in unserem Stern, nämlich der gigantische Druck und die extrem hohen Temperaturen, werden ein solches Unternehmen immer unmöglich machen.

Dennoch wissen wir heute gut über den inneren Aufbau unseres Heimatsternes und die in seinen Schichten ablaufenden Prozesse Bescheid. Wir kennen nämlich aus Laborversuchen das Verhalten von Gasen, wir haben Spezialsatelliten wie SOHO oder CLUSTER und wir können Modelle berechnen.

Verschiedene Hullen

Die Reise in die Tiefe der Sonne beginnt mit dem Durchqueren der Korona, dem Strahlenkranz. Ihr folgt eine dünne, unregelmäßige Übergangszone, deren Temperatur von innen nach außen von 20 000 auf rund 1 Mio. °C ansteigt. Als nächstes kommt die orangerote Chromosphäre. Sie ist etwa 200 km dick und in ihr steigt die Temperatur nach außen von 4500

auf 20 000 °C. Dann folgt die Photosphäre, die lichterzeugende und damit sichtbare Schicht, die wir als Sonnenoberfläche bezeichnen. Sie ist rund 300 bis 400 km dick, sieht körnig und blasig aus und brodelt ständig, da andauernd Ströme heißer Gase auf- und absteigen und 1000 km große Blasen bilden. Hier befinden sich auch die Sonnenflecken.

Darunter liegt die Konvektionszone der Sonne, die rund 20 % des Sonnenradius einnimmt.

Das Regenbogenband

Lässt man Sonnenlicht, das seinen Ursprung in der Photosphäre der Sonne hat, durch ein Prisma fallen, entsteht ein farbiges Band – ein kontinuierliches Spektrum mit den Farben Rot bis Violett. In besonderen Geräten, den Spektrografen, zeigen sich zusätzlich viele dunkle Linien. Diese sogenannten Fraunhofer-Linien entstehen durch „Ausblendung" (Absorption) abgestrahlter Gase durch die über der Photosphäre liegende 1000 °C „kühlere" Chromosphäre. Die Linien stehen in der Mehrzahl (70 %) für chemische Elemente, die durch Vermessung identifiziert werden können. Bisher wurden etwa 2500 Absorptionslinien vermessen und über 60 chemischen Elementen zugeordnet.

Hier steigen heiße Gase an die Oberfläche, während die kühleren wieder nach unten sinken. Durch diesen Prozess wird Wärme zur Photosphäre transportiert, von der aus sie in den Raum abgestrahlt wird. Die nächste Schicht ist die Strahlungszone. Sie umfasst ungefähr 70 % des Sonnenradius. Hier wird die Energie in Form von Strahlung, nämlich Photonen, übertragen.

Der Sonne Kern

Der Ursprung aller Strahlungsteilchen liegt im Kern, dessen Durchmesser auf etwa 250 000 km geschätzt wird. Hier sitzt das Kraftwerk, in dem die Energie durch Verschmelzen von ungefähr 600 Mio. t Wasserstoffkerne (Protonen) pro Sekunde zu Heliumkernen erzeugt wird. Diesen Prozess der Kernfusion können wir bisher nur (in zerstörerischer Form) bei der Explosion einer Wasserstoffbombe nachahmen.

Die Temperatur des Sonnenkerns liegt bei etwa 15 Mio. °C und die Dichte beträgt ungefähr 134 g/cm^3, also 160-mal mehr als die des Wassers. Wer nun glaubt, der Kern sei eine blendend weiße Kugel, täuscht sich. Vielmehr ist er schwarz wie die Nacht, denn die gesamte Energie, die dort produziert wird, ist für das menschliche Auge unsichtbar – und das seit 4,6 Mrd. Jahren.

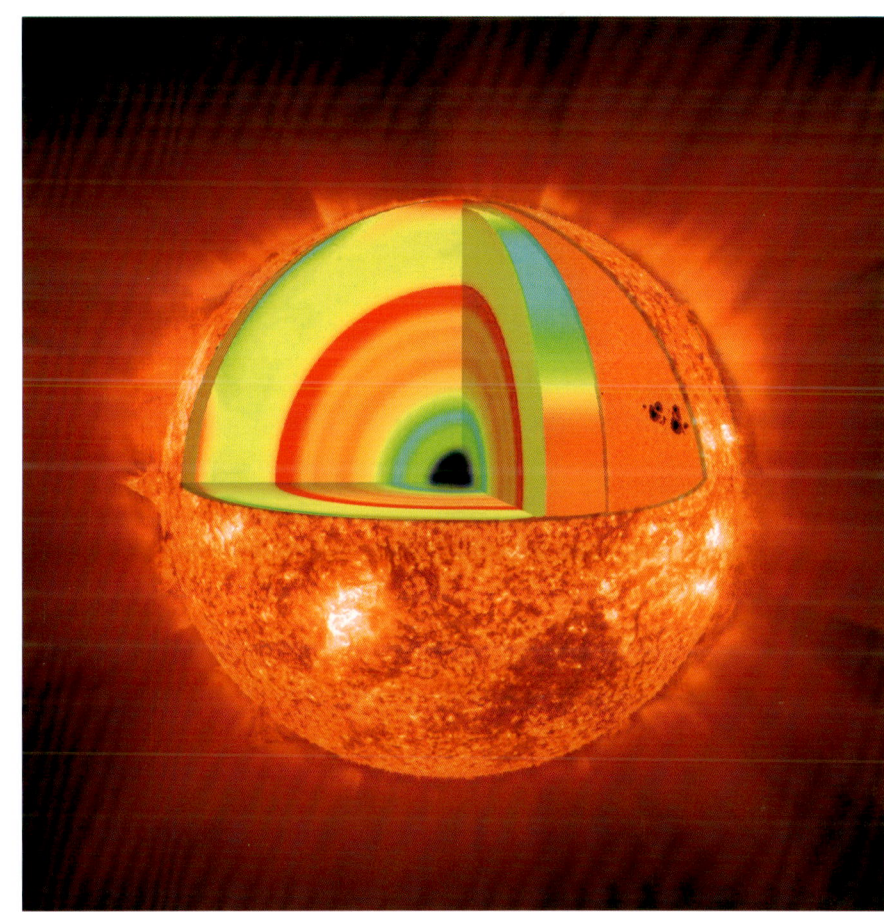

Schematischer Aufbau der Sonne: Ganz außen ist der Strahlenkranz der Sonnenkorona zu erkennen, darunter die Chromosphäre (Farbhülle), etwas tiefer liegt die lichterzeugende Photosphäre mit den Sonnenflecken. Den größten Teil der Sonne nehmen die ineinander übergehenden Bereiche Konvektionszone, Strahlungszone und Kern ein.

Achtung: Die Sonne bläst!
Von Sonnenwind und Sonnensturm

Dass die Sonne Energie in Form von Licht und Wärme abgibt, weiß jeder, denn wir sehen und fühlen es täglich – spätestens dann, wenn wir unvorsichtigerweise zu lange in der Sonne gelegen sind. Dass die Sonne aber auch Wind und Sturm erzeugen kann, verblüfft wohl manchen. Der eine oder andere erinnert sich aber vielleicht noch dunkel daran, dass die Apollo-XI-Astronauten nach ihrer Landung auf dem Mond eine Silberfolie entrollten, um Teilchen des Sonnenwindes einzufangen, nach dem Motto: „Catch the Solar Wind!"

Eine Blase im Raum

Der Sonnenwind reicht weit bis über die äußeren Planetenbahnen. Er treibt das interstellare Gas aus dem Sonnensystem hinaus und bildet so eine Art Blase im Weltall: die sogenannte Heliosphäre. Ihre Grenze, also dort, wo die Teilchen des Sonnenwindes abgebremst werden, wird Heliopause genannt und oft als Grenze des Sonnensystems angesehen. Wie weit sie genau von der Sonne entfernt ist, ist nicht bekannt. Allerdings geben Beobachtungen der Raumsonde Voyager 2 Grund zu der Annahme, dass sich die Heliopause in etwa der vierfachen Entfernung des Pluto befindet.

Der Sonnenwind – ein ständiger Teilchenstrom

Ohne Pause sendet unsere Sonne einen Strom elektrisch geladener Teilchen ins All. Dieser sogenannte Sonnenwind besteht hauptsächlich aus Protonen und Elektronen sowie Heliumkernen – ein Gemisch, das als „Plasma" bezeichnet wird. Infolge dieses Teilchenstroms verliert die Sonne pro Sekunde etwa 1 Mio. t ihrer Masse – entweder durch den langsamen oder den schnellen Sonnenwind. Die Geschwindigkeit des langsamen Sonnenwinds liegt bei etwa 400 km/s und seine Teilchen brauchen für die Strecke von der Sonne zur Erde etwa vier Tage. Dagegen erreicht der schnelle an den koronalen Löchern austretende Sonnenwind Geschwindigkeiten von 800 bis 900 km/s, was etwa 3 Mio. km/h entspricht!

Der Sonnenwind verformt sowohl das Magnetfeld der Sonne als auch das der Erde. Doch das Magnetfeld unseres Planeten (die Magnetosphäre) hält den Teilchenschauer zum größten Teil ab. Nur bei starkem Sonnenwind kann er in die hohen Schichten der Atmosphäre eindringen. Das geschieht vorzugsweise über den Polen, weil hier die magnetischen Feldlinien direkt in den Erdkörper „hinein"-laufen. Beim Zusammenstoß mit den Stickstoff-Sauerstoffatomen unserer Lufthülle ist diese Kollision dann in Form der Polarlichter zu sehen. Diese Vorgänge werden auch „Weltraumwetter" genannt.

Sonnenstürme

Ähnlich wie beim meteorologischen Wetter können auch beim Weltraumwetter Stürme auftreten. Das ist immer dann der Fall, wenn unsere Sonne eine erhöhte Aktivität zeigt, was an der Zahl der Sonnenflecken abgelesen werden kann.

Dann kommt es auf der Sonnenoberfläche zu gewaltigen Materie- und Strahlungsausbrüchen (Protuberanzen, Flares, koronale Massenauswürfe). Diese „rütteln" und „schütteln" quasi so an der Magnetosphäre der Erde wie Sturmböen an Bäumen und verstärken auf diese Weise die elektrischen Ströme in ihr erheblich. Die Folge davon sind starke Polarlichter bis in unsere Breiten, der Zusammenbruch des Kurzwellenfunkverkehrs, Spannungsspitzen auf langen Überlandleitungen – was zu Sicherheitsabschaltungen und zur Zerstörung von Transformatorstationen führen kann – und sogar das Reißen von Schweißnähten in Ölpipelines. Nicht zuletzt können Kommunikationssatelliten schwer beschädigt oder gar ihre Bauteile zerstört werden.

Ein Polarlicht über der Hudson Bay in Kanada –
ein sichtbares Zeichen des Teilchenregens
von der Sonne, des Sonnenwinds.

Klimaschaukel Sonne?

Von Sonnenaktivität, Wetter und Klima

Unbestritten ist: Viele Vorgänge auf der Erde werden von der Sonne beeinflusst. Ohne diesen großen Motor wären unser Wetter sowie unsere Jahreszeiten nicht denkbar und es gäbe auch keine Photosynthese der Pflanzen. Gestritten wird aber darüber, ob sich Schwankungen in der Sonnenaktivität, wie die der Sonnenflecken, nicht auch auf die irdischen Verhältnisse auswirken, indem sie das Klima beeinflussen. Denn ebenso unbestritten ist: Das globale Klima wird wärmer.

Kleine Eiszeit und Klimaoptimum

Als eindrucksvollstes Nachweismittel gilt die Dicke der Jahresringe von Bäumen, die infolge von Klimaveränderungen schwankt. Sie belegen auch die sogenannte Kleine Eiszeit: Zwischen 1645 und 1715 wurde Europa von einer Serie strenger Winter heimgesucht. Sie erreichte ihren Höhepunkt Ende des 17. Jhs. So war während der Winter von 1683 bis 1689 regelmäßig die Themse so fest zugefroren, dass die Einwohner Londons „Frost-Jahrmärkte" auf dem Eis abhielten. Nach den damaligen Sonnenbeobachtungen scheint unser Tagesgestirn fast gar keine Flecken und damit keine Aktivität gezeigt zu haben und demnach ein Zusammenhang zwischen diesem Sonnenfleckenminimum und der Kälteperiode zu bestehen. Genau entgegengesetzt verhielt sich die Sonne zwischen 1100 und 1250. Hier sprechen die Astronomen vom Großen Mittelalterlichen Maximum. Damals war die Sonne besonders aktiv und strahlte extrem stark, sodass in Norwegen Wein angebaut werden konnte und Grönland wirklich „grön", also grün war.

Globaler Klimawandel durch veränderte Sonnenaktivität?

Im 2007 veröffentlichten IPCC-Bericht (Intergovermental Panel on Climate Change) zum Klimawandel schätzen Wissenschaftler den Einfluss der schwankenden Sonnenaktivität auf das Klima als „gering" ein. Dagegen finden sich in manchen wissenschaftlichen Publikationen recht hohe Werte für den Zeitraum zwischen 1950 und 1999. Sie liegen zwischen 16 und 36 % oder sogar zwischen 8 und 42 %.

Nach Sami Solanki, Direktor am Max-Planck-Institut für Sonnensystemforschung, befindet sich die Sonne in einem Aktivitätsmaximum und strahle derzeit so stark wie seit 8000 Jahren nicht mehr. Dennoch sei eine solare Ursache der globalen Erwärmung während der vergangenen Jahrzehnte unwahrscheinlich, die Sonne sei nicht der dominante Faktor gewesen und ihr Anteil an der Erwärmung seit 1970 könne bei maximal 30 % gelegen haben. Die seit 1978 von Satelliten gemessenen Veränderungen der Sonnenaktivität sind für sich allein zu geringfügig, um als Ursache für die sich beschleunigende Erderwärmung zu gelten.

Klimatische Einflüsse aus dem Kosmos?

Nach Meinung einiger dänischer Meteorologen besteht ein Zusammenhang zwischen Klima und kosmischer Strahlung. Die kosmische Strahlung, die durch eine zunehmende magnetische Sonnenaktivität stärker von der Atmosphäre abgelenkt und damit in ihrer Intensität vermindert werde, beeinflusse die Wolkenbildung, sie werde geringer.

Diese abnehmende Wolkenbedeckung sei eine wesentliche Ursache der gemessenen Erwärmung. Der angenommene statistische Zusammenhang von kosmischer Strahlung und Wolkenbedeckung wurde jedoch später als wissenschaftliche Überinterpretation entlarvt. Und laut einer weiteren Studie von 2009 gibt es bislang keine Belege für eine Verbindung zwischen kosmischer Strahlung und der globalen Erwärmung.

Das zeitgenössische Gemälde des niederländischen Malers Abraham Hondius zeigt den „Frost-Jahrmarkt" auf der zugefrorenen Themse, der im Winter 1683/1684 während der sogenannten Kleinen Eiszeit stattfand.

Ein swingender, klingender Stern
Von wandernder Sonnenoberfläche und pulsierendem Innern

Sonnenflecken, Gasausbrüche, Weltraumwetter und Polarlichter: Die Sonne bewegt an ihrer Oberfläche, im All und auf der Erde sehr viel. Doch dass sie sich dabei auch noch selbst bewegt und Töne erzeugt, die unser Tagesgestirn wie eine riesige Glocke schwingen lassen, das gehört zum Faszinierendsten, was dank der Sonnensatelliten wie SOHO in den letzten zwölf Jahren herausgefunden wurde.

Die sich drehende und erschütterte Sonne

Wer die Sonne für eine kurze Zeit im Fernrohr betrachtet (das sollte nie ohne starke Filter oder nur mit der Projektionsmethode geschehen, bei der das Sonnenbild durch ein Fernrohr auf einen hinter dem Okular angebrachten weißen Schirm gelenkt wird), der sieht einen unbeweglichen Himmelskörper, d. h. im wahrsten Sinne des Wortes einen Fixstern!

Aber schon die ersten Sonnenbeobachter wie Galileo Galilei stellten kurz nach der Entdeckung der Sonnenflecken fest, dass diese scheinbar dunklen Gebilde von Osten nach Westen über die Sonnenscheibe ziehen. Diese Wanderung ist ein deutliches Zeichen dafür, dass sich die Sonne um ihre eigene Achse dreht. Die Rotationsgeschwindigkeit ist jedoch nicht für alle Gebiete gleich, da die Sonne kein fester Körper ist. Daher sprechen die Physiker auch von einer differenziellen Sonnenrotation. So beträgt die Rotationsperiode für die solare Äquatorzone 26 Tage und steigt 60° vom Äquator entfernt – also in den mittleren Breiten – auf ca. 31 Tage an.

Auch der Sonnenkörper selbst ist, wie wir heute wissen, nicht ruhig. Die von einer rotierenden Gasschicht unterhalb der Konvektionszone produzierten Magnetfelder heizen nicht nur die Korona auf, sondern lassen

---

Von der Helioseismologie

Die ganze Sonne pulsiert in Millionen unterschiedlicher Frequenzen. Allerdings können wir die Schallwellen auf der Erde nicht „hören", da es im Vakuum des Weltraums nichts gibt, das sie weiterleiten könnte. Doch es gibt inzwischen spezielle Methoden, mit denen man diese Schwingungen sichtbar machen kann. Die Auswertung der Schwingungen erlaubt eine Aussage über den inneren Aufbau der Sonne. So konnte mit ihrer Hilfe die Ausdehnung der Konvektionszone bestimmt werden. Analog zur Erforschung von seismischen Wellen auf der Erde wird dieser solare Wissenschaftszweig als „Helioseismologie" bezeichnet.

---

gleichzeitig gigantische Gasblasen entstehen, die durch bogenförmige Magnetfelder gehalten werden. Zerreißen diese „Käfige", werden nicht nur die Gasblasen in den Weltraum hinausgeschleudert, sondern es breitet sich auch fast zeitgleich eine Welle auf der gasförmigen Sonnenoberfläche aus, so wie wenn man einen Stein ins Wasser wirft.

Ein pulsierender Stern

Andererseits werden die von den Konvektionszellen bei der Strömung durch die umliegenden Gase erzeugten Schallwellen von der Grenzschicht zur Photosphäre reflektiert und laufen wieder ins Sonneninnere. Hier nehmen mit steigender Tiefe die Dichte der Materie und die Schallgeschwindigkeit zu. Dadurch wird die Wellenfront gekrümmt und wieder nach außen geleitet. Durch wiederholte Reflexion und Überlagerung können Schallwellen verstärkt werden, d. h., es bilden sich Resonanzen aus. Die Konvektionszone wirkt somit als Ganzes wie ein riesiger Resonanzkörper, der die darüber liegende Photosphäre in Schwingung versetzt. Die hauptsächlich vorherrschende Schwingung hat eine Periodendauer von etwa fünf Minuten (293 Sekunden ± 3 Sekunden).

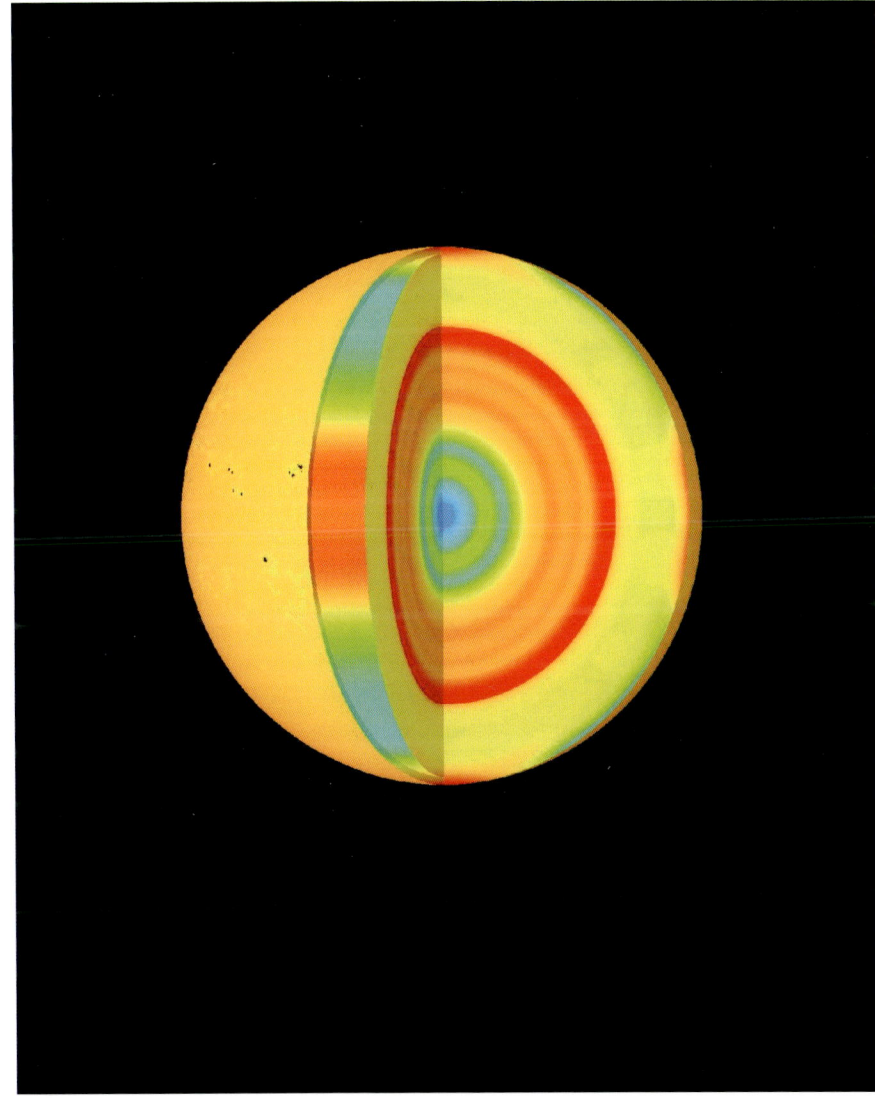

Diese Darstellung des Sonneninneren entstand mithilfe mehrerer Instrumente an Bord des Sonnensatelliten SOHO. Zu sehen sind Bereiche in der
Sonne, in denen sich Schallwellen unterschiedlich
schnell bewegen. Im roten Bereich fand man z. B.
heraus, dass sich die Schallwellen dort schneller
bewegen als erwartet, die Sonne in dieser Schicht
also heißer ist, als zuvor vermutet wurde.

Bei der Geburt ein Nebel, beim Tod ein Weißer Zwerg

Vom Lebensweg unserer Sonne

Um die Geburt, das Leben und den Tod unserer Sonne beschreiben zu können, ist unsere eigene Lebenszeit zu kurz. Denn immerhin existiert die Sonne seit 4,6 Mrd. Jahren und wird es für dieselbe Zeitspanne auch in Zukunft tun. Uns geht es nicht anders als einer Eintagsfliege im Hinblick auf das Leben eines Menschen. Was also tun? Nun, wir können die Entwicklungsstadien von Sternen in Sonnengröße studieren, die wir an verschiedenen Stellen des Weltalls beobachten, um so Rückschlüsse auf den vergangenen sowie zukünftigen Lebensweg unserer Sonne zu ziehen.

Geburt aus dem Nebel

Wie alle Sterne wurde die Sonne aus einer rotierenden Gas- und Staubwolke geboren, nachdem die Schockwellen einer Supernova interstellare Materieteilchen „zusammengeschoben" hatte. In den ersten 50 Mio. Jahren ihrer Existenz schrumpfte die Sonne auf ungefähr ihre derzeitige Größe. Durch die Kontraktion des Gases wurde Gravitationsenergie frei, die das Innere erhitzte. Sobald hier eine bestimmte Temperatur erreicht war, kam die Kontraktion zum Stillstand und im Kern setzte das nukleare „Brennen" des Wasserstoffs zu Helium ein (ungefähr ab 10 Mio. °C). Dieser Prozess wird Kernverschmelzung oder auch Kernfusion genannt.

Seit 4,6 Mrd. Jahren befindet sich die Sonne in diesem Stadium ihrer Entwicklung. Im Sonnenkern ist noch ausreichend Wasserstoff vorhanden, um den gegenwärtigen Zustand für noch einmal dieselbe Zeitspanne aufrechtzuerhalten.

Vom Roten Riesen zum Weißen Zwerg

Wenn aber der Wasserstoff erschöpft ist, werden schwerwiegende physikalische Veränderungen eintreten: Die äußeren Schichten werden sich ausdehnen, und zwar bis zur Umlaufbahn der Erde oder noch darüber hinaus. Die Sonne wird zu einem Roten Riesen(stern), ähnlich wie die Sonne Beteigeuze im Sternbild Orion. An ihrer Oberfläche wird sie etwas kühler sein als jetzt, aber wegen der enormen Größe rund 10 000-mal heller. Die Erde wird vermutlich nicht verschluckt, sondern wegen der Abnahme der Sonnenmasse auf einer Spiralbahn nach außen geschleudert.

Die Sonne wird etwa eine halbe Milliarde Jahre lang ein Roter Riese bleiben, in dessen Zentrum andere Kernreaktionen ablaufen: das „Heliumbrennen". Ihre Masse ist dabei nicht groß genug, um weitere Zyklen von Kernreaktionen zu durchlaufen, die zu einer sogenannten kataklysmischen Explosion führen würden, wie sie bei manchen Sternen eintritt. Nach dem Stadium des Roten Riesen wird die Sonne zu einem Weißen Zwerg(stern) zusammenfallen. Dieser wird etwa so groß sein wie die Erde, aber eine mittlere Dichte von $2\,t/cm^3$ besitzen. In den folgenden Milliarden Jahren wird sie langsam abkühlen, verblassen und als schwarzer Zwerg durchs All treiben.

Neutrinos von der Sonne

Unabhängig davon, in welcher Phase ihres Lebens sich die Sonne gerade befindet: Sie setzt bei ihren Kernreaktionen neben den allgemein bekannten Photonen auch die geheimnisvollen Neutrinos frei. Dabei handelt es sich um elektrisch neutrale Elementarteilchen von sehr geringer Masse, weshalb diese Teilchen nur äußerst schwer nachzuweisen sind. Die meisten dieser Partikel durchdringen die Erde, aber einigen kann man mithilfe der sogenannten Neutrinodetektoren auf die Spur kommen. Übrigens: Während ein Photon ungefähr 30 000 Jahre benötigt, um aus dem Kern der Sonne an deren Oberfläche zu gelangen, braucht ein Neutrino dafür nur einige Sekunden.

*So könnte unser Sonnensystem in einer frühen
Phase seiner Entstehung ausgesehen haben.
Die Sonne hat bereits etwa ihre heutige Größe
erreicht und die Planeten (innen die Gesteins- und
außen die Gasplaneten) beginnen sich zu bilden.*

Der verdunkelte Stern

Sonnenfinsternisse – das ultimative Himmelsschauspiel

Wer eine totale Sonnenfinsternis erlebt hat, wird das nie mehr vergessen: Für wenige Minuten wird die Sonne durch den Mond vollkommen verdunkelt. Nacht senkt sich plötzlich über die Erde. Die helleren Sterne und die Planeten erscheinen, die Tiere begeben sich zur Ruhe und die Landschaft nimmt ein fremdartiges Aussehen an. Jetzt wird jedem unmissverständlich klar, wie abhängig alles Leben auf der Erde von der Sonne ist. Wie aber kommt es zu diesem faszinierenden Ereignis?

Hauptakteur Mond

Hauptakteur ist der Mond. Tritt er genau zwischen Erde und Sonne, kommt es zu einer Sonnenfinsternis. Zwar ist der Mond erheblich kleiner als die Sonne, aber sie ist 400-mal weiter von der Erde entfernt. Beide Himmelskörper haben daher am Firmament die gleiche scheinbare Größe (wie auch eine 1-Cent-Münze in einem bestimmten Abstand eine 2-Euro-Münze zu bedecken scheint) - ein einmaliger Fall im Sonnensystem!

Nun könnte man meinen, dass es jeden Monat zu einer Sonnenfinsternis kommen muss, und zwar immer zur Neumondzeit, wenn unser Trabant zwischen Erde und Sonne steht. Dem ist aber nicht so, weil die Mondbahn etwas gegenüber der Erdbahn geneigt ist (5°). So zieht der Neumond meist ober- oder unterhalb der Sonnenscheibe vorbei; und damit kann ein solches Ereignis nur dann eintreten, wenn der Mond in der Nähe einer dieser Bahnschnittpunkte (Knoten) und in Richtung der Sonne steht. Mit anderen Worten: Sonne, Mond und Erde müssen nicht nur in derselben Richtung, sondern auch auf gleicher „Höhe" im Weltraum stehen! Deshalb gibt es pro Jahr durchschnittlich nur zwei oder drei Sonnenfinsternisse, in seltenen Fällen fünf und die wenigsten davon sind total.

Fliegende Schatten und andere Phänomene

Kurz vor Beginn der Totalität verursachen Schlieren in der Erdatmosphäre eigentümliche Schatten- und Lichteffekte: die sogenannten „fliegenden Schatten". Sekunden vor der Totalität scheint dann die schmale Sonnensichel in einzelne Lichtpunkte zu zerfallen - die „Perlschnur" oder der „Diamantring", hervorgerufen durch die unebene Oberfläche am Mondrand. Ist die Sonne dann total verfinstert, zeigen sich um den Mond- bzw. Sonnenrand die pinkfarbene Chromosphäre sowie die milchig-weiße Korona mit den rötlichen Fontänen der Protuberanzen.

Wandernde Schattenreiche

Schiebt sich nun der nur auf seiner Rückseite beleuchtete Mond mit seiner dunklen Vorderseite vor die Sonne, wird ein bestimmtes Gebiet auf der Erde von seinem Schatten getroffen. Dabei entstehen zwei Schattenkegel: der größere Halbschatten, wo die Sonne nur teilweise verfinstert zu beobachten ist (partielle Sonnenfinsternis), und der viel interessantere Bereich des Kernschattens. Hier erscheint die Sonne total verfinstert, weshalb auch von der „Totalitätszone" gesprochen wird. Ihre Breite beträgt maximal 300 km. Doch sie verharrt nun nicht über einem Punkt der Erde. Wegen der Rotation unseres Planeten und der Bewegung des Mondes wandert der Kernschatten mit einer mittleren Geschwindigkeit von 2000 km/h, sodass sein Weg ein schmales Band zu bilden scheint und eine totale Sonnenfinsternis maximal 7,6 Minuten dauern kann. Für einen bestimmten Ort kann mit einer totalen Sonnenfinsternis nur etwa alle 360 Jahre gerechnet werden. Über Deutschland wird sich nach dem 11. August 1999 die nächste totale Sonnenfinsternis am 3. September 2081 ereignen.

Die totale Sonnenfinsternis vom 29. März 2006 war in Teilen Südamerikas, Asiens und Afrikas zu sehen.

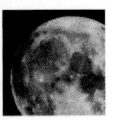

Vom Mann im Mond

Ein natürlicher Satellit

„Guter Mond, du gehst so stille ...", besingt ein altes Volkslied den Begleiter der Erde und es gibt viele Lieder, die von der von ihm ausgehenden Romantik schwärmen. Meist wird dabei an den Vollmond gedacht mit seinem silbrigen Licht, das sogar Schatten wirft. Gerade diese Veränderung des Lichtes oder seiner Lichtgestalten, auch Phasen genannt, hat die Menschen immer wieder in ihren Bann gezogen. Nicht umsonst wurde er eine der Grundlagen des Kalenders – vor allem bei den Völkern des Orients war der Mondkalender in Gebrauch. Denn weite Reisen unternahm man dort am liebsten in der Kühle der Nacht und da gab es nur ein Licht: den Mond.

Der einseitige Mann im Mond

Dass der Mond neben der Sonne das auffälligste Gestirn ist, hat nicht nur mit seinem

---

Steckbrief unseres Mondes

Mittlere Entfernung:	384 400 km
Durchmesser am Äquator:	3476 km
Oberflächentemperatur:	–150 bis +120 °C
Schwerkraft an der Oberfläche:	0,16 (Erde = 1)
Länge eines Mondtages:	29,53 Erdentage
Rotationsdauer:	27,32 Erdentage

Lichtwechsel und seiner scheinbar der Sonne entsprechenden Größe am Himmel zu tun. Ein genauso eindrucksvoller Grund ist, dass man schon mit dem bloßen Auge an seiner Oberfläche bestimmte Merkmale erkennen kann, nämlich helle und dunkle Gebiete. Gerade sie haben die Fantasie der Menschen beflügelt, sodass der Volksmund vom „Mondgesicht" oder auch dem „Mann im Mond" spricht: Der Sage nach soll ein Mann am Sonntag zum Holzsammeln in den Wald gegangen sein und damit gegen das Ruhegebot des Herrn verstoßen haben. Zur Strafe habe ihn Gott auf den Mond verbannt.

Andere Völker sahen in den dunklen Flecken aber auch eine Spinnerin mit Spinnrad, ein Kaninchen, das aus einem Gebüsch springt, zwei Kinder, die einen Wassereimer tragen, oder ein altes Paar.

Seltsamerweise bietet der Mond im Verlauf eines Monats immer das gleiche Bild, als ob er nur eine Seite habe, die im Sonnenlicht liegt. Doch dieser Eindruck täuscht, denn wie jeder Himmelskörper besitzt auch der Mond eine unbeleuchtete Rückseite – nur können wir sie von der Erde aus nicht sehen, weil Umlaufzeit und Umdrehungszeit (Rotationszeit) unseres Trabanten gleich sind. Der Fachmann spricht von einer „gebundenen Rotation".

Vielgestaltige Oberfläche

Im Zeitalter der Raumfahrt wurde es dann aber möglich, auch einen Blick auf die bis dahin unbekannten Teile der Mondoberfläche (41 % des Mondes) zu werfen und endlich vollständige Karten zu zeichnen sowie Globen zu modellieren. Die Bilder zeigen eine vielgestaltige Oberfläche und das auch noch glasklar, denn der Mond hat so gut wie keine Atmosphäre. So erscheinen Krater über Krater auf den hochgelegenen Regionen sowie Berge und Täler und die dunklen Gebiete entpuppen sich als ausgedehnte tiefe Ebenen. Von denen glaubte man früher, sie seien Meere, was sich heute noch in der Bezeichnung „Mare" widerspiegelt.

Die uns fast vertrauter als die Erde erscheinende Vorderseite des Mondes wird je nach seiner Stellung zu Erde und Sonne unterschiedlich beschienen. So sehen wir den Mond während eines Umlaufs um die Erde einmal gar nicht beleuchtet, weil er zwischen Erde und Sonne steht (Neumond), zunehmend oder abnehmend von der Seite beleuchtet (Halbmond bzw. Mondsichel) oder als Vollmond, wenn er „hinter der Erde" der Sonne gegenübersteht.

Auf diesem Bild der Raumsonde Galileo treten die Oberflächenmerkmale des Mondes – Mare, Krater, Täler und Berge – in äußerster Klarheit hervor.

Das Spiel der Gezeiten
Wie Ebbe und Flut entstehen

Wer an der Nordsee badet, kennt das Spiel: Mal ist das Wasser da und mal nicht; es steigt zu bestimmten Zeiten, nämlich der Flut, dann wiederum fällt es (Ebbe), um nach 12,5 Stunden wieder zurückzukehren. Inzwischen aber kann man herrliche Wattwanderungen unternehmen und so eine Welt zwischen den Gezeiten (auch Tiden genannt) kennenlernen.

Ein lunares Wechselspiel

Die Ursache für dieses Vor und Zurück des Meeres ist im Wechselspiel zwischen der Anziehungskraft des Mondes und der Trägheit von Erdkörper und Wassermassen zu suchen. Dasselbe gilt für die Beziehung zwischen Erde und Sonne. Allerdings sind die Mondgezeiten rund doppelt so stark wie die Sonnengezeiten. Auf der dem Mond zugewandten Seite der Erde ist die Mondanziehungskraft am stärksten, sodass sich ein Flutberg auftürmt. Dagegen ist auf der dem Mond abgewandten Seite die Mondanziehungskraft deutlich geringer und die Trägheit des Wassers größer, also die Tendenz, an Ort und Stelle zu verharren. Deshalb bildet es dort einen zweiten Flutberg. In den dazwischen liegenden Bereichen herrscht Ebbe.

Durch die Rotation der Erde laufen beide Flutberge innerhalb eines Tages um unseren Planeten herum und führen zu zyklischen Veränderungen der Meeresspiegelhöhe – den Gezeiten. Der Unterschied zwischen dem höchsten Flut- und dem niedrigsten Ebbestand wird Tidenhub genannt. Er beträgt an der Nordseeküste 2–3 m, an der westlichen Ostseeküste nur 30 cm. Dagegen kann er in der Bay of Fundy an der kanadischen Ostküste bis zu 15 m erreichen.

Der Zeitpunkt der Flut ändert sich dabei mit der Stellung des Mondes am Himmel. Wegen des Mondumlaufs folgen daher die Flutberge nicht im Abstand von zwölf, sondern von 12 Stunden und 25 Minuten aufeinander.

Springflut und Nippflut

Da sich im Laufe eines Monats die Stellung von Sonne und Mond relativ gegenüber der Erde ändert, kommt es zu einer gegenseitigen Verstärkung oder Abschwächung ihrer Kräfte. Stehen Sonne und Mond etwa auf einer Linie hintereinander, so addieren sich die Anziehungskräfte und die Flut verstärkt sich zur „Springflut". Das passiert jeweils zur Zeit des Neu- oder Vollmonds. Kommt dann durch ein heranziehendes Tiefdruckgebiet auch noch Sturm auf, ist die Gefahr für die Deiche und damit die Menschen groß. Diese Situation gab es bei der großen Sturmflut an der deutschen Nordseeküste vom 16. auf den 17. Februar 1962. Sie traf besonders Hamburg und forderte 315 Menschenleben.

Dagegen reduziert sich die Höhe der Flut, wenn Mondflut und Sonnenebbe aufeinandertreffen, was beim ersten und letzten Viertel des Mondes zu erwarten ist: Es entsteht eine „Nippflut".

Hafenzeiten

Bis die Flut die Küste erreicht, muss sie sich an vielen Stellen unserer Erde vom offenen Meer durch zahlreiche Inseln, Halbinseln und Kanäle hindurcharbeiten. Somit spielt die örtliche Topografie im Gezeitengeschehen eine nicht unerhebliche Rolle. Denn durch sie wird die Ankunftszeit verzögert und variiert sowohl mit dem Ort als auch mit dem Tag im Monat. Die Folge ist, dass das Hochwasser nur in seltenen Fällen genau mit dem Höchststand (der Kulmination) des Mondes zusammenfällt, sondern normalerweise einige Stunden später eintritt. Deshalb hat jeder Ort auf der Erde seine sogenannte Hafenzeit. Für die Insel Helgoland liegt sie z. B. bei 11 h 20 m – d. h.: Das Hochwasser trifft auf Helgoland 11 Stunden 20 Minuten nach der Kulmination des Mondes ein.

In der Bay of Fundy, in der kanadischen Provinz New Brunswick, ist der Tidenhub mit 15 m besonders groß. Bei einer Springflut kann er sogar 21 m erreichen.

Trockene Meere auf dem Mond?

Von der wahren Natur der Maria

Dass die großen dunklen Gebiete auf dem Mond, die Maria (Singular: das Mare), nicht windbewegte oder gar sturmgepeitschte Wasserflächen sind, sondern viel mehr ausgedehnte trockene Ebenen, zeigt sich schon in einem Fernglas. Denn wären sie es, müsste sich in ihnen das Sonnenlicht spiegeln. Aber es sind auch keine „Meere" aus meterhohen Staubschichten, denn sonst wären die Apollo-XI-Astronauten mit ihrer Landefähre Eagle im Mondstaub versunken. So aber konnten sie stolz am 20. Juli 1969 aus dem Mare Tranquillitatis vermelden: „Tranquility Base here, the Eagle has landed!". Das Meer der Ruhe, eine dieser insgesamt 17 Großtiefebenen, war damit zum historischen Boden geworden.

Romantische Namen

Da die frühen Beobachter die dunklen Regionen des Mondes für ausgedehnte Wasserflächen hielten, nämlich für Ozeane, Meere und Seen, gaben sie ihnen die entsprechenden lateinischen Bezeichnungen: Oceanus, Mare, Lacus, Palus sowie „Sinus" für Einbuchtungen.

Diesen Bezeichnungen wurden dann Eigennamen hinzugefügt, die bei den Maria überwiegend aus der Meteorologie stammen. So gibt es beispielsweise einen Oceanus Procellarum – den Ozean der Stürme (den einzigen Ozean auf dem Mond), ein Mare Imbrium (Regenmeer), einen Lacus Mortis (See des Todes), einen Palus Somnii (Sumpf der Träume) und einen Sinus Aestuum (Bucht der Fluten).

Ozeane vergangener Zeiten?

Die Mondmeere gehören unbestritten zu den größten und damit auffälligsten Oberflächenmerkmalen des Erdbegleiters. Sie bedecken immerhin 16,9 % seiner Oberfläche, davon 31,2 % der Vorderseite und nur 2,6 % der Rückseite. Dass sie dunkler als die kraterübersäten Hochländer, die Terrae, sind, liegt daran, dass sie nur 4 % des Sonnenlichtes zurückstrahlen, die Hochländer dagegen 11 %.

Sehr bald erkannten die Mondbeobachter, dass es sich bei diesen gewaltigen Becken nicht um Wasserflächen handeln konnte. Nicht nur, weil sich in ihnen kein Sonnenlicht spiegelte; es hätten sich auch Nebel und Wolkenformationen zeigen müssen, die ja durch Verdunstung des Wassers entstehen. So blieb eben nur noch die Möglichkeit ausgetrockneter Wasserbecken oder großflächiger Lavaüberflutungen – Letzteres erwies sich später als die richtige Erklärung für die Maria und ihnen ähnliche Oberflächenformationen.

Spuren gewaltiger Einschlagsüberflutungen

Die Maria sind – genau wie die Mondkrater – Spuren gewaltiger Meteoriteneinschläge, wie sie sich in der Frühzeit des Sonnensystems auf allen bereits entstandenen Planeten und Monden ereigneten. Auf dem Mond wurden dadurch zwei unterschiedliche Maria-Arten geschaffen: zum einen die kreisförmigen Maria. Ihnen stehen zum anderen die unregelmäßig geformten Strukturen ohne klare Begrenzungen gegenüber. Zu den kreisförmigen Maria gehören das Mare Imbrium im Nordwesten oder das Mare Crisium im Osten. Ihre Durchmesser reichen von einigen 100 km bis 2000 km.

Das Alter des Mondes beträgt nach neuesten Ergebnissen 4,527 Mrd. Jahre. Die großen Tiefebenen wurden in der Frühphase des Mondes geformt, und zwar vor etwa 3,8 bis 3,2 Mrd. Jahren. Da in diesem Entwicklungsstadium der Mondmantel noch flüssig war und die Kruste noch frisch, und damit auch dünn, wurde sie bei großen Einschlägen immer wieder durchschlagen, sodass aus dem Mantel neue Lava nachfließen konnte, die die regelmäßigen und unregelmäßigen Becken flutete. Erst einige Hundert Mio. Jahre später erkalteten dann die Maria ganz.

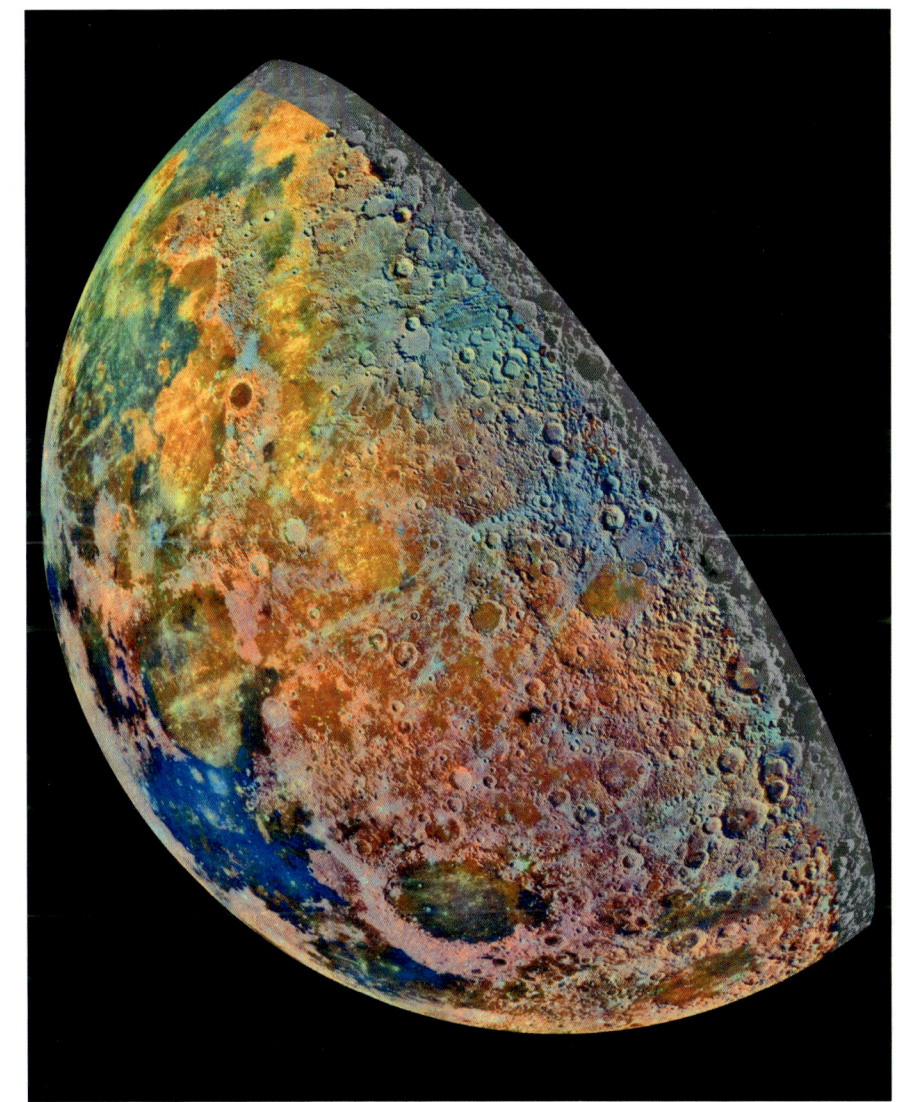

Auf dieser Falschfarbenaufnahme des Mondes, aus
der die unterschiedliche Zusammensetzung des
Mondgesteins hervorgeht, erscheint unten links das
Mare Tranquillitatis in Dunkelblau. Im Mare
Tranquillitatis landete 1969 die Apollo-XI-Mission.

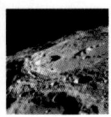

Erloschene Vulkane oder kosmische Bombentrichter?

Der Mond und seine Krater

Die Krater sind eindeutig das Hauptmerkmal der Mondoberfläche: Schon mit einem kleinen Fernglas kann der Sternenfreund die größten von ihnen ohne allzu große Mühe erblicken. Zu ihnen gehören der in mehrere Terrassen gestaffelte Krater Kopernikus. Der 91 bis 107 km durchmessende und 3700 m tiefe Krater ist von einem imposanten hellen koronaartigen Strahlensystem umgeben. Es zeigt, dass gewaltige Kräfte am Werk gewesen sein müssen, die dieses Material auswarfen. Aber welcher Art: innere, d.h. vulkanische, oder von außen durch Meteorite verursachte?

Spuren gewaltiger Einschläge

Erst in der Zeit der bemannten Mondlandungen wurde der Streit, wodurch die Krater entstanden sind, zugunsten der MeteoritenImpakt (Einschlag)-Theorie entschieden. Neben den Mondflügen kamen noch die Untersuchung irdischer Meteoritenkrater wie des Barringer-Kraters in Arizona oder des Nördlinger Rieses hinzu, ferner die Untersuchung von Atombombenkratern sowie Experimente mit Hochgeschwindigkeitsgeschossen.

Nach heutigen Erkenntnissen verläuft ein Impakt wie folgt: Wenn ein Meteorit aus dem Weltall herabstürzt, ist er zwischen 10 bis 70 km/s schnell, d. h. 30- bis 200-mal schneller als die irdische Schallgeschwindigkeit. Beim Aufprall dringt er bis 100 m ins Gestein ein, was nur einige Tausendstel Sekunden dauert. In dieser kurzen Zeit wird seine ganze Bewegungsenergie in Wärme umgewandelt und er explodiert. Durch die ausgelöste Schockwelle wird das umliegende Material kegelförmig weggesprengt; am Rand des entstehenden Lochs bildet ein Teil davon einen Wall.

Zentraler Berg und ausgreifende Strahlen

Schlägt nun ein großes Objekt oder eines mit sehr hoher Geschwindigkeit ein, federt die Mondoberfläche zurück und bildet mitten im Krater einen Zentralberg. Experimente mit kugelförmigen Hochgeschwindigkeitsgeschossen zeigen Ähnliches, ebenso kann es beim Fall einer Kugel ins Wasser beobachtet werden: Ein Tropfen springt in der Mitte hoch. Übrigens kann man solche Versuche auch gut mit Grießbrei oder Matsch selbst durchführen.

Der Krater, den ein Meteorit durch seinen Aufprall schlägt, ist dadurch, dass er teilweise verdampft und explodiert, 10- bis 20-mal größer als er selbst. Das im Innern herausgeschleuderte Material bildet bei manchen Riesenkratern (deshalb auch „Ringgebirge" genannt) sternförmige Strahlensysteme, die wohl durch eine Art Staubwolke verursacht wurden. Man sieht sie bei Vollmond im Umkreis von 60 Kratern Hunderte Kilometer weit ausstrahlen – besonders deutlich an den mit 800 Mio. Jahren vergleichsweise jungen Ringgebirgen Kopernikus, Kepler und Tycho.

Das Bild, das während der Apollo-X-Mission aufgenommen wurde, zeigt den IAU-Mondkrater 302 mit seinem klar erkennbaren Zentralberg.

Die Mondkrater und ihre Namen

Wer eine Mondkarte studiert, dem werden sofort die vielen Gelehrtennamen bei den Kratern ins Auge springen. Diese Namen gehen auf die ersten Mondkartenzeichner in der Mitte des 17. Jhs. zurück. Nachfolgende Selenografen („Mond-Geografen") behielten diese Tradition bei. Sie wurde 1935 von der Internationalen Astronomischen Union (IAU) nicht nur „abgesegnet", sondern auch auf die durch die Raumsonden neu kartierten Krater der unsichtbaren Rückseite und schwer zu beobachtenden Polgegenden des Mondes angewandt. Deshalb wird der Mond scherzhaft auch als „größter Gelehrtenfriedhof" bezeichnet.

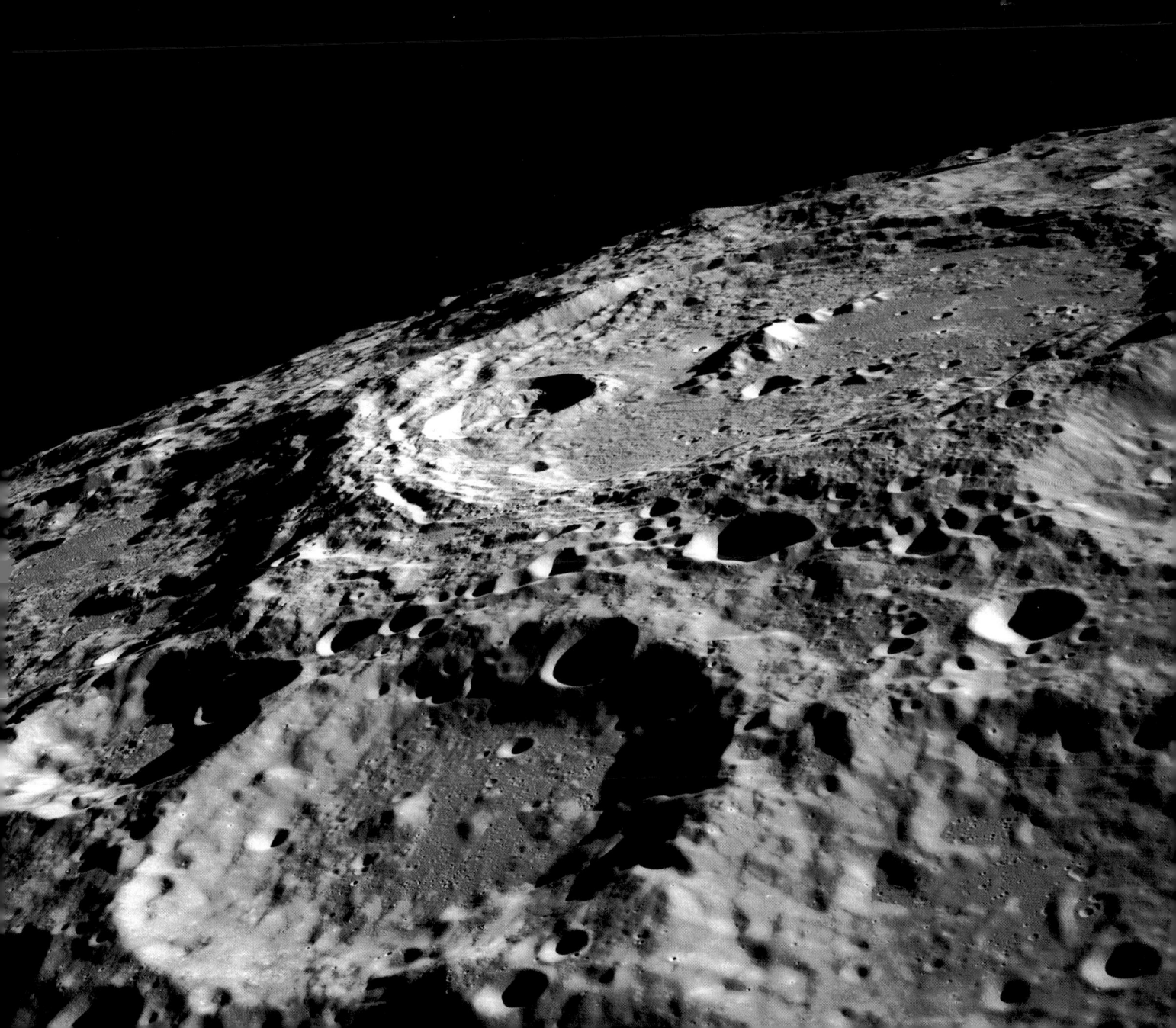

Keine Alpengipfel, sondern Dünen

Berge und Täler auf dem Mond

Zu den weiteren auffälligen Merkmalen der Mondoberfläche gehören Berge und Täler. Sie sind am besten zu erkennen, wenn sie Schatten werfen, d.h., wenn sie nahe der Tag- und Nachtgrenze, dem Terminator, liegen. Neben den Zentralbergen in den großen Kratern gibt es Gebirgsketten, von denen einige die Namen irdischer Gebirge tragen. So gibt es auf dem Erdnachbarn die Alpen mit 3000 m Höhe, den 3650 m hohen Kaukasus oder die 4000 m hohen Apenninen. Allerdings ist eine exakte Angabe schwierig, weil sie nicht auf ein bestimmtes Niveau bezogen werden, wie den Meeresspiegel auf der Erde. Die Selenografen behelfen sich deshalb meist durch die Messung der Schattenlänge.

Keine schroffen Berge mit gezackten Gipfeln

Die Mondgebirge gruppieren sich meist um die Maria herum, ziehen sich aber auch in einzelnen Ketten über die Oberfläche. Man darf sich nun die Form der Mondgebirge nicht wie die irdischer Hoch- oder Mittelgebirge vorstellen. Sie sind weder schroff und mit gezackten Gipfeln versehen, noch bestehen sie aus leicht faltbaren Schichtgesteinen wie die irdischen Gebirge. Und die Ketten ähneln auch mehr hingeworfenen Blöcken.

Da der Mond so gut wie keine Atmosphäre und kein fließendes Wasser hat, gibt es weder eine Erosion durch Wind und Wetter noch eine Sedimentation. Die einzige Form der Verwitterung und Abtragung geschieht auf dem Mond durch den rapiden Temperatursprung zwischen Tag und Nacht sowie das ununterbrochene Bombardement durch Mikrometeorite. Auf den Bildern der Apollo-XV- und Apollo-XVII-Mission, die die amerikanischen Astronauten in die gebirgigen Gegenden unseres Erdbegleiters führten – und zwar in

> ### Keine Folge der Plattentektonik
>
> *Und noch etwas ist auf dem Erdtrabanten anders: Die Hochgebirge auf dem Mond sind nicht wie auf der Erde eine Folge der Plattentektonik, da die lunare Kruste nicht in einzelne, sich verschiebende Platten gegliedert ist. Wie die Mondberge entstanden sind, ob einzeln oder in Gebirgsketten eingebunden, wird immer noch diskutiert: Entweder geschah es durch Meteoriteneinschläge, sodass sie Reste alter Kraterwände sind, oder sie wurden durch Faltungsprozesse aufgewölbt, als der Mond sich abkühlte und dabei schrumpfte – ähnlich wie die Haut eines ausgetrockneten Apfels.*

die Hadley-Apenninen und die Taurus-Littrow-Region, sind daher auch sanddünenähnliche Formen statt alpiner, himalajischer oder andiner Bergformationen zu sehen.

Täler – das tiefe Pendant

Wo es Berge gibt, muss es natürlich auch Täler geben. Diese Oberflächenmerkmale oder besser -einschnitte treten auf dem Mond in verschiedenen Formen auf. Sie können in die Berge eingeschnitten sein wie das berühmte Alpen-Tal, oder aus einer Kette von Kratern bestehen, die sich vereinigt haben, wofür das Rheita-Tal ein schönes Beispiel ist.

Zu den Tälern gehören auch die spaltenähnlichen Rillen, von denen einige wie die Hyginus- und die Ariadaeus-Rille unter günstigen Beleuchtungsverhältnissen (d.h. zur Zeit des Halbmonds) selbst in kleinen Fernrohren sichtbar sind. Ursache ist auch hier nicht die einschneidende Arbeit fließenden Wassers oder die aushobelnde Arbeit von Gletschereis, sondern der immer wieder aufgetretene großflächige Ausfluss von Lava, der ja auch für die Bildung der Maria verantwortlich ist. Dabei kühlten schnell strömende Lavaflüsse an ihren Rändern ab und bauten Dämme auf – nach demselben Prozess, durch den sich auch die Lavakanäle auf Hawaii bilden.

Während der Apollo-XV-Mission in den Hadley-Apenninen arbeitet der Astronaut James B. Irwin am Lunar Roving Vehicle, dem „Mondauto". Im Hintergrund ist der Mons Hadley zu sehen.

Ist der Mond nass und dunstig?

Wasser und Luft auf dem Mond

Zwischen 2015 und 2020 soll auf dem Mond die erste Station der Menschheit auf einem anderen Himmelskörper errichtet werden. Doch bevor diese Station gebaut werden kann, muss eine wichtige Frage beantwortet werden: Gibt es Wasser auf dem Erdtrabanten? Die Antwort auf diese Frage ist nämlich entscheidend für den Umfang und die Kosten dieses Stützpunktes.

Auch wenn Landschaften auf dem Mond mit irdischen Gewässerbezeichnungen benannt wurden, wie Mare (Meer), Oceanus (Ozean) oder Palus (Sumpf), gibt es kein freies Wasser auf dem Mond, denn er besitzt keine nennenswerte Atmosphäre. Er ist zu klein und seine Schwerkraft reicht nicht aus, um eine dichte, wasserbewahrende Gashülle an sich zu binden.

Immer ein klares Blickfeld

Der beste, weil eindrucksvollste Beweis für eine fehlende Atmosphäre ist der ungetrübte Blick durch ein Fernrohr auf die Mondoberfläche: Krater und Berge liegen glasklar und scharf gestochen vor einem, denn es gibt keine Schattierungen. Ebenso faszinierend ist es für den irdischen Betrachter, mit einem Teleskop die Bedeckung eines Sternes durch den Mond zu verfolgen: Plötzlich verschwindet der noch gerade so funkelnde Stern hinter der Mondscheibe, ganz anders, als es bei der Sonne, den Planeten und Sternen am Erdhorizont mit seinen atmosphärischen Dunstschichten der Fall ist. Besäße der Mond eine richtige Atmosphäre, so müsste bei einer Sternbedeckung das Licht langsam schwächer werden und nicht innerhalb von weniger als einer Sekunde verlöschen. Und außerdem: Über den Mondlandschaften müssten Wolkenformationen und Nebelbänke zu beobachten sein!

Allerdings zeigen Untersuchungen, dass der Mond doch über eine unglaublich dünne Restatmosphäre verfügt. Sie hat etwa eine Gesamtmasse von 10 000 kg. Das entspricht ungefähr der Gasmenge, die ein landendes Apollo-Raumschiff abgab. Die Atmosphäre besteht aus Neon, Wasserstoff und Helium, die aus dem Sonnenwind stammen. Das Element Argon hat seinen Ursprung im radioaktiven Zerfall von Kalium in den verschiedenen Mondgesteinen.

Wasser an den Mondpolen?

Raumsonden wie Clementine und Lunar Prospektor scheinen aber deutliche Anzeichen dafür gefunden zu haben, dass es an den Polen des Mondes Wasser in gefrorenem Zustand gibt. Das lunare Wassereis liegt tief verborgen in Kratern, die nie vom Sonnenlicht getroffen werden, und stammt von Kometeneinschlägen aus der Frühzeit des Erdtrabanten. Man schätzt, dass die Wassereis-Areale am Südpol 5000 bis 20 000 km² und am Nordpol zwischen 10 000 und 50 000 km² groß sind.

Gezweifelt wird aber immer noch, da die Daten nicht schlüssig genug sind. Deshalb sendet die NASA eine neue Sonde zum Mond: den Lunar Reconnaissance Orbiter (LRO). Ausgestattet mit weiterentwickelten Sensoren, wird er Wasser auf mindestens vier verschiedenen Arten entdecken können. Wissenschaftler sind zuversichtlich, dass der LRO die Frage nach Wasser auf dem Mond ein für alle mal beantworten kann.

Wasser in Glasperlen

Mit neuartigen Analysemethoden entdeckten US-Wissenschaftler, dass in den durch vulkanische Aktivität entstandenen Glasperlen des Mondbodens winzige Mengen an Wasser enthalten sind. Es stammt wahrscheinlich aus der Tiefe des Himmelskörpers und gelangte vor über 3 Mrd. Jahren an die Mondoberfläche. Die Wissenschaftler vermuten nun, dass das Innere des Mondes ebenso viel Wasser enthält wie die oberen Gesteinsschichten der Erde.

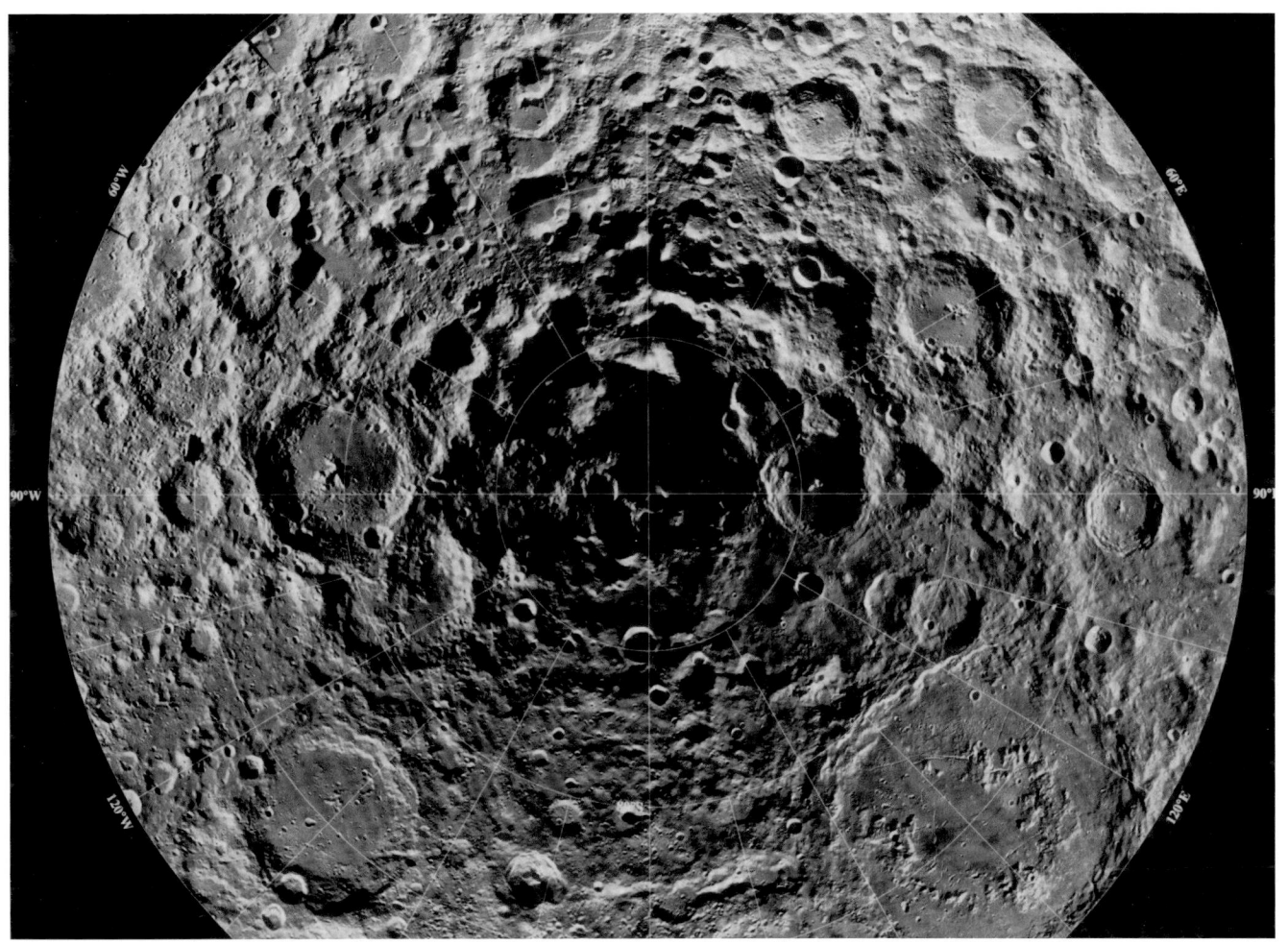

*Wissenschaftler sind sich sehr sicher, dass an
den Polen des Mondes – hier der Südpol – Wasser
in Form von Eis gefunden werden kann.*

Gelandet auf einer Schutthalde

Die Oberfläche des Mondes

Was würden die ersten Menschen auf dem Mond vorfinden? Würden sie auf einem felsigen, sonnendurchglühten Boden aufsetzen oder in einer meterdicken Staubschicht versinken? Dieses durchaus mögliche und von einigen Science-Fiction-Autoren ausgemalte Szenario bereitete den Planungsingenieuren der Sowjetunion und der USA große Sorgen. Um sich ihrer zu entledigen, schickten die beiden konkurrierenden Raumfahrtnationen Mitte der 1960er-Jahre unbemannte Sonden zum Mond. Sie testeten nicht nur die Standfestigkeit der Oberfläche und nahmen Bodenuntersuchungen vor, sondern fertigten auch Panoramafotos ihres Landeplatzes an. Das Ergebnis: Nachdem etwas Staub aufgewirbelt worden war, ließ es sich sicher auf dem Mondboden stehen und zur Erde schauen.

Regolith und Brekzien

Die genaue Oberflächenbeschaffenheit des Mondes konnte aber erst nach den Apollo-Landungen erforscht werden, in deren Verlauf die Astronauten insgesamt 283 kg Mondgestein aus den verschiedensten Mondregionen zur Erde brachten. Hier wurde es in einem Speziallabor gelagert und mit den damals modernsten Untersuchungstechniken bis ins Kleinste analysiert.

Demnach ist die Mondoberfläche wie folgt aufgebaut: Die Oberfläche ist von gewaltigen Schuttmassen (Regolith) überzogen, deren Schichten zwischen 5 m in den jungen Maria und 10 m in den alten Hochländern dick sind. Sie enthalten größere eckige und kantige Bruchstücke (Brekzien), kleine blasig-kristalline Brocken sowie feinen Staub. Er überzieht in einer dünnen Schicht große Teile der Mondoberfläche – selbst die Berghänge, deren Konturen dadurch verhältnismäßig weich und wie „überpudert" erscheinen.

Verursacht wird dieser Zustand durch das ständige Bombardement mit Meteoriten – 1 bis 2 % des Mondgesteins bestehen aus meteoritischem Material. Gelegentlich finden sich darin auch glasartige Partikel, deren Entstehung auf den Aufprall des Meteoriten zurückzuführen ist. Bei einem solchen Impakt verdampft ein Teil der Mondmaterie und das abkühlende Material kondensiert sie zu kleinen Glaskügelchen.

Eine seleno-chemische Analyse

Von der Zusammensetzung her ähnelt das Mondgestein sehr stark dem irdischen, bis auf eine wichtige Ausnahme: Es enthält weit weniger flüchtige Elemente wie etwa Natrium und Kalium sowie Elemente, die sich in der geschmolzenen Lava lösen – z. B. Gold und Nickel. Ferner fanden die Selenologen verschiedene Mineralien, wie Pyroxen, Plagioklas, Ilmenit und Olivin. Die Altersbestimmung des Gesteins ergab ein Alter um die 4 Mrd. Jahre; nur bei wenigen ließ sich ein Alter von 4,4 Mrd Jahren ermitteln, was recht genau dem Alter des Mondes entspricht.

Wie schmutzig wird man auf dem Mond?

Schon die Apollo-XI-Astronauten stellten fest, dass sich trotz fehlender Atmosphäre und damit fehlender Witterungseinflüsse die Verschmutzung mit Mondmaterial nicht vermeiden ließ. Der feine Mondstaub blieb überall haften; er schmeckte und roch etwa wie Schießpulver.

Die Verschmutzung damit kann so starke Ausmaße annehmen, dass der in der Apollo-XII-Kapsel zurückgebliebene Dirk Gordon seinen beiden Kameraden Conrad und Bean nach ihrer Rückkehr vom Mond verbot, an Bord zu kommen. Sie mussten sich daher nach dem Umladen der Proben ausziehen und schwebten nur mit ihren Kopfhörern bekleidet durch die Luke.

Dieser historische Fußabdruck, der während der Apollo-XI-Mission im Mondstaub hinterlassen wurde, zeigt recht deutlich, wie staubig die Mondoberfläche tatsächlich ist.

Die unsichtbare Hälfte
Die geheimnisvolle Rückseite des Mondes

Wie sieht sie wohl aus, die ständig erdabgewandte Seite des Mondes? Ähnelt sie der Vorderseite mit ihren kraterübersäten Hochländern und den ausgedehnten dunklen Tiefebenen der Maria oder gibt es dort vielleicht sogar eine Atmosphäre, was Fritz Lang für seinen berühmten Stummfilm „Die Frau im Mond" (1929) annahm, um seinen Filmstars vermummende Raumanzüge ersparen zu können?

Diese Fragen konnten erst die amerikanischen Lunar-Orbiter-Sonden sowie die Apollo-Missionen VIII und X bis XVII zufriedenstellend beantworten. Zwar hatte die sowjetische Sonde Lunik 3 den Mond am 7. Oktober 1959 als erste umrundet und mit einer Kamera 29 Fotos der bis dahin unbekannten Rückseite geschossen. Doch die Bildqualität war schlecht, die Aufnahmen zeigten eigentlich nur eine helle Scheibe mit dunklen Flecken.

Viele Krater und wenige „Meere"

Auch wenn die Bildqualität der Lunik-3-Fotos nicht besonders war, so machten sie eines klar: Die Mondrückseite lässt vollständig die großräumige und deutliche Gliederung nach „Mondmeeren" und „Kontinenten" vermissen, also die Hochländer sowie die vielen in sie einschneidenden Buchten der Vorderseite. Ferner

fehlen auch die sie begrenzenden Gebirgsketten. Stattdessen beherrschen unzählige, sich dicht an dicht reihende, manchmal aber auch quasi miteinander verschmelzende und übereinander liegende Krater die Szenerie. Es gibt sie somit in noch größerer Zahl als auf der Vorderseite. Sogar Becken in Mare-Größe existieren, aber sie haben helle Böden anstelle des dunklen Maria-Materials.

Der Grund für das andere Aussehen der Mondrückseite ist in der Entstehungsgeschichte des Mondes zu suchen. Als er in seiner Frühzeit wie alle Körper des Sonnensystems von Meteoriten bombardiert wurde, war davon die

Paradies für Radioastronomen
Die meisten Astronauten würden wohl die Erdabgeschiedenheit der Mondrückseite nicht begrüßen – ganz im Gegensatz zu den Radioastronomen. Sie betrachten die Rückseite des Mondes als einen idealen Standort ihrer Radioteleskope. Denn diese sind hier durch den massiven Mondkörper komplett von der irdischen Störstrahlung abgeschirmt, sodass sie sich in wörtlich aller Ruhe horchend auf die Suche nach Funksignalen außerirdischer Intelligenzen begeben könnten.

Rückseite stärker betroffen. Außerdem war damals der Abstand Erde-Mond noch kleiner, sodass der Mond mehr unter dem Einfluss der Erde stand. Dies hatte zur Folge, dass die leichte Mondkruste sich auf der Rückseite höher auftürmte als auf der Vorderseite, wo das Magma sich nach einem Meteoriteneinschlag leichter seinen Weg an die Oberfläche bahnen und in die Vertiefungen ergießen konnte, um so die Maria zu formen. Deshalb ist die Rückseite vor allem von Hochländern bedeckt und die Mare-Flächen sind klein.

Eine Welt ohne Erdlicht

Der entscheidendste Unterschied würde einem Besucher beim Blick zum Himmel jedoch sofort auffallen: Die Erde fehlt. So wie sie durch die besonderen Umdrehungs- und Umlaufverhältnisse auf der Mond-Vorderseite ständig am pechschwarzen Mondhimmel hängt, dort dem Betrachter wie ein blauer Diamant auf schwarzem Samt gebettet erscheint und damit trotz der lebensfeindlichen Umgebung einen tröstlichen Anblick bietet, so bedrückend ist hier auf der Mond-Rückseite ihr Fehlen. Hier könnte einen Astronauten dann schon das Gefühl der Verlorenheit im All beschleichen – hier, auf der Dark oder Far Side of the Moon.

Die Aufnahme der Raumsonde Galileo zeigt einen Großteil der Rückseite des Mondes, die heller ist und mehr Krater aufweist als die Vorderseite. Rechts oben ist noch der Oceanus Procellarum der Vorderseite zu erkennen. Die dunklen Punkte in der Bildmitte bilden das Mare Orientale, das von der Erde aus fast nicht mehr zu sehen ist.

Geboren aus einem Big Splash
Die Entstehung des Mondes

Dass unsere Erde einen derart großen Begleiter wie den Mond besitzt, ist einzigartig im Sonnensystem – wenn man einmal davon absieht, dass der Zwergplanet Pluto ebenfalls von einem sehr großen Mond umkreist wird. Das Erde-Mond-System wird deshalb auch als „Doppelplanet" bezeichnet.

Abgeschleudert oder eingefangen?
Schon bald, nachdem physikalische Methoden auch in der Mond- und Planetenforschung Eingang gefunden hatten, beschäftigten sich Wissenschaftler mit der Frage nach der Entstehung und Herkunft des Mondes. So konkurrierten vor den Apollo-Mondlandungen verschiedene Theorien miteinander: die Abschleuderungs- oder Abspaltungstheorie, die davon ausging, dass Erde und Mond aus einem gemeinsamen Körper entstanden, wobei durch die Rotation der Mond schließlich weg-

geschleudert wurde; die Einfangtheorie, nach der die Erde den vorbeiziehenden Mond in eine Umlaufbahn gezwungen hat; die Schwesterplanet-Theorie, wonach Erde und Mond nahe beieinander sich aus rotierenden, immer mehr verdichtenden Wolken von Planetesimalen (Asteroiden so groß wie Kleinplaneten) gebildet haben, sowie die Viele-Monde-Theorie, wonach unser Planet mehrere Monde eingefangen hat, die sich dann durch Kollisionen zu einem Mond vereinigten.

Die Große Kollision: Big Splash
Das Jahr 1974 brachte eine Wende in der Diskussion um die wahrscheinlichste der seit dem 19. Jh. entwickelten Mondentstehungstheorien. An der Cornell-Universität stellte Bill Hartmann eine völlig neue Theorie vor: die Einschlags- oder Kollisionstheorie, manchmal auch „Big-Splash"-Theorie genannt:

Vor etwa 4,5 Mrd. Jahren, als sich auf der teilweise geschmolzenen Erde gerade eine feste Kruste zu bilden begann, stieß ein Planetesimal in Marsgröße mit der noch jungen Protoerde zusammen. Die Wucht der Kollision zertrümmerte die Oberfläche beider Körper und verdampfte sie, worauf zahlreiche Bruchstücke ins Weltall geschleudert wurden, und zwar auch aus den tieferen Schichten der jungen Erde. Einige blieben in der Erdumlaufbahn und sammelten sich in einer Scheibe, ähnlich dem Ring des Saturn. Nun formten sich zunächst kleinere Monde und aus ihnen wurde später der heutige Mond.

Durch verfeinerte Computersimulationen konnten noch mehr Details herausgearbeitet werden: So wurde die frühe Erde, Gaia, vom Asteroiden Theia (benannt nach der Mutter der Mondgöttin Selene in der griechischen Mythologie) streifend getroffen – nur so konnte genug Material aus der Erde in den Weltraum geschleudert werden, um den Mond zu formen. Der „Bau" des Mondes dauerte nur wenige Jahrzehnte, und das in nur 20 000 km Entfernung von der Erde, die sich damals in etwa 5 Stunden um ihre Achse drehte.

Ein Glücksfall für die Erde
Katastrophe auf der einen Seite, Glücksfall auf der anderen, denn der Mond bremste die Drehung der Erde ab und stabilisierte ihre Umlaufbahn um die Sonne. Dadurch wurde die Erdachse so „eingestellt", dass wir heute einen 24-Stunden-Tag ha-

ben und die Atmosphäre nicht zu kalt oder zu warm ist. Der Mond hält mit seiner Schwerkraft die Erdachse im Gleichgewicht, sodass wir Jahreszeiten haben. Und der durch den Theia-Einschlag die Erdoberfläche überflutende Magma-Ozean enthielt sehr viel Wasser – das Elixier des Lebens.

Mondgeburt aus der Katastrophe: Ein marsgroßer Körper kollidiert mit der noch jungen Erde.

Der Mond – Begleiter der Erde

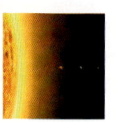

Eine Ansammlung großer, kleiner und kleinster Welten

Unser Sonnensystem

Unser Sonnensystem ist nur eines unter Hunderten, vielleicht Tausenden oder gar Millionen in einer Galaxie namens Milchstraße und dort am Rand des sogenannten Orion-Armes gelegen. Für uns Menschen aber ist es der Mittelpunkt, denn hier kreist die Erde. Doch dieses Raumschiff ist nicht allein. Mit ihm wandern sieben andere große Planeten und mindestens drei Zwergplaneten um diesen kosmisch gesehen normalen gelb leuchtenden Stern. Dazu kommen Tausende Felsbrocken, Asteroiden oder Planetoiden genannt, Millionen Kometen sowie Myriaden Staubteilchen. Sie bilden unsere galaktische Heimat.

Geboren aus einer Wolke

Vor etwa 5 Mrd. Jahren verdichteten die Schockwellen einer gigantischen Sternexplosion Gas- und Staubteilchen zu einer Nebelwolke. Ihr heißes Zentrum begann sich unter dem Einfluss der Schwerkraft wie ein Strudel zu drehen. Nachdem in der Mitte fast 10 Mio °C erreicht waren, leuchtete die Wolke auf, indem sie durch Kernfusion Wasserstoff zu Helium umwandelte und so Energie in Form von Licht und Wärme abgab: Die Sonne war geboren. Doch der Tanz der Teilchen war noch nicht beendet, denn aus den restlichen Nebelringen, die dieses strahlende Zentrum umzogen,

formten sich größere Brocken, die Planetesimale. Durch ihren Zusammenprall entstanden die Ur- oder Protoplaneten. Sie wuchsen durch weitere Kollisionen zu den heutigen uns bekannten Welten. Dabei bildeten sich in Sonnennähe warme, kleine Gesteinsplaneten, in größerer Entfernung die riesigen Gas- und Eisplaneten; und zwischen ihnen sowie noch weiter draußen sammelte sich der „Bauschutt" in Form der Planetoiden/Asteroiden und Kometen.

Welten verschieden groß

So präsentiert sich denn die Planetenfamilie in zwei großen Gruppen: In Sonnennähe sind

---

Gewaltige Entfernungen

Die Entfernungen im Sonnensystem sind unvorstellbar groß. Das Licht, das immerhin rund 300 000 km/s zurücklegt, braucht von der Erde zum Mond eine Sekunde und von der Sonne zur Erde schon acht Minuten. Dagegen ist es bis zum Pluto rund sieben Stunden unterwegs! Ein Flug von Berlin nach München dauert etwa eine Stunde. Ein schnelles Passagierflugzeug bräuchte für die Strecke Sonne–Erde 20 Jahre und bis zum Pluto sogar 700 Jahre!

---

die terrestrischen Planeten zu finden: Merkur, Venus, Erde und Mars. Sie bestehen zum großen Teil aus Gestein und haben eine dünne Atmosphäre. Der Grund für diese gemeinsamen Merkmale: Als diese Planeten sich formten, erwärmte sie die Hitze der Sonne so stark, dass sie nicht viel Eis oder Gas halten konnten.

Dagegen umkreisen die durch den Asteroidengürtel von den „erdähnlichen" Planeten getrennten Riesenplaneten Jupiter, Saturn, Uranus und Neptun die Sonne auf viel weiter entfernten Bahnen. Dort, wo sie entstanden, war und ist es so kalt, dass sie sehr viel Eis und Gas halten konnten. Wegen ihrer gewaltigen Masse und damit auch Schwerkraft konnten sie ausgedehnte dichte Atmosphären aus leichtflüchtigen Gasen wie Wasserstoff und Methan an sich binden und um einen kleinen festen Kern lagern. Viele Planeten haben darüber hinaus eigene Systeme von Himmelskörpern: die Monde.

Die kleinen Zwergplaneten, zu denen seit dem 24. August 2006 auch der Pluto gezählt wird, bestehen aus Eis- und Gesteinstrümmern. Und die uns Menschen mit ihren herrlichen Schweifen faszinierenden Kometen sind weitgereiste Brocken gefrorenen Wassers, Gases und Staubes.

Unsere Sonne, ihre Planeten und Zwergplaneten
(von innen nach außen): Merkur, Venus, Erde, Mars,
Ceres (Zwergplanet im Asteroidengürtel), Jupiter,
Saturn, Uranus, Neptun, der Zwergplanet Pluto mit
seinem Mond Charon und der Zwergplanet Eris.

Der blaue Punkt im All

Unsere Erde – Heimat des Lebens

Blau und Weiß sind die hervorstechenden Farben der Erde. Sie stehen für das viele freie Wasser, das in verschiedenen (Aggregat-)Zuständen hier vorkommt: flüssig in den Flüssen, Seen, Meeren und Ozeanen, fest im Schnee und Eis der Gletscher, gasförmig als Wolken. Und dieses Wasser war Grundvoraussetzung, dass sich das Wunder des Universums entwickeln konnte: das Leben.

Ein unbedeutender Planet

Die Raumfahrt, aber auch neue Techniken bei der Erforschung des Meeresbodens machten es möglich, dass wir die Gründe für diesen „Hauptgewinn in der großen kosmischen Lotterie" herausbekamen,
Wie die anderen Mitglieder des Sonnensystems entstand die Erde aus einer rotierenden Gas- und Staubwolke. Während sich in Sonnennähe wegen der extrem hohen Temperaturen nur Welten aus Stein und Metall formten, die sich in eine feste Kruste, einen zähflüssigen Mantel sowie einen heißen Kern differenzierten, bildeten sich in Jupiterentfernung wegen der dort niedrigeren Temperatur riesige Planeten nicht nur aus Gestein und Metall, sondern auch aus Eis und gefrorenen Gasen. Dass diese Planeten dem Leben keine Chance boten, versteht sich von selbst.

Lebensnotwendige Eigenschaften

Doch auch bei den terrestrischen Planeten gab es noch ein Auswahlverfahren. Das grundlegende Kriterium hierbei war wieder die Entfernung: Die Erde ist im Gegensatz zu Merkur und Venus weder zu nahe an der Sonne noch wie der Mars zu weit entfernt. Sie umläuft unseren Stern im mittleren Abstand in der sogenannten Ökosphäre, der Lebenszone.
Daneben weist die Erde eine Fülle weiterer lebensnotwendiger Eigenschaften auf:

- die richtige Masse, denn sie legt fest, wie hoch die Schwerkraft an der Oberfläche ist, die Zusammensetzung der Lufthülle, die Höhe des Luftdrucks
- eine nicht zu schnelle und nicht zu langsame Rotation, um die Tag- und Nachttemperaturen auszugleichen
- eine nicht zu starke Achsenneigung mit wenig Schwankung, gekoppelt mit einer sich kaum verändernden Kreisbahn, um erträgliche klimatische Verhältnisse zu garantieren
- einen recht großen Mond, der durch seinen Schwereeinfluss diese beiden zuletzt genannten Punkte garantiert
- die Bewegung der Krustenplatten durch innere Wärmeströme, um Vulkanismus zu erzeugen und so genug Wasserdampf als Grundlage für das Leben zu produzieren
- ein Magnetfeld, um die starken Teilchen des Sonnenwindes abzuhalten
- eine schützende Ozonschicht, um höherem Leben an Land eine Chance zu geben

Dies wird auch in Zukunft so bleiben und die Erde als Hort des Lebens erhalten. Es sei denn, wir machen ihr und damit uns selbst durch Umweltzerstörung oder Kriege den Garaus. Selbst das würde die Erde überstehen und nach wenigen Millionen Jahren mit neuen Lebewesen weiter ihre Bahn um die Sonne ziehen, und zwar als das, was sie die meiste Zeit gewesen ist: ein blauer Punkt im All.

Steckbrief Erde

Name:	*altgriech. Gaia oder lat. Terra*
Mittlere Entfernung von der Sonne:	*149,6 Mio. km*
Umlaufzeit:	*365,26 Tage*
Rotationszeit:	*23 Stunden, 56 Minuten, 4 Sekunden*
Durchmesser:	*12 756 km*
Schwerkraft:	*1*
Atmosphäre:	*78,08 % Stickstoff/ 20,94 % Sauerstoff*
Oberflächentemperatur (Durchschnitt):	*+15 °C*
Anzahl der Monde:	*1*

Die Erde, der Blaue Planet, ist ein Sonderfall in unserem Sonnensystem. Nur hier herrschen Bedingungen, die höherentwickeltes Leben begünstigen.

Wenn Kontinente wandern und warum

Die Plattentektonik – der alles bewegende „Erd-Motor"

Planeten und Monde – die Familie der Sonne

Wer heute einen Globus betrachtet, der weiß, dass die abgebildete Verteilung der Kontinente und Ozeane ein Augenblickszustand ist. Forschungen haben gezeigt: Die Landkarte der Erde sah vor 200 Mio. Jahren ganz anders aus und wird es in 50 Mio. Jahren ebenfalls tun, denn der antreibende Motor steht seit Geburt der Erde nie still: fließende Konvektionsströme und die auf ihnen fußende Plattentektonik.

Anzeichen und Beweise

Dass Kontinente und Ozeane nicht immer so verteilt waren, wie wir sie heute auf dem Globus und auf Fotos aus dem All wahrnehmen, kann sich jeder selbst denken. Kinder mit ihrer einfachen Weltsicht machen es vor, wenn man ihnen die ausgeschnittenen Kontinente gibt: Sie fügen automatisch Afrika und Südamerika zusammen, indem sie die südamerikanische ausgebeulte Ostküste in die eingedellte Westküste Afrikas legen. Aber auch die Küstenlinien Europas und Nordamerikas sowie der restlichen Kontinente passen nahtlos ineinander, wie sich heute mit entsprechenden Computerrechnungen und -modellen überzeugend zeigen lässt.

Weiterhin finden die Gesteinsschichten, Kohle- und Diamantenvorkommen Südafrikas ihre Fortsetzung in Argentinien und Brasilien, zeigen fossile Pflanzenreste auf Spitzbergen oder in der Antarktis, dass es hier in einem früheren Erdzeitalter nicht nur Wälder mit Bäumen unserer gemäßigten Breiten gegeben hat, sondern sogar mit tropischer Vegetation, und dass Fossilien bestimmter Saurierarten in Südamerika, Afrika, Madagaskar, Indien und der Antarktis anzutreffen sind, obwohl diese Landmassen heute Tausende Kilometer voneinander entfernt liegen.

Sonderfälle

Besonderes spielt sich beim Himalaja, in Kalifornien und auf Hawaii ab. Beim Himalaja stoßen zwei kontinentale Platten zusammen: die indische und die asiatische. Ihr Gestein wird gestaucht und gehoben. In Kalifornien gleiten an der San-Andreas-Spalte zwei Platten aneinander vorbei und verhaken sich, sodass Erdbeben entstehen. Und bei Hawaii gleitet eine Krustenplatte über einen heißen, aufsteigendes Magma enthaltenen Fleck (Hot Spot), der sie wie die Nadel einer Nähmaschine durchlöchert.

Alfred Wegener machte in einem provokanten Vortrag am 6. Januar 1912 darauf aufmerksam, dass Hochgebirge meist in schmalen gekrümmten und langgezogenen Gürteln vorkommen – nur warum eigentlich?

Die alles erklärende Theorie

Es dauerte bis zur Mitte der 1960er-Jahre, eine befriedigende Erklärung zu finden: Die Kruste der Erde ist mindestens in ein Dutzend großer sowie verschiedener kleiner Platten untergliedert. Sie umfassen nicht nur die Kontinente, sondern auch die Meere.

Aus weltumspannenden Tiefseegebirgsspalten (Rifts) steigt glutflüssiges Mantelmaterial an die Oberfläche, lagert sich zu beiden Seiten an und schiebt so die Platten zur Seite. Das ist z. B. im Atlantik der Fall. Dagegen schiebt sich auf der anderen Seite im Pazifik die schwere ozeanische Kruste(nplatte) unter die leichtere kontinentale, wird in den Erdmantel hinabgezogen und aufgeschmolzen. Als Folge dieser „Subduktion" kommt es am Kontinentalrand zu Erdbeben, Vulkanausbrüchen und Gebirgsauffaltungen wie den Anden. Somit gleicht unsere Erde mit ihrem System der Krustenplatten einem Tennisball mit seinen Nähten. Dieser Prozess wird auch dann noch ablaufen, wenn es schon lange keine Menschen mehr gibt.

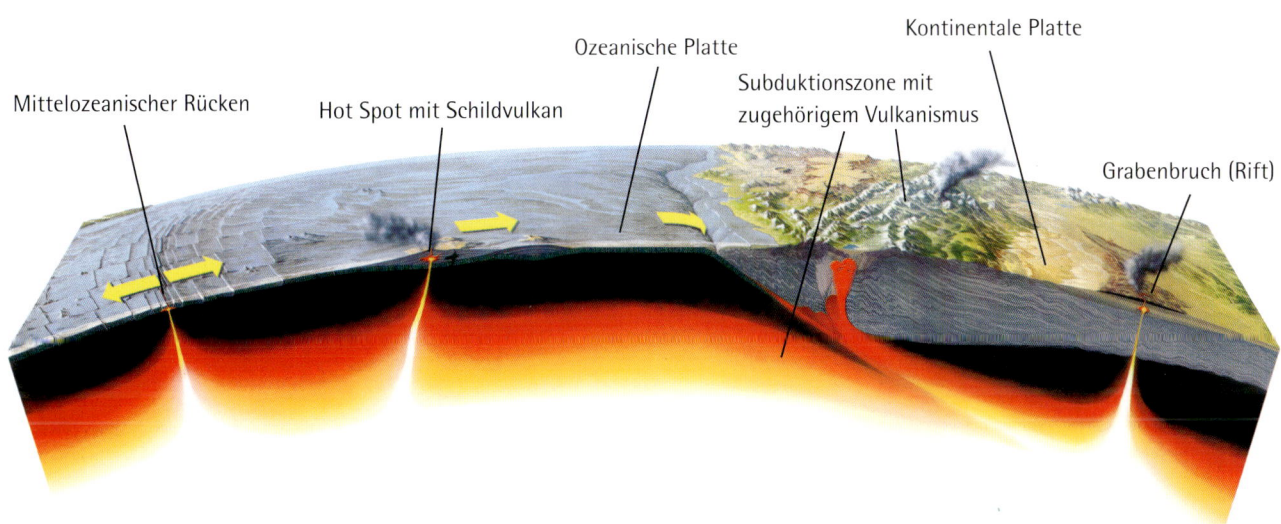

Mittelozeanischer Rücken

Hot Spot mit Schildvulkan

Ozeanische Platte

Subduktionszone mit
zugehörigem Vulkanismus

Kontinentale Platte

Grabenbruch (Rift)

*In dieser Illustration sind die wichtigsten in der Erd-
kruste ablaufenden, durch die Plattentektonik
erklärbaren geologischen Erscheinungen zu-
sammengefasst. Nicht gezeigt wird die Kollision
zweier Kontinentalplatten, durch die beispielsweise
der Himalaja aufgefaltet wird.*

Welt unter Sonnenglut

Merkur – der sonnennächste Planet

34 Jahre dauerte es, bis Merkur wieder Besuch von einer Raumsonde bekam. Am 14. Januar 2008 flog die europäische Raumsonde Messenger in einem ersten von drei Swing-by-Manövern an ihm vorbei (die nächsten: 6. Oktober 2008, 30. September 2009) und machte dabei aus 200 km Höhe sensationelle Aufnahmen auch bis dahin unbekannter Gebiete der Planetenoberfläche. 2011 soll sie in einen endgültigen Orbit um Merkur einschwenken.

Planet im nahen Licht der Sonne

Merkur zählt wegen seiner Sonnennähe zu jenen Planeten, deren Beobachtung die meiste

---

Steckbrief Merkur

Name:	Götterbote, Schutzgott der Händler und Diebe
Mittlere Entfernung von der Sonne:	57,9 Mio. km
Umlaufzeit:	87,968 Tage
Rotationszeit:	58 Tage, 15 Stunden, 36 Minuten
Durchmesser:	4878 km
Schwerkraft (Erde = 1):	0,37
Atmosphäre:	sehr dünn: 42 % Sauerstoff/ 29 % Natrium/22 % Wasserstoff
Oberflächentemperatur:	ca. –183 °C/+467 °C

Mühe bereitet; denn er entfernt sich am Himmel nie sehr weit von der Sonne und ist mit dem bloßen Auge am besten in der Morgen- oder Abenddämmerung zu sehen – leider in der Nähe des Horizontes, der oft sehr dunstig ist. Daher waren die Astronomen froh, dass der Vorbeiflug der Raumsonde Mariner 10 (1974/75) erste detaillierte Informationen über die Oberflächengestalt des Planeten brachte. Merkur zeigte, was die Wissenschaftler schon vorher vermutet hatten – ein mondähnliches Aussehen. Wegen der besonderen Flugbahn konnten damals nur 45 % der Planetenoberfläche kartiert werden. Während ihrer drei Passagen in 705 000, 50 000 und 327 km Entfernung schoss Mariner 10 mehr als 7000 Fotos der Merkuroberfläche und untersuchte den Planeten im UV-Licht.

Wie eine versteinerte Zielscheibe: Caloris Planitia

Beim Blick auf die Merkuroberfläche fällt vor allem ein Becken mit ringförmig angeordneten Gebirgszügen auf. Es ist auf Karten als „Caloris Planitia" verzeichnet und allgemein als Caloris-Becken bekannt. Die Bezeichnung „Caloris" ist von dem lateinischen Wort „Calor" abgeleitet und bedeutet so viel wie „Wärme, Hitze". Da, wenn Merkur sich im sonnennächsten

Punkt seiner Bahn befindet, die Sonne senkrecht über dieser Gegend steht, ist das 1350 km durchmessende und 2 km tiefe Becken einer der heißesten Orte auf dem Merkur.

Die Entstehung des Caloris-Beckens war ein Ereignis, das sich auf den gesamten Planeten auswirkte: Vor rund 3,85 Mrd. Jahren schlug ein Meteoroid von etwa 150 km Durchmesser mit 50 km/s tief in die Merkurkruste ein. Am Ort des Aufschlags wurden mehrere konzentrische Ringwälle aufgeworfen, und es ergoss sich Lava aus dem Innern des Planeten. Durch den Aufschlag wurden Schockwellen ausgelöst, die den ganzen Planeten durchliefen und auf der gegenüberliegenden Seite massive Hebungen bewirkten.

Daneben bedecken viele Einschlagkrater die Oberfläche. Zwischen ihnen gibt es eingesprenkelte flache Gebiete, ferner Steilhänge (Rupes), welche die Krater, aber auch die ausgedehnten Ebenen durchziehen. Die Ebenen bedecken eine beachtliche Fläche, wenn auch nicht so wie die Maria auf der erdzugewandten Seite des Mondes. Im Unterschied zu ihm ist die Merkuroberfläche komplexer gegliedert.

Auf dem Merkurfoto der Raumsonde Messenger ist rechts oben das Caloris Basin an seiner kreisförmigen, etwas helleren Struktur deutlich zu erkennen.

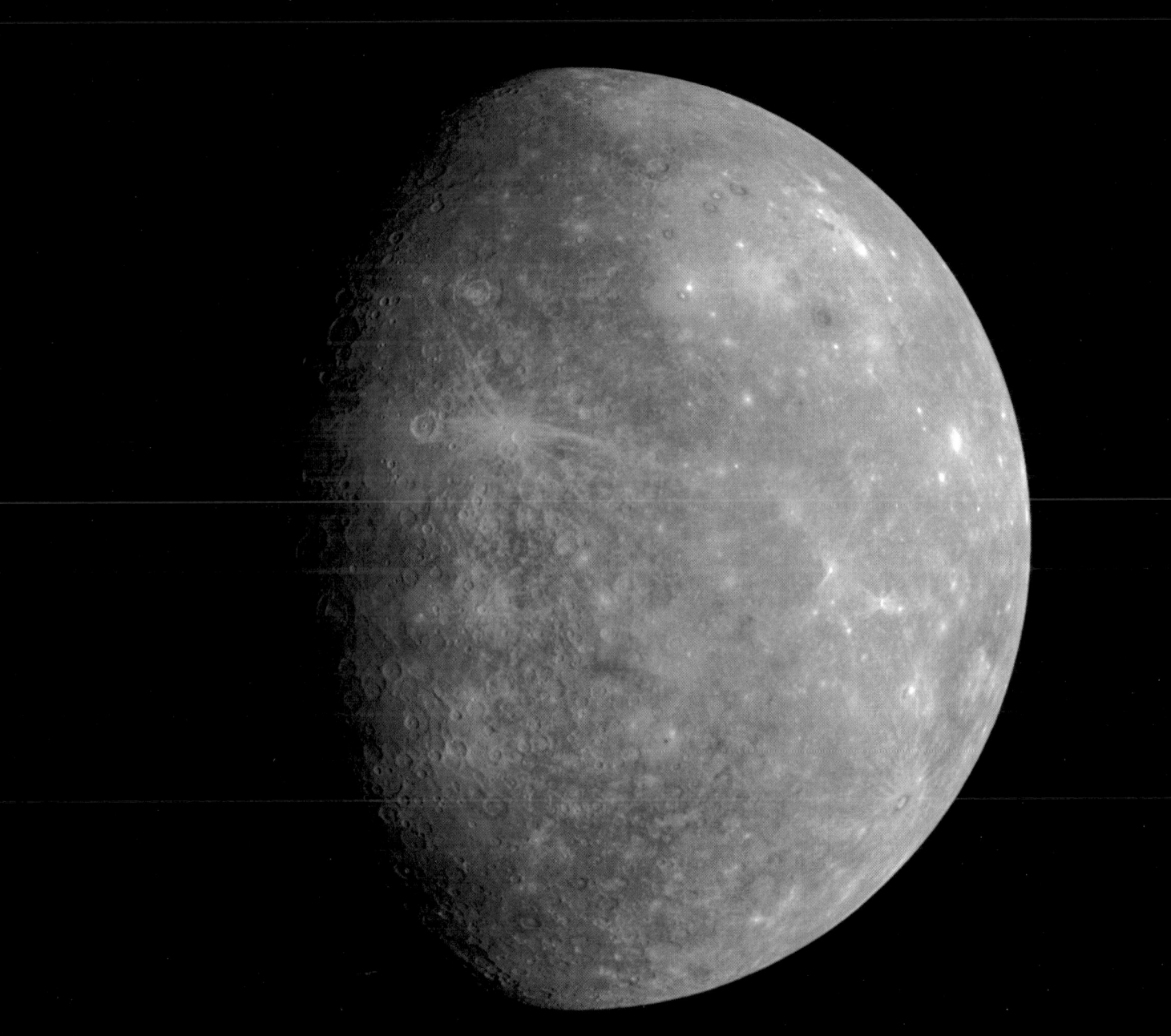

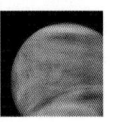

Schrecklich höllisch-schöne Welt

Die Venus – Morgen- oder Abendstern

Kein anderes Gestirn strahlt am Morgenhimmel lange vor Sonnenaufgang und am Abendhimmel lange nach Sonnenuntergang so hell wie die Venus. Der zweite Planet des Sonnensystems kann mit einer scheinbaren Helligkeit von –4,5^m heller werden als alle anderen Himmelsobjekte, außer Sonne und Mond – die Venus kann sogar Schatten werfen. Dieser helle, aber liebliche Glanz hat schon unsere Vorfahren fasziniert, weshalb sie diesem Planeten den Namen der Göttin der Liebe und Schönheit gaben.

Mondähnliche Venusphasen und ein seltsamer Lauf

Beim Blick durchs Fernrohr wird der Betrachter aber enttäuscht: Statt einer mit Paradiesgärten bedeckten jungfräulichen Oberfläche zeigt die Venus nur Phasen wie der Mond. Wir können diese Phasen sehen, da die Venus innerhalb der Erdbahn um die Sonne wandert und wir daher gegen das Sonnenlicht blicken – anders als beim Mars und den äußeren Planeten, wo wir sozusagen die Sonne im Rücken haben. Im Gegensatz zum Mond können wir die Venus in voller Phase nicht beobachten, weil sie dann von uns aus gesehen hinter der Sonne steht; und die Neu-Venus ist aus demselben Grund wie der Neumond nicht zu erkennen: Der

Planet steht dann zwischen Erde und Sonne und wendet uns die unbeleuchtete Nachthälfte zu. So bleibt es nur bei den Phasen zunehmende und abnehmende Venus.

Es sei denn, die Venus zieht direkt vor der Sonne vorüber. Dann allerdings zeigt sie sich wegen der großen Entfernung nur als schwarzer, in mehreren Stunden westwärts über die Sonnenscheibe wandernder Punkt. Die Astronomen nennen diesen Vorgang einen „Venustransit" (dasselbe kann auch beim Merkur beobachtet werden). Es ist ein seltenes Himmelsschauspiel, von dem es in 130 Jahren nur zwei gibt. Das letzte ereignete sich am 8. Juni 2004, das nächste wird 2012 stattfinden.

Steckbrief Venus

Name:	Göttin der Liebe und der Schönheit
Mittlere Entfernung von der Sonne:	108,2 Mio. km
Umlaufzeit:	224,701 Tage
Rotationszeit:	243 Tage, 27 Minuten
Durchmesser:	12 104 km
Schwerkraft (Erde = 1):	0,91
Atmosphäre:	96,5 % Kohlendioxid/ 3,5 % Stickstoff
Oberflächentemperatur:	ca. 470 °C

Ein höllisches Treibhaus

Früher nahmen Astronomen und damit auch viele Science-Fiction-Autoren an, dass die dichte Atmosphäre der Venus aus Wasserdampfwolken besteht, die sich über einer Dschungelwelt mit Sauriern abregnen. Heute weiß man jedoch, dass die Venusatmosphäre vor allem aus 80 km hoch gestaffeltem Kohlendioxid zusammengesetzt ist.

Drei Wolkenschichten untergliedern die Atmosphäre. Die unterste ist am dichtesten und enthält große Schwefelsäuretröpfchen. Sie sind in der mittleren Schicht weniger häufig und in der obersten nur sehr klein. Nahe der Oberfläche bewegt sich die Atmosphäre sehr langsam in Drehrichtung des Planeten mit. Im wolkigen Teil blasen heftige Winde in westlicher Richtung. Hier umrunden die Wolken die Venus einmal in vier Erdentagen.

Am Boden, wo ein Druck wie in 900 m Meerestiefe herrscht, geht Schwefelsäureregen nieder, und das bei höllischen Temperaturen von 464 °C. Denn die Venusatmosphäre wirkt wie ein gigantisches Treibhaus: Licht und Wärme können zwar hinein, aber nicht wieder raus. Unter diesen höllischen Bedingungen funktionieren auf der Venus gelandete Raumsonden nur kurz – russische Sonden übermittelten z. B. kaum eine Stunde lang Daten.

Lange rätselten Astronomen darüber, ob es unter der dichten Venusatmosphäre vielleicht sogar Leben geben könnte. Heute weiß man aber, dass die Bedingungen auf der Venus so extrem sind, dass Leben auf diesem Planeten keine Chance hat.

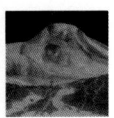

Vulkane und Hochländer unter dichten Wolken

Die Venus und ihre besonderen Vulkane

Schon die für einen Besuch der Venus heranzuziehenden Karten und Radaraufnahmen zeigen, dass die Oberflächengestalt der Venus vor allem durch vulkanische Prozesse geformt wurde und teilweise auch noch wird. So ist denn auch die heutige Venusoberfläche erst eine halbe Milliarde Jahre alt. Vulkanische Formen überziehen den Planeten, während Aufschlagspuren in Form von Kratern in der Minderzahl sind.

Kein Tanz der Krustenplatten

Anders als auf der Erde ist aber nicht die Plattentektonik die Ursache des Venus-Vulkanismus: Die Venus besitzt wie der Mars keine beweglichen Krustenschollen. Der Grund dafür ist auch im fehlenden Wasser zu suchen. Zwar hat es für kurze Zeit nach der Entstehung des Planeten reichlich davon gegeben, und zwar so viel, dass die Venusoberfläche mit einem 10 m tiefen Ozean bedeckt war; aber wegen der großen Nähe zur Sonne verdampfte es zum einen und wurde zum anderen durch die UV-Strahlung in seine Bestandteile Wasserstoff und Sauerstoff zerlegt. Dabei entwichen die Wasserstoffatome in den Weltraum, während die Sauerstoffatome im Oberflächengestein gebunden wurden.

Da kein Wasser über längere Zeit als „Schmiermittel" einer möglichen Plattenbewegung zur Verfügung stand, gab und gibt es keine planetare horizontale Bewegung. Die Venus- und Mars-Lithosphären haben sich wie ein Motor ohne Öl „festgefressen". Vulkanismus ist nur durch sogenannte Hot Spots möglich und nicht durch das Aufschmelzen sich übereinander schiebender Krustenplatten oder den Aufstieg glutflüssigen Mantelmaterials entlang untermeerischer Gebirgsrücken.

Dennoch gibt es keine Vulkanketten; anders als auf der Erde konnten die Lithosphärenplatten nicht über die Hot Spots hinwegwandern, die dann wie die Nadel einer Nähmaschine oder die Flamme eines Schweißbrenners „Lochreihen" hinterließen, an denen sich die Vulkane aufreihten. Stattdessen sind die Vulkane gleichmäßig über die Venusoberfläche verteilt, sodass die innere Hitze des Planeten an der Kruste entweichen kann.

Vielfältige Oberfläche

Da es auf der Venus keine Plattentektonik und damit auch kein Aufeinandertreffen von Kontinentalplatten gibt, dürften die Hochlandgebiete der Venus ausschließlich auf tektonische Auf- und Abbewegungen des Untergrundes zurückzuführen sein.

Hochländer wie Aphrodite Terra gehören wegen ihrer Ausdehnung und Höhe zu den beeindruckendsten Oberflächenformationen auf der Venus, aber nicht weniger faszinierend sind die seltenen Aufschlagskrater. Doch im Gegensatz zu den Oberflächen von Mond und Merkur, die durch Meteoriteneinschläge geformt wurden, ist die Venusoberfläche nicht durch Impaktkrater, sondern durch den Vulkanismus geprägt. So finden sich denn große Lavaflüsse, Vulkankrater sowie Kuppel- und Schildvulkane. 156 Vulkane haben über 100 km Durchmesser, fast 300 besitzen Durchmesser zwischen 20 und 100 km und 500 Vulkane werden als „klein" eingestuft.

Pfannkuchen und Spinnen

Erwähnenswert sind wegen ihrer ungewöhnlichen Form die Pancake(Pfannkuchen)-Domes und die Arachnoid-Vulkane. Bei den Pancake-Domes handelt es sich um Vulkane mit flachen Plateaus und steilen Flanken. Die auf dem Hochland Alpha Regio angesiedelten haben durchschnittlich einen Durchmesser von 20 km und sind 750 m hoch. Dagegen haben die Arachnoide ein spinnenförmiges Aussehen. Ihr Plateau ist eingesenkt und von zerklüfteten Hängen umgeben.

Mithilfe von Radardaten wurde dieses Bild des ungefähr 8 km hohen und von alten Lavaströmen umgebenen Venusvulkans Maat Mons erstellt.

Der Wüstenplanet

Der Mars – seine Farbe und Kältewüstenwinde

Wegen seiner rötliche Farbe gehört der Mars zu den auffälligsten sich bewegenden Himmelskörpern, weshalb er von allen antiken Völkern mit dem Kriegsgott in Verbindung gebracht wurde und als Stern des Unheils galt. Bei der Beobachtung über längere Zeit fällt die seltsame Schleifenbewegung des Mars auf – ein Effekt, der entsteht, weil die Erde schneller um die Sonne kreist als der Mars –, und im Fernrohr lassen sich sogar Jahreszeiten beobachten.

Roter Planet, zweigeteilt

Schon in einem kleinen Fernrohr zeigt Mars sehr viele Oberflächendetails und präsentiert

Steckbrief Mars

Name:	*Römischer Gott des Krieges*
Mittlere Entfernung von	
der Sonne:	*227,9 Mio. km*
Umlaufzeit:	*686,980 Tage*
Rotationszeit:	*24 Stunden, 37 Minuten*
Durchmesser:	*6794 km*
Schwerkraft (Erde = 1):	*0,83*
Atmosphäre:	*95,3 % Kohlendioxid/*
	2,7 % Stickstoff
Oberflächentemperatur:	*–80 °C/+10 °C*
Zahl der Monde:	*2*

sich als erdähnlichster Planet im Sonnensystem. Seine rote Farbe, die große Teile der Oberfläche beherrscht, wird durch den Eisenoxidgehalt des Bodens hervorgerufen. Der ist auch für das rötliche Leuchten dieses Planeten am Nachthimmel verantwortlich. Daneben finden sich weiße Gebiete an den Polen, Wolken, die den einen oder anderen Teil der Marsscheibe verhüllen, und nicht zuletzt dunkle Gebiete unterschiedlicher Größe und Form. Heute wissen wir, dass diese dunklen Flecken nur durch die von den Atmosphären von Erde und Mars hervorgerufenen Verzerrungen entstehen und es sich um schwächer reflektierendes Gestein handelt.

Ein Blick auf einen Marsglobus zeigt, dass der Rote Planet deutlich zweigeteilt ist: in eine zum Teil durch relativ tief gelegene vulkanische Ebenen gekennzeichnete Nordhalbkugel und in eine von Hochländern, die von Kratern übersät sind, geprägte Südhalbkugel. Sie gilt deshalb auch als der ältere Teil des Mars. Die Grenze zwischen beiden Bereichen ist gegenüber dem Äquator um etwa 30° geneigt. Die eindrucksvollsten Oberflächenmerkmale liegen in einem Bereich 30° nördlich und südlich des Äquators. Hier findet sich das bedeutendste marsianische Vulkangebiet, die Tharsis-Region mit dem Olympus Mons

sowie ein den Planeten quer durchschneidendes Canyonsystem, die Valles Marineris.

Eine Kältewüste

Der Mars hat eine sehr dünne Atmosphäre. Ihr Druck beträgt nur etwa 6 mbar, was weniger ist als 1% des irdischen Luftdrucks. Die Marsatmosphäre besteht vor allem aus Kohlendioxid und erscheint wegen der feinen schwebenden Eisenteilchen rosafarben. In großer Höhe treiben dünne Wolken aus gefrorenem Kohlendioxid und Wassereis. Im Sommer bilden sich an hohen Bergspitzen bisweilen Wolken. Der Mars ist ein kalter, trockener Planet mit einer Durchschnittstemperatur von –63 °C. Es regnet nie, aber durch die Winterwolken kommt es in den Polargebieten zu Bodenfrösten. Ferner gibt es auf dem Mars sehr dynamische Wettersysteme. So wehen im Frühling und Sommer auf der Südhalbkugel warme Winde Richtung Nordhalbkugel. Dabei wirbeln sie Staubwolken auf, die sich bis zu 1000 m hoch auftürmen und wochenlang anhalten können. Höhenwinde führen manchmal zu mächtigen Staubstürmen, die monatelang große Gebiete des Planeten überziehen, ihn sogar global einhüllen. Ferner blasen heftige oberflächennahe Winde, die wie Sandstrahler wirken und die Landschaft formen.

Der Mars mit seinen Wüsten und bewölkten Polkappen ist der erdähnlichste Planet des Sonnensystems – und er kann äußerst stürmisch sein. Während der Blick auf den Mars im Juni 2001 (links) noch klar ist, versperrt im September desselben Jahres ein gewaltiger Sturm die Sicht.

Ein Götterberg auf dem Mars

Olympus Mons – und der Marsvulkanismus

Als 1971 die US-amerikanische Raumsonde Mariner 9 den Mars erreichte, sah sie erst einmal gar nichts: Auf dem Roten Planeten tobte der größte Staubsturm seit 1953. Er hüllte die Oberfläche derart dicht ein, dass nur noch wenige dunkle Punkte aus der aufgewühlten verdichteten Atmosphäre herausragten. Sie entpuppten sich ein Jahr später als gewaltige Schildvulkane – darunter der höchste des Sonnensystems: der Olympus Mons.

Ein Schildvulkan à la Mars

24 km hoch: Mit diesem Superlativ ist Olympus Mons zweifellos der höchste Vulkan im ganzen Sonnensystem. Er gehört mit drei weiteren 18, 14 und 12 km hohen Vulkanen zur Tharsis-Region, ist fast dreimal höher als der Mount Everest (8848 m) und übertrifft sogar noch bei Weitem den Vulkankomplex auf den Hawaii-Inseln. Der dortige Mauna Kea ragt „nur" 10 205 m empor – vom Meeresboden aus gemessen!

Hinzu kommt der Durchmesser dieses Mars-Vulkangiganten – 648 km – sowie ein Volumen, das 50-mal mehr umfasst als der größte irdische Schildvulkan. Dieser Marsvulkan trägt seinen Namen nach dem Aufenthaltsort der antiken griechischen Götter also durchaus zu Recht.

Die vielen von den Raumsonden gewonnenen Fotos zeigen die unterschiedlichen charakteristischen Strukturen, die diesem Berg sein unverwechselbares faszinierendes Aussehen geben. Da ist zunächst einmal seine fast kreisrunde Form. Sie erinnert an einen überdimensionalen Schild. Vulkane dieser Art sind auf der Erde bestens bekannt, denn 90 % aller hier aktiven Vulkane gehören zu diesem Typ. Charakteristisch für einen derartigen Vulkan ist auch die weiträumige Ausdehnung und die

> ### Marsvulkane nicht in Ketten
>
> *Während die überwiegende Zahl der aktiven 500 bis 1500 irdischen Vulkane sich entlang der Plattengrenzen aufreiht, finden sich die Vulkane auf dem Mars locker verteilt auf der nördlichen Westhalbkugel. Auf dem Mars gibt es keine Plattentektonik mit Vernichtung alten und Geburt neuen Krustenmaterials. Er wird als One-Plate-Planet gesehen. Deshalb konnten keine Lithosphärenplatten über Hot Spots hinwegwandern, um so ganze Vulkanketten wie die Hawaii-Inseln zu bilden. Stattdessen türmten sich an einzelnen Stellen riesige Schildvulkane auf, weil die Lava dort genug Stärke erreichte, um die Kruste des Planeten zu durchbrechen.*

flache Hangneigung. Verursacht wird das durch die basische, relativ dünnflüssige Lava, die weite Strecken zurücklegen kann.

Der Vulkanriese

Die imposante Erscheinung, die Olympus Mons schon aus dem Marsorbit bietet, wird noch durch eine Art Stufe gegenüber dem restlichen Gelände betont, mit der das ganze Massiv herausgehoben wird. Dieser Eindruck täuscht nicht, denn es handelt sich um eine 4 bis 6 km hohe Böschung oder Steilwand. Der eindrucksvollste Teil des Olympus Mons ist natürlich die 52 km durchmessende komplexe Gipfelcaldera. Eine derartige vulkanische Form entsteht durch den Einbruch in den zentralen Kanal, durch den die Lava aufsteigt. Zieht sich die Lava plötzlich in den Kanal hinunter zurück, verliert der Gipfelteil des Zentralkegels seinen Halt und stürzt in sich zusammen.

Der letzte Ausbruch des Giganten liegt Daten zufolge, die von der Sonde Mars Global Surveyor gewonnen wurden, schätzungsweise 10 bis 25 Mio. Jahre zurück. Olympus Mons konnte nur deshalb so groß werden, weil auf dem kleineren Mars die Anziehungskraft geringer ist als auf der Erde. Wäre dies nicht der Fall, würde der Berg unter seinem eigenen Gewicht „zusammensacken".

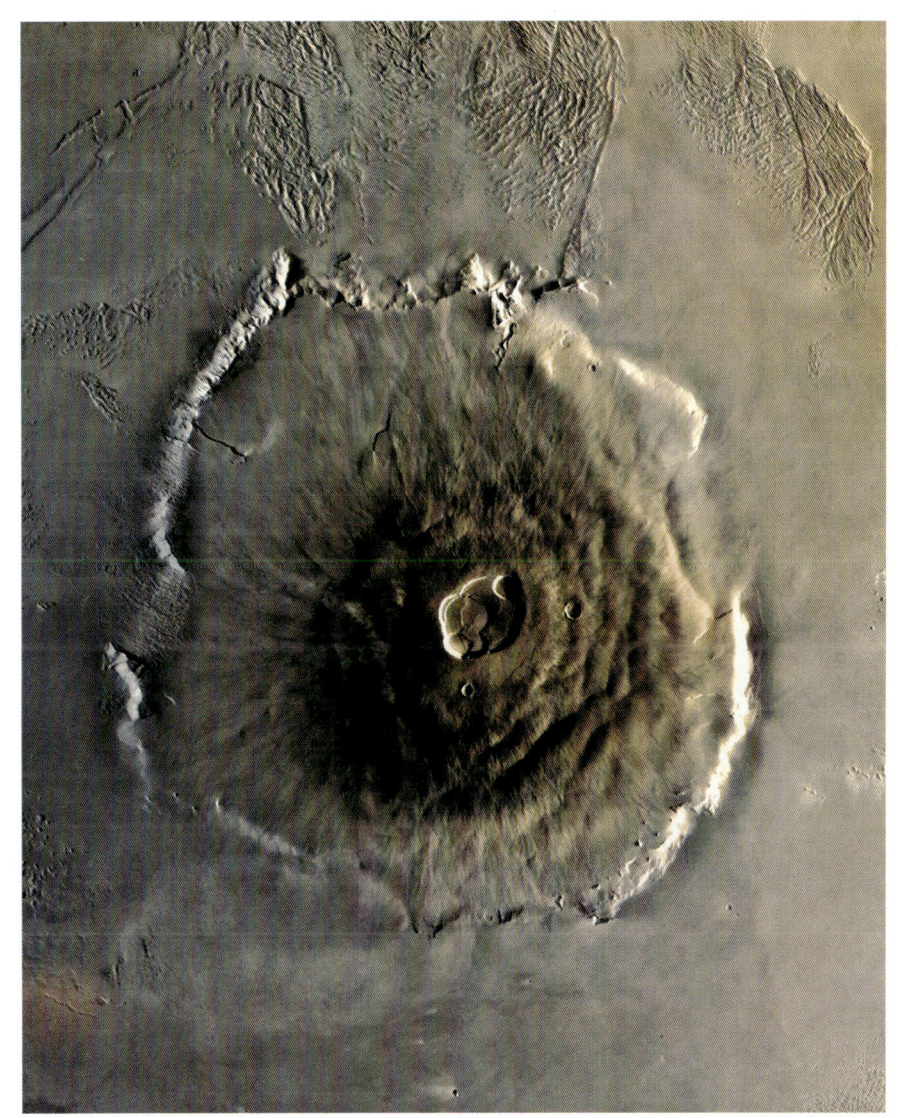

Wahrhaftig ein Gigant – der Marsvulkan Olympus Mons auf einer Aufnahme des Viking 1 Orbiters aus dem Jahr 1978. Deutlich sind die Caldera, die Schildform und die 4 bis 6 km hohe Steilstufe zu erkennen.

Ein Titanenriss in der Marskruste
Das Canyonsystem der Valles Marineris

Auf dem Mars erhebt sich nicht nur der höchste Vulkan des Sonnensystems, durch seine Kruste zieht sich auch das längste Tal. Zu Ehren der Mariner-Sonden, die als erste die Geheimnisse des Roten Planeten entschleierten, wurde dieser Einschnitt auf den Namen Valles Marineris getauft. Und die Pluralform dieser Oberflächenform macht es deutlich: Es handelt sich nicht um ein einziges großes Tal, sondern ein Talsystem mit vielen Nebentälern, in dem der Grand Canyon bequem Platz hätte.

Kein Fluss-Canyon

In zahlreichen Büchern werden die sich am Marsäquator entlangziehenden Valles Marineris als „Canyon" bezeichnet. Doch um einen „Canyon" wie der Grand Canyon einer ist, handelt es sich nicht. Der wurde durch einen Fluss – den Colorado – geformt, der sich innerhalb geologisch kurzer Zeit seinen Lauf in mächtige, sich hebende Sedimentschichten hineinfräste. Seine Kraft wurde dabei durch Schmelzwasser von den Rocky Mountains verstärkt und seine Fließstrecke durch Bruchzonen im Gestein erleichtert.

Sieht man sich nun den geradlinigen Verlauf der Valles Marineris an, so können sie nicht durch einen erodierenden Flusslauf geschaffen worden sein. Ein weiterer, wesentlicher Unterschied kommt noch hinzu – nämlich in Form der gewaltigen Dimensionen: Der Grand Canyon misst in seiner Längsausdehnung gerade einmal 450 km, ist maximal 30 km breit und erreicht eine Tiefe von bis zu 2 km. Die Valles Marineris übertrumpfen ihn um ein Vielfaches. Sie sind 4500 km lang, bis zu 700 km breit und durchschnittlich mehr als 8 km tief!

Ein Krustenriss

Wie aber konnte sich ein derartig gigantischer Einschnitt in der Marskruste bilden? Gleich nach der Entdeckung dieses Canyon-Systems wurden Theorien dazu aufgestellt. Die derzeit akzeptierteste Hypothese besagt, dass das Grabensystem ähnlich dem irdischen Ostafrikanischen Grabenbruch durch Risse in der Kruste entstanden ist und durch Erosion und Einbrüche verbreitert wurde.

Unter diesem Aspekt wird auch die Entstehung der Valles Marineris mit dem Entstehen der benachbarten Tharsis-Vulkan-Region in Verbindung gebracht. Alles begann als Kombination aus Vulkanismus und Hebung. Nachdem die Hebung zu stark geworden war, konnte die Kruste das Gewicht nicht länger tragen und brach teilweise ein. Dann verstärkte sich der Vulkanismus, und das Gebiet der vulkanischen Aktivitäten verschob sich. Das so verstärkte Ungleichgewicht ließ die Kruste ganz zusammenbrechen und extreme Formationen wie die Valles Marineris entstehen.

Während der Ostafrikanische Grabenbruch in der Erdkruste durch das Auseinanderdriften zweier Plattenteile im Rahmen der Plattentektonik geschaffen wurde, scheint sie auf dem Mars nicht zu existieren oder ist im Ansatz steckengeblieben.

Der Eindruck täuscht

Bei den 3-D-Aufnahmen und den Schrägansichten des Canyonsystems, die mit der hochauflösenden Stereokamera HRSC an Bord der Mars-Express-Raumsonde gemacht wurden, darf der Betrachter nicht vergessen, dass in diesen Darstellungen die Krümmung der Planetenoberfläche stets vernachlässigt wird. So würde ein rund 200 km entferntes, gegenüberliegendes „Ufer" am Rand eines 6 km tiefen „Abgrunds" scheinbar nur noch etwa 4,5 km über dem Talboden aufragen; zum Vergleich: Auf der annähernd doppelt so großen Erde wären immerhin noch 5,2 km des gegenüberliegenden Ufers zu sehen.

Die Raumsonde Mars Express der ESA umkreist den Mars bereits seit Ende des Jahres 2003. Die Mission der Sonde besteht darin, den Mars in hervorragenden, teilweise dreidimensionalen Bildern komplett zu kartografieren. Die obige Aufnahme der Sonde zeigt einen Teil des Candor Chasma, einem nördlichen Seitental der Valles Marineris.

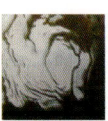

Weiße Flecken auf dem Roten Planeten

Die Polkappen des Mars

Seit dem 25. Mai 2008 steht mit dem Phoenix-Lander nun auch eine Raumsonde in einer der Polargegenden des Mars. Zuvor waren seit der ersten unbemannten Landung 1976 (Viking 1) die äquatornahen Gegenden des Roten Planeten das bevorzugte Ziel von Landern, von denen einige sogar kleine Fahrzeuge aussetzten. Der Grund: Wegen der angenehmeren Temperaturen (bis zu +27 °C) glaubte man, einfacher Wasser nachweisen zu können und schneller eventuelle Lebensspuren zu finden.

Die Marspole – die größere Chance

Die größte Chance dafür sahen die Wissenschaftler in jüngerer Zeit aber in den marsianischen Polargegenden, und hier vor allem am Mars-Nordpol. In den Äquatorregionen kommt man an das Wasser für eine Fernuntersuchung nur sehr schwer heran – und wenn, dann liegt es dort mehrere Kilometer tief. An den Polen dagegen befindet sich Wasser in Form von Eis quasi an der Oberfläche. Es braucht nur noch „angezapft" zu werden – was dem Phoenix-Lander Ende Juli 2008 auch gelang. Grund für das Oberflächeneis sind die größeren Niederschläge. Sie bedecken als Reif oder feiner Schneefall die polare Oberfläche und frischen so den Wasservorrat immer wieder auf. Interessant ist dabei, dass es auch durch den wahrscheinlich heute noch aktiven Vulkanismus geschieht, durch kleine Vulkankegel, die dort in größerer Zahl vorhanden sind.

Markante erdähnliche Punkte

Die beiden marsianischen Polkappen stellen neben den ausgedehnten Wüsten das eindrucksvollste erdähnliche Merkmal der Marsoberfläche dar und sind auch von der Erde aus gut im Fernrohr zu erkennen. Ähnlich wie sich die irdischen Polkappen in ihrer Ausdehnung den Jahreszeiten entsprechend ändern, zeigen

---

Der Griff ins gefrorene Marsleben

Wasser ist Leben – lautet ein berühmter Satz, und so ist denn das oberste Ziel des Phoenix-Landers, nach Lebensspuren zu suchen oder genauer: zu graben. Denn der Roboter verfügt, ähnlich wie die 1976 gelandeten Viking-Sonden, über einen Greifarm. Das 2,4 m lange, aus mehreren Gelenken und einer Schaufel bestehende Gerät soll während des drei Monate dauernden Mars-Nordfrühlings und -sommers bis zu 1 m tiefe Löcher in den trockenen, eisigen Marsboden graben und Bodenproben entnehmen. Sie werden dann in den kleinen Bordlabors entsprechend untersucht.

---

die marsianischen ebenfalls Schwankungen. So verschwindet die nördliche Polkappe in den Herbst- und Wintermonaten des Mars unter einer Wolkenhaube: Der Grund liegt in der Zusammensetzung der Polkappe. Sie besteht vor allem aus Wassereis, das den Sommer überdauert. Dagegen friert bei sinkenden Temperaturen das in der Atmosphäre vorhandene Kohlendioxid aus und lagert sich ab, wodurch sich dann diese Polkappe noch weiter vergrößert. Ähnliche Veränderungen zeigt die südliche Polkappe, allerdings viel stärker, denn sie besteht vor allem aus gefrorenem Kohlendioxid. Deshalb verschwindet sie im Mars-Südsommer bis auf einen kleinen Rest und übrig bleibt nur der Wassereiskern.

Auch darin, wie das 2 km mächtige Eis gelagert ist, unterscheiden sich die Pole: Am Nordpol liegt es rosettenförmig angeordnet und bedeckt diesen planetaren Punkt ständig. Am Südpol dagegen liegt das Zentrum des Eises etwa 2 bis 3° vom geometrischen Pol entfernt, der im Südsommer komplett eisfrei ist. Ein weiterer Unterschied zur Eisbedeckung am Nordpol besteht darin, dass die Spiralstruktur andersherum gewunden ist. Die nach außen durchlaufene Spirale windet sich am Südpol im Uhrzeigersinn, am Nordpol dagegen entgegen dem Uhrzeigersinn.

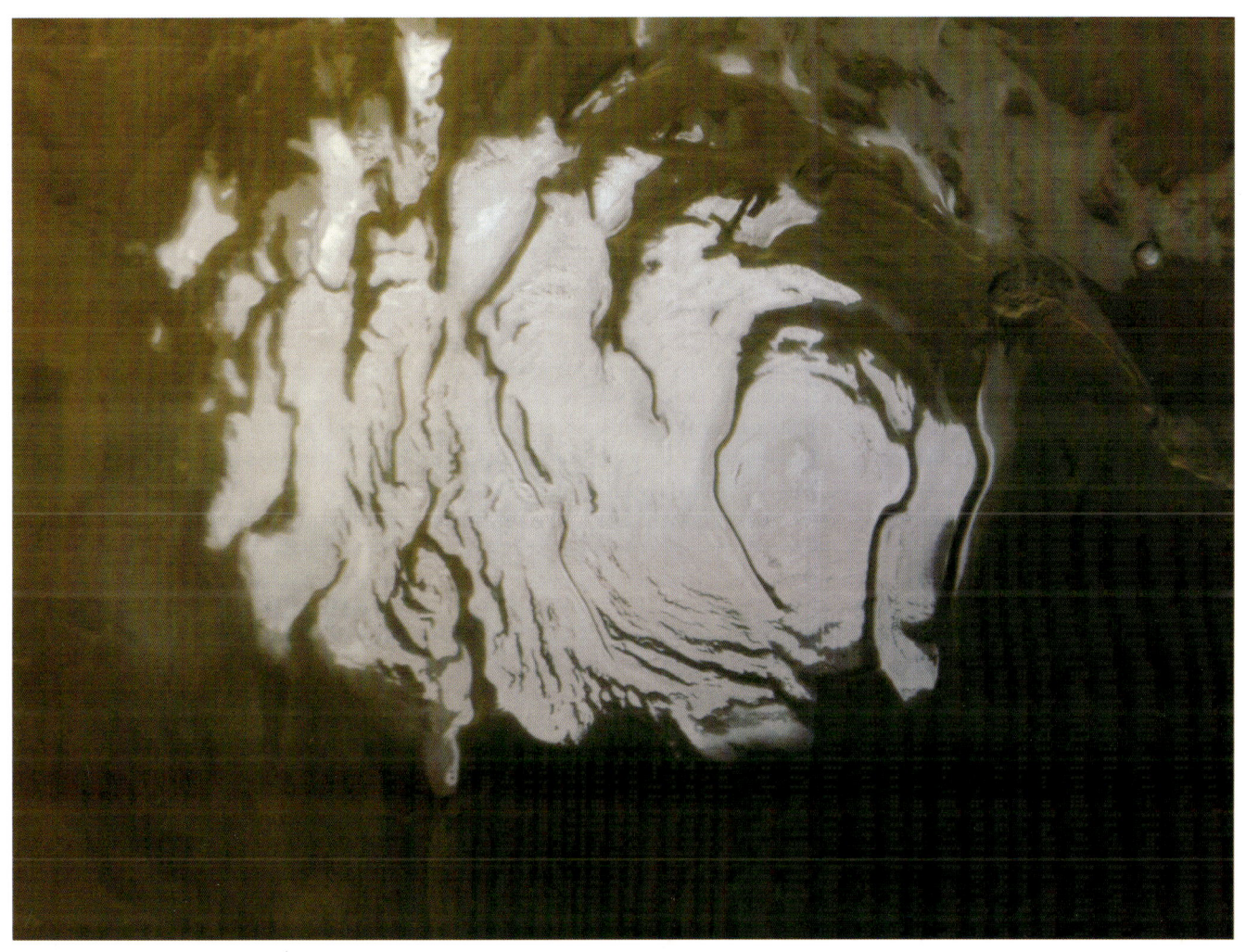

Die südliche Polkappe des Mars in ihrer im Uhr-zeigersinn verlaufenden Spirale (April 2000).

Wasser für den Mars?

Herkunft und Verbleib des Marswassers

Auch wenn sich Schiaparellis 1877 entdeckte Marskanäle als optische Täuschung erwiesen, Spuren von Wasser auf dem Mars hat man seit Ankunft der ersten Sonden 1965 in vielerlei Form gefunden. Und nachdem der Phoenix-Lander im Juli 2008 den endgültigen Nachweis brachte, dass es auch heute noch (gefrorenes) Wasser auf dem Roten Planeten gibt, geht es nur noch um Fragen wie: Wie viel Wasser ist noch vorhanden, wie viel war es früher und weshalb ist es verschwunden?

Ein früher feuchter Mars

Zu den eindrucksvollsten Formationen der Marsoberfläche gehören die riesigen Vulkane wie Olympus Mons und die vielen Einschlagskrater und -becken. Aus der Geschichte der Erde wissen wir, dass Vulkane Wasserlieferanten waren, da sie bei Eruptionen neben anderen Gasen auch Wasserdampf freisetzen. Eine weitere Quelle bildeten wahrscheinlich die Einschläge von Kometen, die aus gefrorenem Wasser bestehen. Zusammen mit einem durch den Zerfall radioaktiver Elemente erzeugten Wärmestrom in der Marskruste sorgten diese Einschläge dafür, dass sich die Wassermassen von den südlichen Hochebenen in die nördlichen Tiefländer ergossen, wo sie wahrscheinlich einen Ozean bildeten. Der Mars war damit ähn-

lich wie die Erde ein nasser Planet. Mit einer dichteren Atmosphäre und einem 5-fach höheren Kohlendioxidgehalt als heute könnte der Mars in seinen ersten 2 Mrd. Jahren einen Treibhauseffekt sowie Temperaturen über dem Gefrierpunkt und damit Wasser in Form von Flüssen, Seen und einem Meer besessen haben. Ferner sorgten Vulkanausbrüche und Kometeneinschläge ständig dafür, dass das dann im Untergrund gefrorene und damit gebundene Wasser aufgetaut wurde und riesige Überflutungen auslöste. Dieses Wasser könnte heute als Eis und Grundwasser verborgen in der Marskruste lagern.

Eine 0,5 km dicke Wasserschicht

Nach Berechnungen könnten an manchen Stellen auf dem Mars wesentlich größere Wassermassen transportiert worden sein als etwa am Unterlauf des Amazonas. Er spült immerhin bis zu 300 000 m³ Wasser pro Sekunde in den Atlantik. Wäre die damals auf dem Mars vorhandene Wassermenge gleichmäßig über den Planeten verteilt gewesen, hätte sie ihn unter einer 0,5 km tiefen Wasserschicht bedeckt. Zum Vergleich: Auf der Erde beträgt die Mächtigkeit dieser Schicht 2,8 km.

„Fluchtwege" des Marswassers

Heute beträgt der atmosphärische Druck auf der Marsoberfläche nur noch 1/1000 des ursprünglichen Wertes. Das Abnehmen des radioaktiven Zerfalls und damit des Wärmestromes in der Marskruste, das Nachlassen und schließlich Erlöschen des Vulkanismus, ebenso der starke Rückgang von Kometen- und Meteoriteneinschlägen könnten ein Abdriften vieler Atmosphärengase und damit das Ende des Treibhauseffekts nach sich gezogen haben. Eine weitere Ursache für das wahrscheinlich auch heute noch andauernde Ausdünnen der Marsatmosphäre könnte das Fehlen eines Magnetfeldes sein. Dadurch kann der Sonnenwind mit seinen hochenergetischen Teilchen ungehindert einwirken und ebenfalls zum Verlust der Atmosphäre beitragen.

Aber eventuell könnten auch gerade die Wasser liefernden Kometen und Asteroidenimpakte „wasservernichtend" gewirkt haben. Während ihres gewaltigen Bombardements schleuderten sie es in so große Höhen, dass es dort wegen der geringeren Schwerkraft des Planeten endgültig ins All verschwand. Hinzu kam eine früher viel stärker strahlende Sonne. Innerhalb von 100 Mio. Jahren entwich so Wasserdampf in einem Volumen, das einem Viertel der irdischen Ozeane entspricht.

Die Frage, ob es je Wasser auf dem Mars gegeben
hat, ist zugleich auch die Frage, ob es auf diesem
Planeten je Leben gegeben haben könnte. Schon die
Oberflächenstrukturen des Planeten deuteten
darauf hin, dass zumindest der erste Teil der Frage
positiv beantwortet werden kann.

Der König unter den Planeten

Jupiter – seine Wolkenbänder und sein Großer Roter Fleck

Wegen seiner physikalischen Eigenschaften hat Jupiter einer ganzen Gruppe ähnlicher Welten seinen Namen gegeben; sie werden als Jupiter- oder Riesenplaneten oder auch als Gasriesen bezeichnet. Und nichts anderes ist Jupiter, der fünfte und größte Planet unseres Sonnensystems. Sein Durchmesser beträgt 10% des Sonnendurchmessers, und in ihm hätte unsere Erde 1300-mal Platz; darüber hinaus ist er schwerer als alle anderen Planeten zusammen. Begleitet wird er von zahlreichen Monden und umgeben von einem dünnen Ring.

Ein Gasriese mit festem Kern

Die Bezeichnung „Gasriese" trägt Jupiter zu Recht, denn er hat eine ausgedehnte Atmosphäre, die nach innen zuerst in den flüssigen und dann in den festen Zustand übergeht. In der Mitte könnte sich durchaus ein erdgroßer Kern aus festem Gestein und Eis befinden, allerdings mit einer viel größeren Masse. Hier herrscht ein Druck von 100 Mio. Atmosphären und eine Temperatur von 30 000 °C. Es folgt ein mehrere 10 000 km dicker Mantel, der zu 75% aus Wasserstoff und zu 23% aus Helium besteht. Beide Elemente liegen hier in flüssiger Form vor, die dann mit immer größerer Höhe in den gasförmigen Zustand der Jupiteratmosphäre übergehen, die rund 20 000 km in die Höhe reicht. Neben diesen beiden Gasen gibt es noch einfache Wasserstoffverbindungen wie Methan, Ammoniak, Wasser, Ethan und Acetylen sowie Propan, die sich zu den unterschiedlich gefärbten Wolken in der oberen Atmosphäre verdichten und Jupiter sein typisch gebändertes Aussehen geben.

Was der Beobachter sieht, ist die stürmische äußerste Atmosphärenschicht. Da der Planet sich in gerade einmal knapp zehn Stunden um seine Achse dreht, werden anders als auf der Erde durch die Corioliskraft die von Süd nach Nord strömenden Luftmassen nicht zu Wirbeln, sondern in Ost-West-Richtung zu den typischen farbigen Streifen verzogen. Die weißen Streifen aus warmer, aufsteigender Luft nennt man „Zonen", die rotbraunen aus absinkender Luft dagegen „Bänder".

Riesenstürme

Die Sonneneinstrahlung, die Eigenwärme des Jupiter, die durch die anhaltende Kontraktion des Planeten verursacht wird, die Winde sowie die Eigenrotation lassen Gebiete mit runden oder ovalen Wolkensystemen entstehen, die riesigen Stürmen entsprechen. Die kleinsten sind den größten Hurrikanen auf der Erde vergleichbar und können relativ kurzlebig sein, d. h. nur wenige Tage anhalten; andere dagegen bleiben über Jahre bestehen – zu ihnen gehört der Große Rote Fleck

Auf der südlichen Halbkugel des Riesenplaneten gelegen, ist sein Oval schon in kleinen Teleskopen zu erkennen, sodass er seit 300 Jahren ständig beobachtet wird. Schon aus irdischen Beobachtungen wird klar, dass dieses Gebilde den dreifachen Durchmesser der Erde besitzt. In ihm toben Winde von bis zu 500 km/h. Die wohl zutreffendste Erklärung ist, dass es sich um ein Gebiet mit hohem Druck handelt, das sich etwa 5 km über die umgebenden Wolken erhebt. Welche chemischen Elemente für die rote Färbung verantwortlich sind, ist aber bis heute noch nicht geklärt.

Steckbrief Jupiter

Name:	*Römischer Göttervater*
Mittlere Entfernung von	
der Sonne:	*778,6 Mio. km*
Umlaufzeit:	*11,869 Jahre*
Rotationszeit:	*9 Stunden, 55 Minuten*
Durchmesser:	*142 984 km*
Schwerkraft (Erde = 1):	*2,64*
Atmosphäre:	*90% Wasserstoff/10% Helium*
Oberflächentemperatur (Wolken):	*−149 °C*
Zahl der Monde:	*mind. 63*

Im Mai 2007 machte das Hubble-Weltraumteleskop diese beeindruckende Aufnahme der Jupiter-Atmosphäre, die niemals zur Ruhe zu kommen scheint. Doch inzwischen hat man herausgefunden, dass der Gasplanet ungefähr alle 70 Jahre auch eine sturmfreie Zeit erlebt – sieht man einmal vom Großen Roten Fleck ab, der auch dann nicht verschwindet.

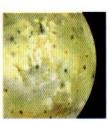

Ein Mond namens Voyager-Pizza

Der Jupitermond Io und seine Schwefelvulkane

Es war eine pilzförmige Wolke über dem Horizont seiner rötlich-orange leuchtenden Kugel, die Io weltweit bekannt machte. Bis zu ihrer Entdeckung 1979 auf den Fotos der Raumsonde Voyager II hatten die Wissenschaftler geglaubt, die Oberfläche dieses Jupitermondes würde der unseres kraterübersäten Mondes ähneln. Das tut sie auch – mit einem Unterschied: Die Krater sind äußerst aktive Vulkane, die in gewaltigen Eruptionen große Mengen Schwefel fördern. Sie sind auch für die markante Färbung der Io-Oberfläche verantwortlich, die diesem Mond den Spitznamen „Voyager-Pizza" eingebracht hat.

Pilzförmige Wolken

Die Eruptionen sind heftig, denn flüssiger Schwefel und Schwefeldioxid werden auf Io mit Geschwindigkeiten bis zu 1 km/s ausgestoßen. Infolge der geringen Schwerkraft des Mondes kann die Eruptionswolke bis in 300 km Höhe aufsteigen und sich wegen der fehlenden Atmosphäre pilzförmig ausbreiten.

Ios Oberfläche ist nur wenige Millionen Jahre alt und verändert sich ständig. Sie ist im Wesentlichen sehr eben, und die Höhenunterschiede betragen nur wenige Kilometer. Zwar wird die Mondoberfläche von aktiven, schlafenden und ehemaligen Vulkanbergen beherrscht, aber daneben gibt es auch Berge mit Höhen bis zu 16 km, die nicht vulkanischen Ursprungs sind, sowie Geysire, die Gase und Eiskörner ausstoßen.

Die markantesten Strukturen sind jedoch Hunderte von vulkanischen Calderen (große, ausgedehnte Vulkankrater), deren Durchmesser bis zu 400 km betragen und die teilweise mehrere Kilometer tief sind. Die durch sie gebildeten Lavaflüsse erstrecken sich über mehrere Hundert Kilometer. Weiterhin gibt es zahlreiche Seen aus geschmolzenem Schwefel. Seine Ablagerungen und Verbindungen sorgen für ein breites Spektrum an Farbtönen. Sie sind es, die Io sein ungewöhnlich buntes Erscheinungsbild geben.

Durchgeknetet

Es sind die Gezeitenkräfte des Planeten Jupiter und seiner beiden Monde Europa und Ganymed, die die vulkanische Aktivität von Io verursachen. Diese Kräfte kneten das Innere Ios regelrecht durch und heizen es somit auf. Allein Jupiters Gezeitenkräfte wirken 6000-mal stärker als die des Erdmondes, und die zusätzlichen Gezeitenkräfte von Europa und Ganymed liegen noch immer in der Größenordnung der des Mondes auf die Erde. Da Io eine gebundene Rotation zeigt, ist nicht die absolute Stärke der Gezeitenkräfte des Jupiter entscheidend, sondern nur deren Änderung. Io wird durch einen Resonanzeffekt mit den Monden Europa und Ganymed, deren Umlaufzeiten im Verhältnis 1:2:4 zueinander stehen, auf eine leicht elliptische Bahn um Jupiter gezwungen. So schwanken die Gezeitenkräfte des Jupiters allein durch die Veränderung des Abstandes noch einmal um das 1000-fache mehr, als das beim Einfluss der Gezeitenwirkung des Mondes auf die Erde der Fall ist.

Mehr als Vesuv und Ätna

Wurden im Verlauf der Voyager-Mission 9 aktive Vulkane auf Io entdeckt, so steigerte sich ihre Zahl durch Galileo auf 120. Ihre Eruptionshöhen übertreffen die der irdischen Vulkane Ätna, Vesuv oder Krakatau (25 km) um ein Vielfaches. Etwa 10 000 t Lava werden mit Geschwindigkeiten bis zu 1 km/s ausgestoßen. Aus den hoch aufschießenden Eruptionsfontänen der Io-Vulkane sondern sich pro Sekunde schätzungsweise 10 t Staub ab. Damit ist Io neben der Erde der zweite vulkanisch aktive Körper im Sonnensystem. Die größten Io-Vulkane heißen Pele, Loki und Prometheus.

Aufgrund der extrem starken vulkanischen Aktivität auf dem Jupitermond Io ändert sich dessen Aussehen ständig. So präsentierte sich der unruhige Mond der NASA-Sonde Galileo im Juli 1999.

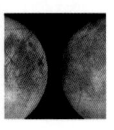

Ein Ozean unter dem Eis?

Der Jupitermond Europa und sein Ozean

Europa ist der zweite und kleinste der vier großen Jupitermonde (3121,6 km Durchmesser), deren Entdeckung Galileo Galilei 1610 zugesprochen wird. Und es waren die amerikanischen Sonden Pioneer 10 und 11, die die ersten Nahaufnahmen zur Erde sandten. Sie zeigten, dass Europas Oberfläche wie eine zerkratzte Billardkugel aussieht. Sensationell sind die sie überziehenden Risse, da sie sich verändern. Das ist nur möglich, wenn die Oberfläche Europas aus einer schwimmenden Eisdecke besteht.

Ein Gräben- und Furchennetzwerk

Dieses Netzwerk kreuz und quer verlaufender dunkler Gräben und Furchen ist das auffälligste Merkmal Europas. Sie überziehen die gesamte Oberfläche des Mondes und ähneln stark den Rissen und Verwerfungen auf irdischen Eisfeldern. Die größeren unter ihnen sind etwa 20 km breit und haben undeutliche äußere Ränder sowie einen inneren Bereich aus hellem Material. Wahrscheinlich wurde hier das Eis in der Vergangenheit durch Meteoriteneinschläge und/oder thermische Spannungen wiederholt aufgebrochen, wobei dann schmutziges Wasser an die Oberfläche drang und die Eiskruste auseinander gedrückt wurde. Möglicherweise wirkt an diesen Stellen ein sogenannter Kryovulkanismus (Kältevulkanismus), bei dem Eis und Gase an die Oberfläche gepresst werden, oder es sind Geysire aktiv. Dennoch ist Europas Oberfläche außergewöhnlich eben. Die sie überziehenden Furchen weisen nur eine geringe Tiefe auf, und nur wenige Strukturen erheben sich mehr als einige Hundert Meter über die Umgebung. Ferner gibt es sehr wenige Einschlagkrater. Die Ursache dafür wird in der Arbeit des Eises gesehen, das plastisch genug ist, um Einschläge von außen allmählich wieder zuzudecken.

Ein Ozean mit schwankender Eiskruste

Die Temperatur auf Europas Oberfläche liegt bei etwa –160 °C am Äquator und –220 °C an den Polen. Unter diesen Bedingungen hat Wassereis die Härte von Gestein. Die größten sichtbaren Krater wurden offensichtlich mit frischem Eis ausgefüllt und dann eingeebnet. Nach Berechnungen ergeben sich für die Stärke des Europa-Eispanzers Werte zwischen 10 bis 15 km. Darunter soll ein Ozean aus flüssigem Wasser liegen, der durch die auf diesen Mond wirkenden Gezeitenkräfte des Jupiters erwärmt wird. Dadurch hebt und senkt sich die Eisfläche bei jeder Umdrehung um 30 m, wobei das Eis in unzählige Schollen zerbricht, die durch die Kälte aber sofort wieder gefrieren. Vergleiche der Aufnahmen der Raumsonden Galileo und Voyager zeigen, dass Europas Eiskruste in etwa 10 000 Jahren einmal um den Mond wandert.

Leben im Europa-Ozean?

Dass Leben in den dunklen Tiefen der Ozeane möglich ist, haben viele Tiefsee-Expeditionen zu den ozeanischen Rückensystemen unserer Erde gezeigt. Im Bereich dieser Rifts wurden die faszinierenden Schwarzen Raucher oder Black Smoker entdeckt. Es sind 6–9 m hohe schornsteinähnliche vulkanische Öffnungen am Meeresboden, aus denen mineralienreiches Wasser mit bis zu 760 °C in Kombination mit schwarzem Rauch emporquillt. An ihnen sprießen ungewöhnliche Lebensformen, z. B. kleine weiße Alvinella-Würmer und hitzeresistente Bakterien. Solche vulkanischen Schornsteine lassen sich auch im Europa-Ozean vorstellen, und sein erwärmtes Wasser in Kombination mit den Gezeiteneffekten könnten günstige Umstände für Leben sein. Somit wäre eine eigene Biosphäre auf Europa durchaus möglich.

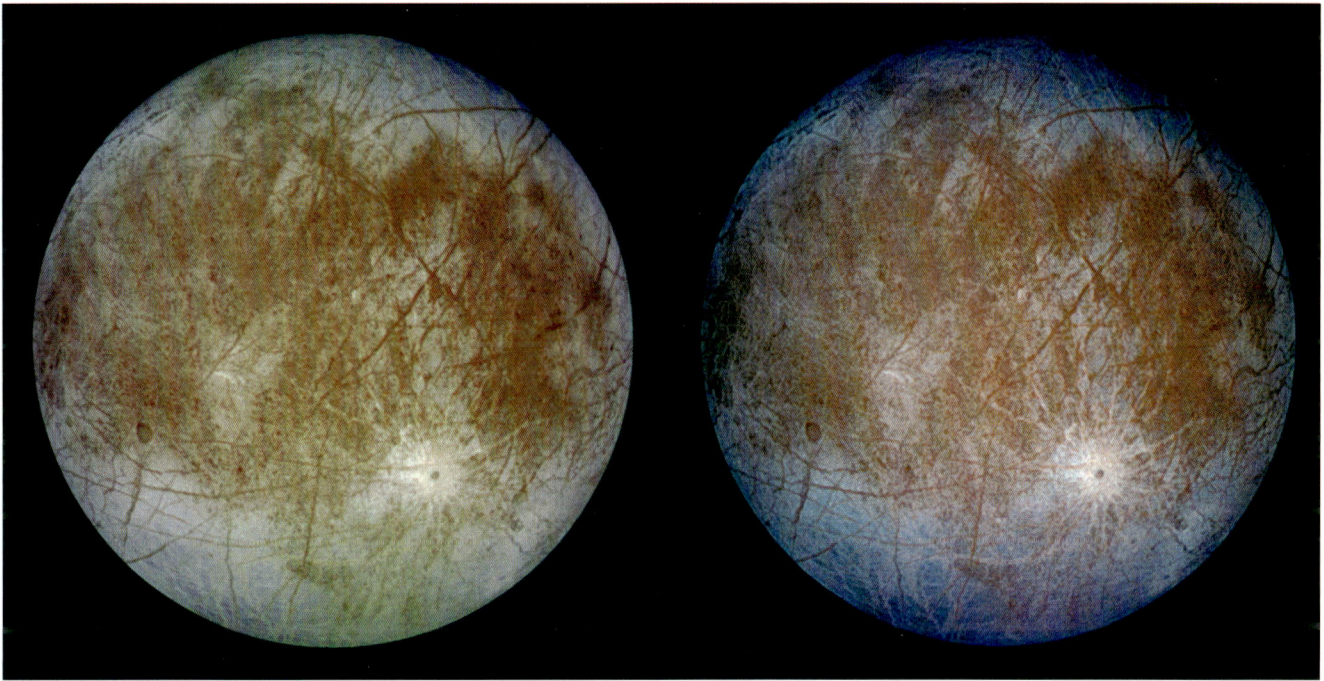

Die zwei Bilder der Raumsonde Galileo zeigen die
von zahllosen Spalten durchzogene Oberfläche
Europas. Das linke Bild präsentiert den Mond etwa
so, wie ihn das menschliche Auge wahrnehmen
würde; das rechte Bild ist eine Falschfarbenaufnahme, mit deren Hilfe die Farbunterschiede
der Oberflächenmerkmale deutlicher hervorgehoben werden können.

Herr der Ringe

Saturn und sein Ringsystem

Es ist ohne Zweifel das freischwebende Ringsystem, das den Betrachter des Saturn in seinen Bann zieht. Keiner der schon im kleinen Fernrohr sichtbaren Planeten kann ein solches „Schmuckstück" sein Eigen nennen, und das ist auch der Grund, weshalb Saturn auf vielen Plakaten zu astronomischen Veranstaltungen sowie den Umschlägen zahlreicher Astronomiebücher zu sehen ist – einen besseren Werbeträger für die Himmelskunde gibt es nicht!

Leichtgewicht mit turbulenter Hülle

Der Saturn ist der entfernteste Planet, der noch mit dem bloßen Auge gesehen werden kann. Der Gasriese zeigt am Äquator eine bauchige Form, denn er dreht sich sehr schnell und hat eine geringe Dichte. Er besteht vor allem aus Wasserstoff und würde in einem Riesenozean auf dem Wasser schwimmen.

Wie der Jupiter hat auch der Saturn eine Wolkenschicht, die durch die hohe Rotationsgeschwindigkeit des Planeten zu Bändern gedehnt wird. Doch die Saturnwolken sind homogener und blasser als die des Jupiter.

In dieser Atmosphäre entwickeln sich etwa alle 30 Jahre auf der nördlichen Hemisphäre Stürme, die große weiße Flecken in der Äquatorgegend hervorrufen. Um den Nordpol als Zentrum lagern ein Polarwirbel und eine stabile Struktur in der Form eines nahezu regelmäßigen Sechsecks mit einem Durchmesser von fast 25 000 km, und am Südpol tobt ein ortsfester, hurrikanähnlicher Sturm, der etwa 8000 km durchmisst. Die Saturnwinde wehen überwiegend nach Osten und damit in die gleiche Richtung, in die auch der Planet rotiert. Dabei erreichen sie in Äquatornähe Geschwindigkeiten von rund 1800 km/h.

Der Ring

Das Hauptaugenmerk der Betrachter gilt dem Ring, der zwar scheibenförmig erscheint, jedoch keine Scheibe ist, denn sie würde von den Gezeitenkräften zerrissen. Tatsächlich besteht dieses faszinierende Gebilde aus Eis- und Gesteinsbruchstücken, die den Saturn in der Äquatorebene wie ein Schwarm winziger Monde umkreisen. Ihre Ausdehnung ist gewaltig, erreicht sie doch 480 000 km. Trotzdem sind die Ringe an manchen Stellen höchstens 100 m dick. Das ist im Verhältnis zu ihrem Durchmesser dünner als ein Blatt Papier!

Nach derzeitigen Erkenntnissen besteht der Ring aus mehr als 100 000 Einzelringen, die durch scharf umrissene Lücken voneinander abgegrenzt sind. Diese Lücken entstehen durch die gravitative Wechselwirkung mit den vielen Saturnmonden sowie der Ringe untereinander. So hat die Cassinische Teilung ihre Ursache im Einfluss des Mondes Mimas. Einige kleinere Monde, die sogenannten Hirten- oder auch Schäferhundmonde, kreisen direkt in den Lücken und an den Rändern des Ringsystems und stabilisieren dessen Struktur.

Da das Ringsystem ebenso wie die Äquatorebene um 27° gegen die Bahnebene des Saturns geneigt ist, sehen wir während eines Sonnenumlaufs die Ringe unter verschiedenen Winkeln. Dabei ist der dünne Rand der Ringe alle 14,8 Jahre genau der Erde zugewandt, so dass das Ringsystem fast unsichtbar wird. Dieser Fall wird 2009 wieder eintreten.

Steckbrief Saturn	
Name:	Vater des Jupiter, Gott des Ackerbaus
Mittlere Entfernung von	
der Sonne:	1433,5 Mio. km
Umlaufzeit:	29,46 Jahre
Rotationszeit:	10 Stunden, 39 Minuten
Durchmesser:	120 536 km
Schwerkraft (Erde = 1):	0,93
Atmosphäre:	96,3 % Wasserstoff/
	3,25 % Helium
Oberflächentemperatur (Wolken):	–178 °C
Zahl der Monde:	mind. 60

Der Ringplanet Saturn in einer Aufnahme des Hubble-Weltraumteleskops. Besonders gut ist auf dieser Aufnahme die etwa 4800 km breite Cassinische Teilung im Ringsystem zu erkennen, die durch den Saturnmond Mimas verursacht wird.

Mond im dichten roten Nebel

Der Saturnmond Titan

Titan war bis zur Cassini-Huygens-Mission der undurchschaubarste Mond im Sonnensystem, denn er ist von einer dichten Atmosphäre aus Stickstoff und Spuren von Kohlenwasserstoffverbindungen umhüllt, die orange-rot leuchtet. Daher wussten man lange so gut wie nichts über den größten Saturnmond. Durch die Landung von Huygens am 14. Januar 2005 hat sich das radikal geändert: Titans Oberfläche ist eine eisige Welt, aber mit marsianisch-irdischen Landschaftsmerkmalen. Das aber macht diesen Mond umso faszinierender, ist er doch der einzige Trabant im Sonnensystem, der eine Atmosphäre hat. Sie ist wegen ihrer Zusammensetzung Anlass für Spekulationen darüber, ob hier nicht Bedingungen vorliegen wie auf der Erde zu jener Zeit, als sich das Leben bildete.

Die Eis-, Wasser- und Kohlenstoff-Welt

Die Oberfläche am Landeplatz der Sonde ähnelt auf den ersten Blick der Umgebung am Landeplatz der Viking-Mars-Sonden: eine grau-orangefarbene Ebene mit bis zum Horizont verteilt liegenden zahlreichen Brocken unter einem gelb-orangen Himmel. Sie bestehen den ersten Analysen nach aber nicht aus Gestein, sondern wie auch der Boden aus Wasser- und Kohlenwasserstoffeis.

Nach dem Aufsetzen des Landers Huygens näherte sich die Träger- und Orbitersonde Cassini allmählich Titan an und machte dabei höher aufgelöste Radarbilder. Sie zeigen, dass in den dunklen äquatorialen Gebieten große Wüsten mit 150 m hohen und Hunderte Kilometer langen Sanddünen liegen.

Ferner zeigten die Radaraufnahmen, dass es in den beiden Polargebieten Titans größere Methanseen gibt, die von Flüssen gespeist werden. Vermutlich bilden sich die Seen vor allem im Titan-Winter und trocknen im Sommer zum großen Teil aus. Die größten Methanseen haben Flächen von über 100 000 km² und erreichen damit die Dimensionen großer irdischer Binnenseen und -meere. Das ebenfalls vorhandene Wassereis hat bei den niedrigen Temperaturen die Festigkeit und Dichte von Silikatgesteinen.

Titanische Eisvulkane

Ebenso gibt es Anzeichen vulkanischer Aktivität. Aber die möglicherweise vorhandenen Vulkane sind keine Feuervulkane wie auf dem Mars oder der Venus, sondern sogenannte Eis- oder Kryovulkane, wie sie auf dem Jupitermond Europa, dem Saturnmond Enceladus oder dem Plutomond Charon vorkommen. Und: Dieser Kryovulkanismus könnte auch den notwendigen Nachschub für Titans Atmosphäre liefern, denn Methanmeere oder gar ein Methanozean scheiden – nach allem, was die Astronomen derzeit wissen – als Quelle dafür aus.

Von seiner Größe her könnte Titan auch eigene Wärmequellen in Form radioaktiver Minerale besitzen oder es könnten wie beim Jupitermond Io die Gezeitenkräfte des Mutterplaneten eine Rolle bei der für die tektonischen Bewegungen notwendigen Aufheizung des Mondinneren spielen.

Ein Cousin von Pluto und Merkur

Titan ist nur ein wenig kleiner als der Jupitermond Ganymed und damit der zweitgrößte Mond im Sonnensystem. Er ist auch größer und massereicher als der Zwergplanet Pluto, ja sogar größer als der Planet Merkur – allerdings ist er weit weniger massereich. Auf Titan entfallen über 95 % der Gesamtmasse aller Saturnmonde, und er hat auch die höchste Dichte aller Saturnmonde. Von seinem Aufbau her dürfte er auch dem Neptunmond Triton und möglicherweise dem Pluto ähnlich sein. Er besteht etwa zur Hälfte aus Wassereis und silikatischem Gestein.

Mehr als 90 Minuten lang schickte Huygens (hier eine künstlerische Darstellung der Sonde am Landeort) Daten vom Titan, bevor ihr die Energie ausging.

Wandernde Eisplatten

Der Saturnmond Enceladus

Klein, aber hell: Mit nur 512 km Durchmesser zählt der zehnte Mond des Ringplaneten zu den Zwergmonden des Sonnensystems; aber was seine Helligkeit angeht, ist er spitze. Seine Oberfläche reflektiert 99 % des Sonnenlichtes, weil sie aus Wassereis besteht. Damit ist sie die hellste Oberfläche im Sonnensystem. Zusätzlich unterliegt sie auch noch dauernden Veränderungen, hervorgerufen durch die exotische Kraft des Kryovulkanismus. Enceladus ist somit auch einer der geologisch aktivsten Körper des Sonnensystems.

Spalten im Eis

Durch die hohe Reflexion des Sonnenlichtes herrschen auf Enceladus Temperaturen von unter –200 °C. Überraschenderweise gibt es aber am Südpol des Mondes eine Zone lokaler Erwärmung. Die Quelle dafür ist unbekannt. Doch ist diese Region an der Oberfläche von parallelen Streifen durchzogen. Sie bestehen aus Spalten, in denen kristallines Eis bis nach oben vordringt. Die Umgebung erinnert in ihrem Aussehen an eine vorübergehend erstarrte zähflüssige Masse. Vermutlich bewegt sich unter der Oberfläche das Eis in Konvektionsströmen und löst damit kryovulkanische Spaltenaktivität aus.

Die Anordnung dieses kryovulkanischen Spaltensystems zeigt eine verblüffende Ähnlichkeit mit den Mittelozeanischen Rücken der Erde. So ist deren spiegelbildlich aufgebaute Kruste stellenweise auch bei den enceladischen Spaltensystemen zu erkennen. Außerdem kann man aus dem Versatz linearer Strukturelemente erhebliche horizontale Bewegungen ableiten, die zeigen, dass Krustenteile gegeneinander bewegt worden sind.

Nur Gezeitenwärme?

Aus den physikalischen Eigenschaften des Mondes ergibt sich, dass Enceladus viel zu klein ist, als dass radioaktiver Zerfall zu einer bedeutenden Erwärmung im Innern des Mondes führen könnte. Eine viel wahrscheinlichere innere Wärmequelle sind die durch den Saturn und seinen Mond Dione ausgelösten Gezeitenkräfte – ähnlich den beim Jupitermond Io wirkenden, die durch Jupiter sowie seine Monde Europa und Ganymed hervorgerufen werden. Allerdings reicht auch dieser Mechanismus nicht aus, um genügend Wärme zur Verflüssigung von Wassereis zu erzeugen. So muss es im Innern chemische Stoffe geben, die den Schmelzpunkt des Eises herabsetzen. In Betracht gezogen werden in der Hauptsache Salze, aber auch anorganische Stoffe wie Ammoniak oder organische Stoffe wie Ethan und Methan.

Die Aufnahme der Raumsonde Cassini zeigt die von Kratern und Spalten zerfurchte Seite von Enceladus, die immer vom Saturn abgewandt ist.

Vulkane, die mit Kälte arbeiten

Vulkane ohne heiße herausgestoßene Gesteinsschmelze, die stattdessen mit der Kälte und in der Kälte arbeiten? Der Gegensatz oder das Paradoxon könnte nicht größer sein. Doch die extraterrestrische Physik zeigt, dass diese Vulkane tatsächlich funktionieren. Es müssen nur leicht schmelzbare Substanzen im Innern eines Planeten oder Mondes vorhanden sein, dort im ge-

frorenem Zustand vorliegen und trotz der tiefen Temperaturen unter –150 °C von einer inneren Wärmequelle nicht nur zum Schmelzen, sondern auch zum fontänenartigen Ausbruch gebracht werden: Methan, Kohlenstoffdioxid, Wasser oder Ammoniak. Diese Voraussetzungen sind außer auf Enceladus auch auf dem Jupitermond Europa, dem Saturnmond Titan, dem Neptunmond Triton und dem Plutomond Charon gegeben.

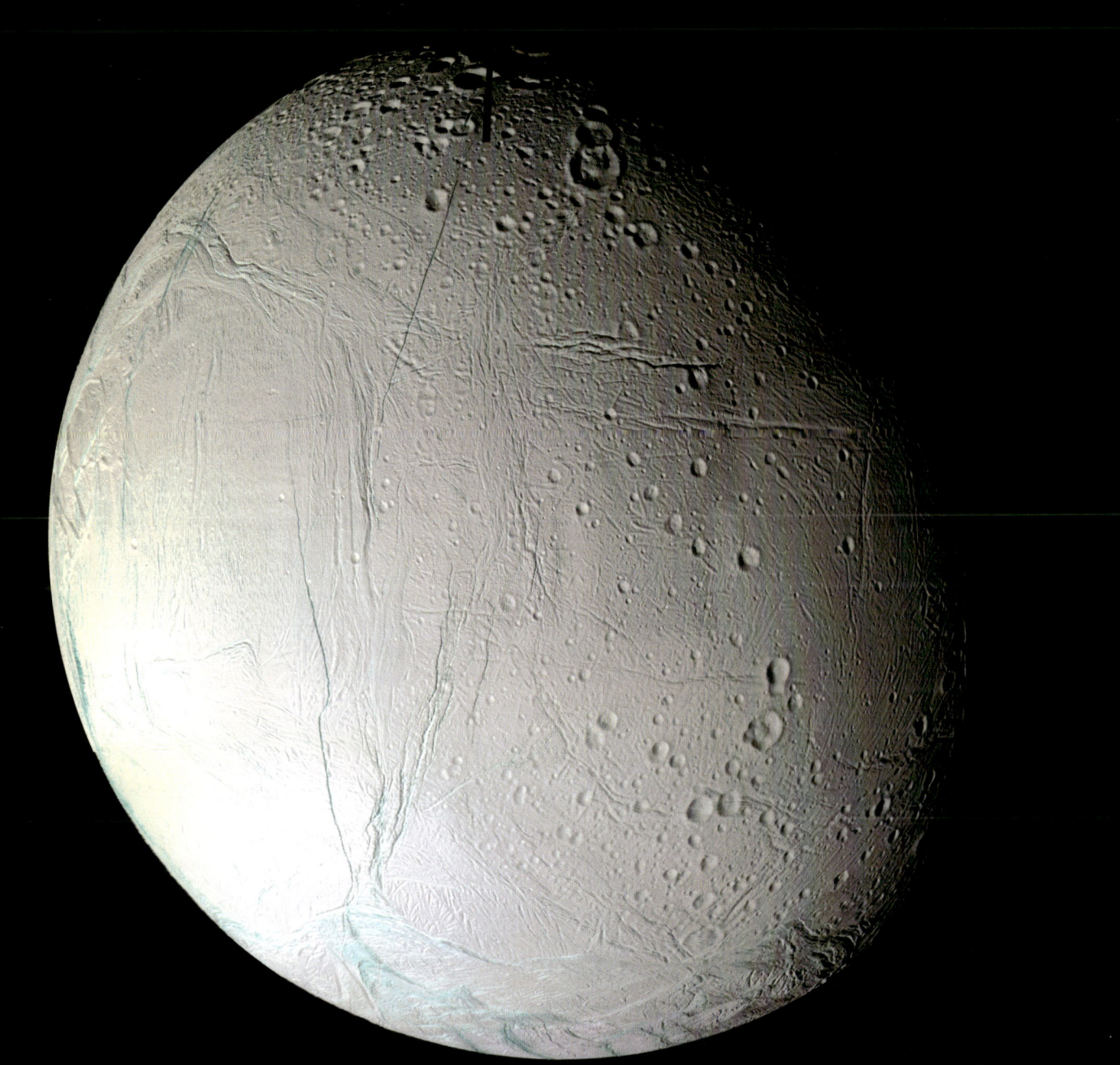

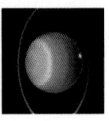

Ein rollender Planet
Uranus und seine konturlose Atmosphäre

Uranus war der erste Planet, der mit einem Teleskop entdeckt wurde. Der deutsch-englische Astronom Wilhelm Herschel fand ihn in der Nacht des 13. März 1781. Damit setzte er nicht nur unserem Sonnensystem eine neue Grenze über die klassischen, weil mit dem bloßen Auge sichtbaren Planeten hinaus, sondern erweiterte es gleich um das Doppelte. Uranus wurde bereits 1690 und 1756 beobachtet, aber wegen seiner nebelhaften Erscheinung und langsamen Bewegung für einen Fixstern gehalten.

Blaugrün und langweilig

Immerhin wandert Uranus in rund 84 Jahren um die Sonne. Dabei dreht er sich um eine 97,9° zur Seite gekippte Achse (Erde 23,5°), sodass dieser Planet nach jedem halben Umlauf einmal seinen Nordpol und einmal seinen Südpol der Sonne zuwendet. Der Riesenplanet „rollt" auf seiner Bahn. Von der Größe her steht Uranus auf Platz 3; das gilt ebenso für die Zahl der ihn umkreisenden Monde: 27. Nicht nur im Fernrohr, sondern auch aus der Nähe wirkt der blaugrün leuchtende Uranus langweilig. Voyager 2 zeigte im sichtbaren Licht kaum Wolkenbänder oder Stürme, und die existierenden waren nur schwach ausgeprägt. Vielleicht ist die schwache innere Wärmequelle des Uranus der Grund dafür.

Nach diesen Beobachtungen kann die südliche Halbkugel des Uranus in zwei Regionen aufgeteilt werden: eine helle Polkappe und dunkle äquatoriale Bänder. Die Grenze liegt etwa bei 45° südlicher Breite. Zwischen dem 45. und dem 50. südlichen Breitengrad zieht sich ein schmales Band, das das hellste große Merkmal auf der Planetenoberfläche ist – der sogenannte südliche „Collar". Die Polkappe und der Collar sind wahrscheinlich eine dichte Region von Methanwolken. Allerdings konnten zu Beginn des 21. Jhs., als der nördliche Pol ins Blickfeld kam, weder das Hubble-Weltraumteleskop noch das Keck-Teleskop auf Hawaii in der nördlichen Hemisphäre einen Collar und auch keine Polkappe finden. Daher bietet Uranus ein asymmetrisches Bild: nahe dem Südpol hell und in der Region nördlich des südlichen Collars einheitlich dunkel.

Feine Ringe

Am 10. März 1977 wurde bei einer Sternbedeckung das Ringsystem des Uranus eher zufällig entdeckt. Auf den Voyager-2-Fotos, egal ob schwarz-weiß oder farbverstärkt, erscheinen die 11 Uranusringe im Gegensatz zu den eng beieinander liegenden Saturnringen wie die Rillen einer zu grob gepressten Vinyl-Schallplatte. Das täuscht nicht, denn im Gegensatz zu den Gebilden der anderen Gasplaneten sind sie zumeist schmal, jedoch scharf begrenzt und durch sehr große Leerräume voneinander getrennt. Was die Größe der Teilchen betrifft, bestehen die Ringe wie bei Saturn sowohl aus groben Partikeln und Brocken bis zu 10 m Durchmesser als auch aus feinem, aber anteilmäßig geringerem Staub. Die größte Ähnlichkeit gibt es noch mit dem Jupiterring, der ebenfalls sehr fein und dunkel ist. Wenn man all diese Faktoren betrachtet, dann ist die Entdeckung der Uranusringe von der Erde aus wirklich ein Glücksfall gewesen.

Steckbrief Uranus	
Name: Vater des Saturn, Großvater des Jupiter	
Mittlere Entfernung von der Sonne:	2872,5 Mio. km
Umlaufzeit:	84,67 Jahre
Rotationszeit:	17 Stunden, 24 Minuten
Durchmesser:	51 118 km
Schwerkraft an der Wolkenoberfläche (Erde = 1):	0,86
Atmosphäre:	83 % Wasserstoff/ 15 % Helium/2,3 % Methan
Oberflächentemperatur (Wolken):	–215 °C
Zahl der Monde:	etwa 27

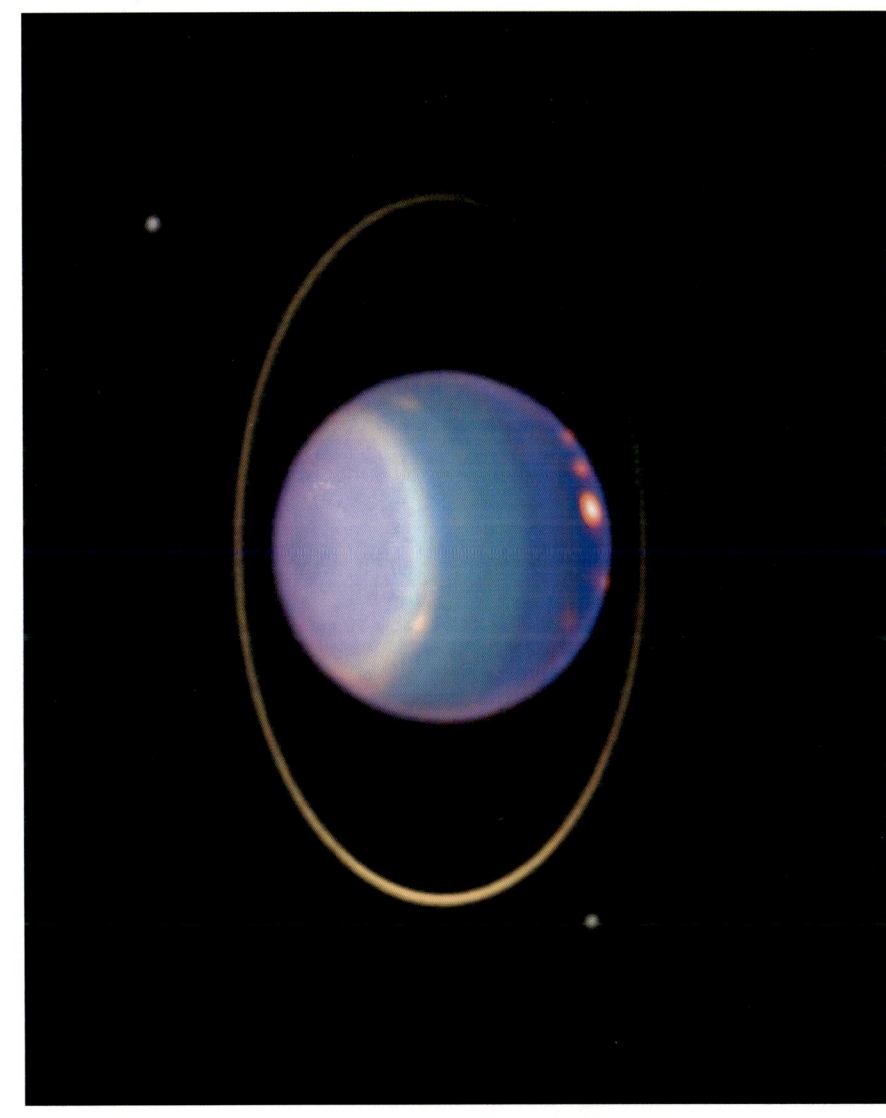

Das Falschfarbenbild des Hubble-Weltraumteleskops vom August 1998 zeigt Uranus mit seinen Ringen und einigen seiner Monde.

Ein zweiter blauer Planet

Neptun – der kleinste Riese

Neptun, der kleinste, kälteste und sonnenfernste der vier Gasriesen, wurde quasi am Schreibtisch entdeckt. Bahnstörungen des Uranus hatten die Astronomen auf die Spur eines unsichtbaren, unbekannten Planeten gebracht. Und so machten sich der englische Astronom John Couch Adams und der französische Mathematiker Urbain Jean Joseph Leverrier an die mühevolle Arbeit, die Umlaufbahn und aktuelle Position des vermuteten achten Planeten zu berechnen. Er wurde von dem Berliner Astronom Johann Gottfried Galle am 23. September 1846 im Sternbild Wassermann gefunden, nur einen Bogengrad von der vorausberechneten Position entfernt.

Noch ein blauer Planet

Neptun ist der zweite blaue Planet im Sonnensystem, auch wenn diese Farbe nicht wie bei der Erde durch flüssiges Wasser entsteht, sondern weil das Methan seiner Atmosphäre das rote Licht absorbiert.

Auf den ersten Blick springen die verschiedenen Wetteraktivitäten ins Auge: lange helle Wolken, die den irdischen Cirruswolken sehr ähnlich sehen, und nicht zuletzt die verschiedenen dunklen Flecken, bei denen es sich aber um nicht sehr langlebige Gebilde handelt, wie sich im Falle des Großen Dunklen Flecks zeigte. Überhaupt scheint Neptuns Atmosphäre sehr schnellen Wandlungen unterworfen zu sein.

Die Atmosphäre Neptuns zeigt im Unterschied zu der des Uranus eine sehr hohe meteorologische Aktivität, die sich in den vielfältigsten Phänomenen widerspiegelt. So z.B. in den sehr schnellen Winden. Es sind dynamische Stürme mit über 1600 km/h, die Spitzenwerte von bis zu 2100 km/h erreichen, festzustellen. Damit sind die in der Neptunatmosphäre auftretenden Windgeschwindigkeiten die höchsten des Sonnensystems!

Steckbrief Neptun

Name:	Römischer Gott des Meeres
Mittlere Entfernung von der Sonne:	4509 Mio. km
Umlaufzeit:	165,49 Jahre
Rotationszeit:	16 Stunden, 7 Minuten
Durchmesser:	49 424 km
Schwerkraft an der Wolkenoberfläche (Erde = 1):	1,2
Atmosphäre:	83 % Wasserstoff/15 % Helium/ 2,3 % Methan
Oberflächentemperatur (Wolken):	−217 °C
Zahl der Monde:	13

Dunkle Flecken und Ringe

Eine der Sensationen der Voyager-2-Neptun-Mission war die Entdeckung zweier dunkler Flecken, des Großen und des Kleinen Dunklen Flecks, und eines weißen Flecks, begleitet von hellen Wolken. Der Große Dunkle Fleck, ein Sturmgebiet, war dem Großen Roten Fleck auf dem Jupiter sehr ähnlich. Das alles muss in der Vergangenheitsform beschrieben werden, denn als das Hubble-Weltraumteleskop am 2. November 1994 den Planeten ins Visier nahm, war der Große Dunkle Fleck verschwunden.

Bei Neptuns Verwandtschaft mit den drei anderen Riesenplaneten wäre es verwunderlich gewesen, wenn dieser Blaue Riese nicht ebenfalls ein Ringsystem besäße. Es wurde von der Erde aus in den 1980er-Jahren durch Sternverdunklungen entdeckt. Neptuns Ringsystem ist sehr fein und azurfarben. Es besteht aus mehreren ausgeprägten Ringen sowie den ungewöhnlichen Ringbögen im äußeren Ring. Bisher sind fünf komplette Ringe bekannt, die nach Neptun-Entdeckern benannt wurden. Wie die Ringe der Planeten Jupiter und Uranus sind die Ringe des Neptuns ungewöhnlich dunkel und enthalten einen hohen Anteil mikroskopischen Staubs. Er könnte von Einschlägen winziger Meteoriten auf Neptuns Monden stammen.

*Der Neptun mit dem längst verschwundenen
Großen Dunklen Fleck sowie den diesen Sturm-
gebieten begleitenden Cirruswolken*

Dunkler Rauch fern der Sonne
Der Neptunmond Triton und seine Geysire

13 Neptunmonde sind derzeit bekannt, und der größte Mond Triton gehört dabei mit Nereide zu den „klassischen" Monden (weil schon mit dem Teleskop entdeckt). Und er ist auch wegen seiner besonderen Oberfläche interessant. Nach dem Vorbeiflug der Raumsonde Voyager 2 ist er nicht nur der kälteste Ort im Sonnensystem, sondern mit seinem Eisvulkanismus auch einer der vulkanisch aktivsten, zumindest was diese Art des Vulkanismus betrifft.

Der kälteste Ort im Sonnensystem

Abhängig davon, wann dieser Mond Besuch von einer Raumsonde erhält, liegt eine Hemisphäre im Dunkeln, denn auf Triton gibt es wie auf dem Uranus Jahreszeiten. Seine Rotationsachse ist um 157° gegenüber der des Neptuns geneigt und die des Neptuns wiederum um 30° gegenüber seiner Bahn um die Sonne. Die Folge: Tritons Pole sind vorübergehend direkt der Sonne zugewandt, ähnlich denen des Planeten Uranus. Während Neptuns rund 166 Jahre langen Laufs um die Sonne herrschen zwischen den Zeiten, in denen Triton der Sonne seine Äquatorregion zuwendet, an den Polen abwechselnd über 40 Jahre lang Sommer und auf der jeweils sonnenabgewandten Seite Winter.

Als Voyager 2 diesen Mond 1989 passierte, war der Südpol der Sonne zugewandt, während die Nordpolregion seit rund 30 Jahren im Schatten lag und damit dort Temperaturen von bis zu –235 °C herrschten. Triton ist deshalb – zum Teil auch wegen seines hohen Rückstrahlvermögens – der kälteste bekannte Ort im Sonnensystem!

Von Geysiren überraschend geprägt

Die Oberfläche Tritons zeigt ein Netzwerk von Verwerfungen, an denen die Eiskruste deformiert und zerbrochen wurde, aber nur wenige Einschlagkrater. Das lässt darauf schließen, dass der Mond geologisch aktiv ist und dadurch die Spuren älterer Krater verwischt wurden (eventuell geschah dies aber auch durch atmosphärische Prozesse). Die wenigen großen Einschlagbecken wurden offensichtlich mehrfach durch zähflüssiges Material aus dem Innern aufgefüllt.

Die große Überraschung für die Astronomen war die Entdeckung verschiedener Geysire, die ein Gemisch aus flüssigem Stickstoff und mitgerissenen Gesteinsstäuben bis in 8 km Höhe ausstoßen. Diese Geysire sind auf den Voyager-Bildern als dunkle Rauchfahnen zu erkennen. Verursacht werden dürfte dieses Phänomen des Kryovulkanismus, das schon auf anderen Monden im Sonnensystem, wie auf Europa entdeckt worden war, von der jahreszeitlichen Erwärmung. Sie wiederum ist auf die Sonneneinstrahlung zurückzuführen, die trotz ihrer geringen Intensität ausreichend stark ist, um gefrorenen Stickstoff zu verdampfen. Die ausgestoßenen Partikel setzen sich auf der Oberfläche ab, wo sie Schichten aus gefrorenem Methan und Silikaten bilden. Durch die Sonneneinstrahlung wandelt sich das Methan anschließend in andere organische Verbindungen um, die dann als dunkle Streifen und Schlieren sichtbar werden.

> ### Zukunft Neptunring
>
> Vermutlich ist Triton kein direkter Mond des Neptun, sondern ein größeres Objekt des sogenannten Kuipergürtels, das von Neptun eingefangen wurde. Vom Aufbau her könnte er dem Zwergplaneten Pluto und dessen Mond Charon sowie anderen Mitgliedern des Kuipergürtels sehr ähnlich sein. Triton ist bei seinem Neptunumlauf sehr stark den Gezeitenkräften des Gasplaneten ausgesetzt. Da Triton sich Neptun weiter annähert, wird er nach Berechnungen in 100 Mio. Jahren so nahe sein, dass er zerrissen wird. Seine Bestandteile werden dann ein größeres Ringsystem ähnlich dem des Saturn bilden.

Der Neptunmond Triton leuchtet auf dieser Falschfarbenaufnahme, die aus ca. 530 000 km Entfernung von Voyager 2 aufgenommen wurde, vor
allem in bläulichen Farbtönen. In Wirklichkeit würde
Tritons Oberfläche einem Beobachter eher rosafarben und rötlich erscheinen.

Pluto/Charon und die Plutoiden

Die neue Welt der Zwergplaneten

Als Pluto 1930 von dem amerikanischen Astronom Clyde W. Tombaugh (1907–1997) nach intensiver Fotovergleich-Suche entdeckt wurde, glaubten die Astronomen, das letzte Glied der Planetenkette gefunden zu haben – auch wenn sie sich nicht ganz sicher waren, denn unter den Riesen ist Pluto wegen seines winzigen Durchmessers (2390 km) nur ein Zwerg. Ferner weist seine Bahn noch Reststörungen auf, ist stark gegen die Ekliptik geneigt und verläuft bisweilen innerhalb der Neptunbahn. So war Pluto vom 7. Februar 1979 bis zum 11. Februar 1999 der Sonne näher als Neptun, blieb jedoch im Fernrohr nur ein sterngroßes Objekt unter den Sternen.

Steckbrief Pluto

Name:	Römischer Gott der Unterwelt
Mittlere Entfernung von der Sonne:	5,9 Mio. km
Umlaufzeit:	248,6 Jahre
Rotationszeit:	6,38 Tage
Durchmesser:	2304 km
Schwerkraft (Erde = 1):	0,062
Atmosphäre:	Methan, Stickstoff
Oberflächentemperatur:	–230 °C
Zahl der Monde:	3

Ein zweiter Doppelplanet

Da Pluto kleiner ist als die sieben großen Monde des Sonnensystems und eine mittlere Dichte von 2 g/cm^3 aufweist, spricht alles für eine Zusammensetzung aus ca. 70 % Gestein und 30 % Wassereis. Pluto ist somit dem größeren und noch kälteren Neptunmond Triton vermutlich sehr ähnlich. Er hat eine sehr dünne Atmosphäre aus Stickstoff, etwas Methan und Kohlenmonoxid, und seine Oberfläche dürfte rötlich gefärbt sein. Wahrscheinlich hat Pluto Polkappen, während in Richtung des Äquators dunkle Gebiete vorherrschen.

Sein 1978 entdeckter Mond Charon ist im Vergleich zu Pluto sehr groß und hat zum Begriff „Doppelplanet" für beide Welten geführt. Die Oberfläche Charons ist grau und enthält Wassereis. Außerdem gibt es auch hier Kryovulkanismus. Er lässt das Wasser im Schneckentempo an die Oberfläche Charons quellen und überzieht sie mit einer dünnen Eisschicht.

2005 wurden mit dem Hubble-Weltraumteleskop zwei weiteren Trabanten, Nix und Hydra, entdeckt. Aus ihren Helligkeitsschätzungen lassen sich Durchmesser zwischen etwa 40 und 160 km ableiten. Sie umlaufen Pluto auf einer fast kreisförmigen Bahn und in einer gemeinsamen Ebene mit Charon in Entfernungen zwischen 50 000 und 65 000 km.

Die neue Klasse der Zwergplaneten mit den Plutoiden

76 Jahre lang durfte Pluto seinen Planetenstatus führen und galt als letztes Glied der Planetenkette, als Außenposten des Sonnensystems. Doch dies endete 1992 mit der Entdeckung weiterer, zum Teil größerer Körper jenseits der Plutobahn im sogenannten Kuipergürtel. Ihre Namen lauten beispielsweise Eris (Durchmesser: 2400 km), Sedna (Durchmesser: 1500 km) und Quoar (Durchmesser: 1250 km). Deshalb entschied die 26. Generalversammlung der Internationalen Astronomischen Union am 24. August 2006 in Prag, Pluto den Planetenstatus abzuerkennen und ihn in die neudefinierte Klasse der Zwergplaneten einzuordnen. Unter der Nummer 134340 ist er jetzt also nur noch einer von vielen Vorposten des Sonnensystems.

Ein „Trost" bleibt jedoch: Am 11. Juni 2008 beschloss die IAU, Pluto zum Namensgeber einer neuen Klasse zu „ernennen", die sich deutlich von den Körpern des Asteroidengürtels unterscheidet: die Plutoiden. Sie müssen laut Definition weiter von der Sonne entfernt sein als Neptun, wegen ihrer Schwerkraft Kugelform besitzen und ihre nähere Umgebung im Gegensatz zu den Planeten nicht von anderen Himmelskörpern freigeräumt haben.

So stellt sich ein Künstler Pluto mit seinem Mond Charon vor, die weit von der Sonne entfernt das Zentralgestirn umkreisen.

Unter Kleinplaneten
Planetoiden und Asteroiden

Planetoiden, Asteroiden oder Kleinplaneten – all diese Begriffe treffen auf die unzähligen Felsbrocken, die im Raum zwischen Mars und Jupiter kreisen, in der einen oder anderen Form zu. Sie füllen eine Lücke aus, die eigentlich von einem Planeten, einem Zwitter zwischen den terrestrischen inneren und den äußeren Gas-Riesenplaneten, hätte eingenommen werden müssen. Stattdessen finden sich dort nichts als Bruchstücke – Bauschutt aus der Entstehungszeit des Sonnensystems.

KBOs

Bis zum Beginn der 1990er-Jahre galt der Asteroidengürtel als der Bereich, in dem die größte Zahl dieser Miniwelten konzentriert ist. Dann aber wurde 1992 ein Objekt namens 1992QB1 entdeckt und damit die Behauptung der Astronomen Kenneth Edgewood und Gerard Kuiper bestätigt, dass es jenseits der Neptunbahn noch einen zweite ähnliche Zone mit Planetoiden geben müsse. Wie wir heute wissen, bewegen sich in diesem Edgewood-Kuipergürtel mehr als 600 transneptunische Objekte, auch „Kuiper belt objects" (KBOs) genannt, und es wurden dort die bislang größten Planetoiden entdeckt.

Keine Katastrophenreste

Zunächst galten die Asteroiden als Überbleibsel einer kosmischen Katastrophe, bei der ein Planet zwischen Mars und Jupiter auseinanderbrach und die Bruchstücke auf seiner Bahn hinterließ. Berechnungen zeigten aber, dass die Gesamtmasse der im Hauptgürtel vorhandenen Asteroiden sehr viel geringer ist als die unseres Mondes. Deshalb wird heute davon ausgegangen, dass die Asteroiden eine Restgruppe von Planetesimalen aus der Entstehungsphase des Sonnensystems sind.

Die Gravitation des Riesenplaneten Jupiter, dessen Masse am schnellsten zunahm, verhinderte die Bildung eines größeren Planeten aus dem Asteroidenmaterial. Die Planetesimale wurden auf ihren Bahnen gestört, stießen immer wieder heftig zusammen und zerbrachen. Ein Teil von ihnen wurde dabei auf Bahnen abgelenkt, die sie auf Kollisionskurs mit den Planeten brachten. Einschlagskrater auf den Planetenmonden und den inneren Planeten sind bis heute sichtbare Spuren dieser Ereignisse.

Von Trojanern und NEOs

Die meisten Asteroiden bewegen sich in einer Zone zwischen Mars und Jupiter um die Sonne, dem sogenannten Asteroiden- oder Planetoidengürtel. Dieser Gürtel befindet sich zwischen 254 und 598 Mio. km von unserem Zentralgestirn entfernt. Doch sind nicht alle Planetoiden im Gürtel zwischen Mars und Jupiter konzentriert. Einige bewegen sich mit Jupiter auf derselben Bahn entweder vor oder hinter dem Planeten und werden „Trojaner" genannt.

Eine weitere Planetoidengruppe, die Amor-Planetoiden, kreuzen die Bahn des Mars; und wieder andere wie die Apollo-Planetoiden kreuzen die Erdbahn. Sie werden deshalb auch als „Erdbahnkreuzer" bezeichnet, von denen einige – die Aten-Planetoiden – eine kürzere Umlaufzeit als die Erde haben. Etwa 3000 dieser „Ausreißer" sind bekannt, weshalb für sie auch der Begriff Near Earth Objects (kurz: NEOs) geprägt wurde. Von ihnen kann etwa jeder sechste unserem Planeten potenziell gefährlich werden, weil seine Bahn schon jetzt bis auf weniger als 7,5 Mio. km an die Erde heranführt. Dabei gibt es immer wieder unvermeidliche Störungen der Bahn, die im Lauf von Jahrtausenden auch eine Kollision mit der Erde heraufbeschwören können. Da die Durchmesser dieser als gefährlich eingestuften Objekte durchweg größer sind als 175 m, wäre bei einem „Treffer" mit mehr als nur lokaler Zerstörung zu rechnen.

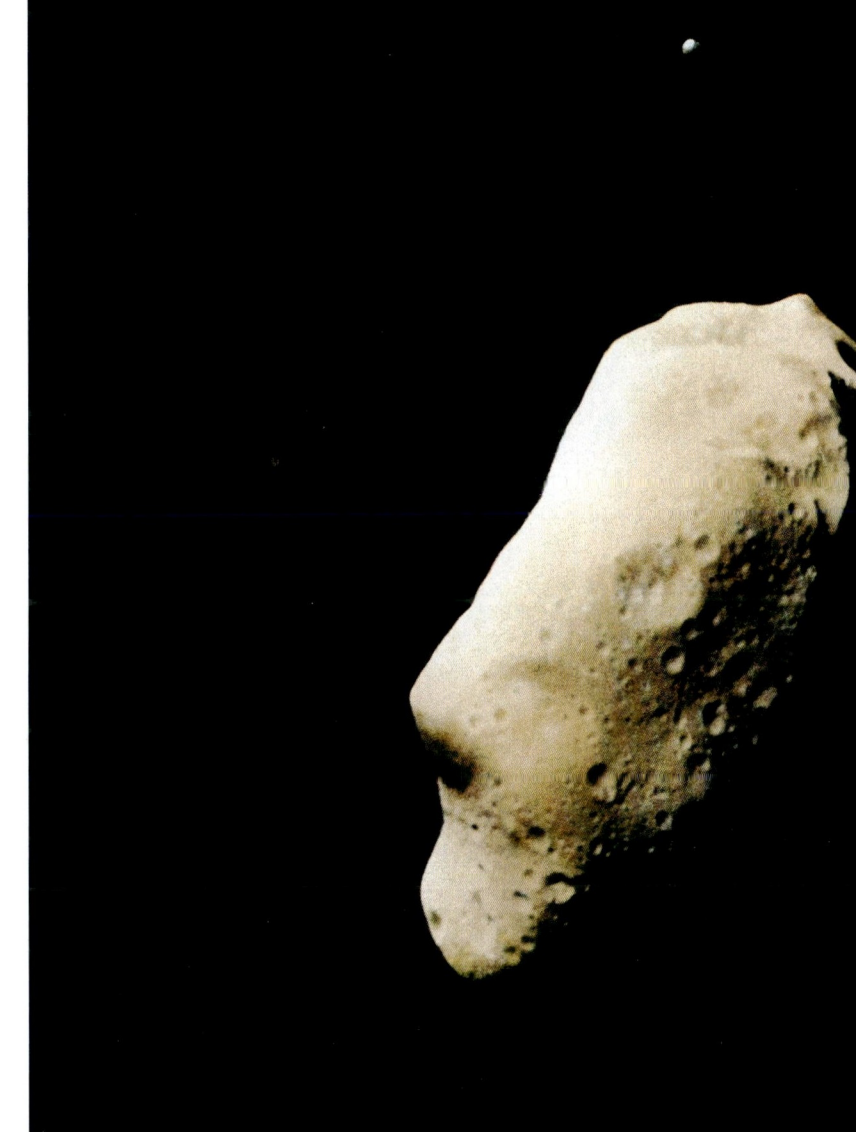

Der unregelmäßig geformte Asteroid Ida gehört zum Asteroidengürtel zwischen Mars und Jupiter. Ida, der ungefähr 60 km lang, 25 km breit und 18,6 km dick ist, hat sogar einen kleinen, ca. 1,4 km großen Begleiter namens Dactyl.

Vagabunden des Sonnensystems

Kometen und ihre Besonderheiten

„Zuchtruten" oder „Schwerter Gottes" hießen Kometen in alten Zeiten, und ihr scheinbar außerplanmäßiges Auftauchen am Firmament bedeutete nichts Gutes. Als durch die Wissenschaft ihre wahre Natur erkannt wurde, umschrieb man diese Schweifsterne dann als „kosmische Vagabunden". Das trifft einen Teil ihrer Natur genau. Denn Kometen wandern auf lang gestreckten Bahnen, von jenseits des Pluto alle Planetenbahnen kreuzend, um die Sonne. Sie bilden dabei einen lang gestreckten Schweif aus, um dann wieder in die Tiefen des Raumes zurückzukehren.

Frühzeitprodukte

Kometen sind ein Produkt aus der Entstehungsphase des Sonnensystems. Nachdem sich die äußeren Planeten gebildet hatten, blieben zahlreiche Kometen übrig und wurden in erster Linie vom Neptun auf Bahnen abgelenkt, die in Richtung der nächstgelegenen Sterne führten. Während einige auf die galaktische Scheibe zuflogen, gelangten andere ins innere Sonnensystem. Die restlichen Kometen bildeten eine große kugelförmige Wolke um das Sonnensystem, die Oortsche Wolke, deren Durchmesser etwa 1,6 Lichtjahre beträgt.

Eisige Schmutzbälle

Ein Komet gliedert sich im Grunde in zwei Teile: den Kopf und den Schweif. Vom Kopf gehen alle Aktivitäten aus; er besteht aus dem Kern und der Gashülle, „Koma" genannt.

Wie der nur wenige Kilometer durchmessende Kern beschaffen ist, hat der amerikanische Astronom Fred Whipple 1950 in einem von ihm entwickelten Modell beschrieben. Danach sind Kometen nichts anderes als schmutzige kosmische Schneebälle. Sie bestehen vor allem aus zu Glas erstarrtem Wasser, Trockeneis (Kohlendioxid-Eis), Methan und Ammoniak mit Beimengungen aus meteoritenähnlichen kleinen Staub- und Mineralienteilchen wie Silikate und Nickeleisen. Nach den Beobachtungen während der Mission der Raumsonde Deep Impact, die am 4. Juli 2005 gezielt auf den Kometen Tempel 1 stürzte, sieht es aber so aus, dass (zumindest in den Außenbereichen des Kerns von Tempel 1) die festen Bestandteile gegenüber den flüchtigen einen größeren Anteil haben. Deshalb ist die Bezeichnung „Eisiger Schmutzball" eigentlich zutreffender.

Helles Leuchten und plötzliches Erscheinen

Sobald ein Komet bei seiner Annäherung an die Sonne die Jupiterbahn kreuzt, bildet sich die Koma. Dabei sublimiert das Eis des Kernes, d.h., es geht vom festen Zustand direkt in den gasförmigen über und formt nicht nur die den Kopf umgebende Gashülle, sondern auch den Schweif. Die Bestandteile der Koma werden durch den Strahlungsdruck der Sonne und den Sonnenwind förmlich weggeblasen.

Durch die Wirkung des Strahlungsdrucks der Sonne und den Sonnenwind sind Kometenschweife immer von der Sonne weggerichtet. In Sonnennähe sind sie am größten, d.h. am längsten – sie reichen viele Millionen Kilometer in den Raum hinaus –, um dann, wenn sich der Komet wieder auf die Rückreise begibt, kürzer und schwächer zu werden, bis sie schließlich verblassen.

Die auffälligsten Merkmale eines Kometen sind sein überraschendes Auftauchen und natürlich auch sein Verschwinden sowie sein Schweif. Das plötzliche Erscheinen hängt mit seinem Ursprungsort und seiner Bahn zusammen. Kometen kommen von weit jenseits des Pluto und können sich dann auf drei verschiedenen Bahnen ins innere Sonnensystem bewegen: auf einer Hyperbel-, Parabel- oder Ellipsenbahn. Nur die Ellipsenbahn garantiert die Wiederkehr eines Kometen, und das ist beim Halleyschen Komet der Fall. Er kommt alle 76 Jahre erneut in Erdnähe.

Der langperiodische Komet Hyakutake, der im Jahr 1996 mit bloßem Auge am Nachthimmel zu erkennen war, wird wohl erst wieder in mehr als 110 000 Jahren zu unserer Sonne zurückkehren.

Fallende Sterne

Meteoriten – Geschosse aus dem All

Echte Sterntaler heißen Meteorite und bestehen aus Staubkörnern oder großen Stein- oder Eisenbrocken. Auch sie können ihrem Finder ein erkleckliches Sümmchen einbringen. Sieht man jedoch die Narben ihrer Einschläge wie den Barringer-Krater in der Wüste von Arizona oder hört vom Schicksal der Dinosaurier, dann wünscht man sich, diese kosmischen Geschosse schrammen in Zukunft an der Erde vorbei.

100 Tonnen täglich

Täglich regnen etwa 100 t Meteoritenmaterial auf uns herunter. Allerdings: Es sind vor allem Mikrometeoriten, die auf dem Weg durch die Atmosphäre komplett verdampfen. Auch „Sternschnuppen" sind in der Regel nur 1 mm bis 1 cm groß und wiegen zwischen 2 mg und 2 g. Es sind die mehrere Kilo oder Tonnen schweren Meteoriten, die man fürchten muss. Die wissenschaftliche Bezeichnung für Sternschnuppen lautet: der oder das Meteor. Der Körper, der diese Leuchterscheinung erzeugt und vom Mond, Mars oder aus dem Sonnensystem kommt, wird Meteoroid genannt, und wenn er den Erdboden erreicht – bei einer Masse zwischen 30 kg und 10 000 t – ist es ein Meteorit. Helle Meteore heißen in Deutschland Feuerkugeln oder Boliden.

Da sie so eindrucksvolle Leuchterscheinungen sind, wird die Größe und Masse der verursachenden Körper oft überschätzt und ihr Aufleuchten oder gar das Verdampfen durch die Reibung mit den Luftschichten begründet. Aber das ist nicht allein der Fall. Vielmehr heizt die Bewegungsenergie des Objekts auch die umgebende Lufthülle auf. Die Atome werden ionisiert, verlieren also ihre Elektronen, und wenn sie sich mit den Protonen wiedervereinigen, kommt es zum Rekombinationsleuchten. Ferner entsteht in geringeren Höhen vor dem Meteoriten eine Stoßwelle, die bei Großmeteoriten als Überschallknall hörbar wird. Kommt es dann zum Einschlag (Impakt), erzeugt er durch die Aufprallenergie einen Krater. Bei einem 30 m großen Felsbrocken kann er 1 km Durchmesser betragen. Weltweit sind bisher 175 Meteoritenkrater (Astrobleme = Sternenwunden) aufgespürt worden.

Stein und Eisen fällt

Grundsätzlich wird zwischen Stein- und Eisenmeteoriten unterschieden, wobei die Eisenmeteoriten am häufigsten gefunden werden. Das ist verständlich, wenn man bedenkt, dass diese Objekte zuvor starken Verwitterungsprozessen ausgesetzt sind. Außerdem ist ein Stück Eisen auffälliger, denn Steine gibt es viele. Ein hervorragender Meteoritenfundort sind übrigens die antarktischen Blaueisfelder, aber auch Sandwüsten. Charakteristisch für die meisten Meteoriten ist die auffällige Schmelzkruste mit napfartigen Vertiefungen. Schneidet man ein dünnes Stück aus einem Eisenmeteoriten, schleift, poliert und ätzt es mit stark verdünnter Salpetersäure, erscheinen eigenartige gitterförmige Muster. Sie sind auf die besondere kristalline Struktur des Meteoriten zurückzuführen und ein Unterscheidungsmerkmal zu irdischen Eisenbrocken.

Eindrucksvolle Spuren

Einer der berühmtesten Einschlagkrater auf der Erde ist der Meteor Crater in Arizona, der auch unter dem Namen Barringer Meteorite Crater bekannt ist. Der Durchmesser des klar erkennbaren Kraters beträgt etwa 1,2 km, seine Tiefe *170 m und sein Alter ungefähr 50 000 Jahre. Damals prallte ein 50 m großer, etwa 300 000 t wiegender Eisenmeteorit mit einer Geschwindigkeit von rund 40 000 km/h auf den Wüstenboden. Der bislang größte gefundene Meteorit mit 66 t liegt in Namibia, Südwestafrika.*

Planeten und Monde – die Familie der Sonne

Lange Zeit ein Rätsel: der Upheaval Dome auf dem Colorado-Plateau im Canyonlands National Park in Utah, USA. Seit kurzem weiß man, dass ein Meteoriteneinschlag vor rund 200 Mio. Jahren diesen mehr als 6 km großen Krater formte.

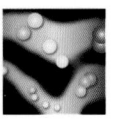

Gleiche und ungleiche Geschwister der Sonne
Die Sterne und ihre Steckbrief-Merkmale

Auch wenn Sterne für das bloße Auge nur Lichtpunkte am Firmament sind, haben Astronomen seit der Erfindung des Fernrohrs und später mit den Methoden der Astrophysik Fakten über sie herausbekommen, von denen man früher nicht einmal zu träumen wagte.

Sonnen wie unsere Sonne

Während die Menschen früherer Zeiten die Sterne für Löcher in der Himmelskugel hielten, durch die man das ewige Feuer leuchten sehen

---

Sternsteckbriefe

Um Sterne besser miteinander vergleichen zu können, werden sie mit ihrer Farbe und Helligkeit in ein spezielles Diagramm eingetragen: das Hertzsprung-Russell-Diagramm (HRD). Hierbei zeigt sich, dass die meisten Sterne – wie auch unsere Sonne – auf einem von links oben nach rechts unten verlaufenden Band liegen, der „Hauptreihe". Oberhalb dieser Diagonale stehen die Riesen- und Überriesen-Sterne mit großem Durchmesser und hoher Leuchtkraft. Im Gegensatz dazu sind die Sterne am unteren Rand des HRDs sehr klein und damit nicht sehr hell, haben aber hohe Oberflächentemperaturen. Die bekanntesten sind die Weißen Zwerge.

---

könne, wissen wir heute, dass Sterne weit entfernte Sonnen sind: Gaskugeln, die im Unterschied zu den Planeten Hitze und Licht abstrahlen. Wegen ihres riesigen Abstandes zur Erde, der sich nur in Billionen von Kilometern messen lässt, aber vereinfacht in Lichtjahren angegeben wird, können wir die Sterne nur als Lichtpunkte sehen. Das ändert sich auch beim Blick durchs Fernrohr nicht – und sei es noch so groß! Dagegen erscheint uns unser Zentralstern Sonne wegen seiner relativen Nähe als Scheibe. Unsere Sonne ist ein typischer, ein ganz normaler Stern: nicht besonders klein, nicht besonders groß, nicht zu heiß, aber auch nicht zu kalt leuchtet er im gelben Licht.

Doch die Sterne sind nicht alle gleich – sie sind unterschiedlich beschaffen und haben verschiedene physikalische Eigenschaften. Die Astronomen sprechen von Zustandsgrößen und zählen dazu u. a. die Masse, die Leuchtkraft, die Temperatur oder den Radius. So gibt es Sterne, in denen unser ganzes Sonnensystem Platz hätte, andere wie die Weißen Zwerge sind dagegen gerade so groß wie die Erde.

Als Maßstab dienen die Zustandsgrößen unserer Sonne. Wie die Zustandsgrößen der einzelnen Fixsterne sind, wissen wir durch Untersuchung ihres Lichtes mithilfe der Spektralanalyse. Sie ist sozusagen der Schlüssel der

Astronomen in die weit entfernten geheimnisvollen „Sternenschlösser".

Verschiedene Klassen

Jeder Stern besitzt seine eigene besondere Wellenlänge, bei der er die größte Lichtmenge abgibt. Sehr heiße Sterne leuchten blau, relativ kühle dagegen rot. Ferner bestimmt die Temperatur auch die im Spektrum vorhandenen Linien. Nach ihrer unterschiedlichen Anordnung lassen sich Sterne in verschiedene Spektralklassen einteilen: O, B, A, F, G, K und M. Diese Reihung entspricht einer Temperaturfolge von den heißesten Sternen zu den kühlen, was sich wiederum in den Farben zeigt. So sind O- und B-Typ-Sterne blau und mit Temperaturen von rund 10 000 bis 30 000 °C sehr heiß, rote M-Typ-Sterne sind dagegen verhältnismäßig kühl mit Temperaturen von nur 2000 °C. Zu jedem Spektraltyp gibt es noch zehn Temperatur-Untergruppen. Unsere gelb leuchtende, 5500 °C heiße Sonne ist nach dieser Einteilung ein Stern des Typs G2.

In dem von Henry Norris Russell unter Berücksichtigung von Arbeiten Ejnar Hertzsprungs entwickelten Hertzsprung-Russell-Diagramm werden Sterne anhand ihrer absoluten Helligkeit und ihrer Spektralklasse systematisch geordnet.

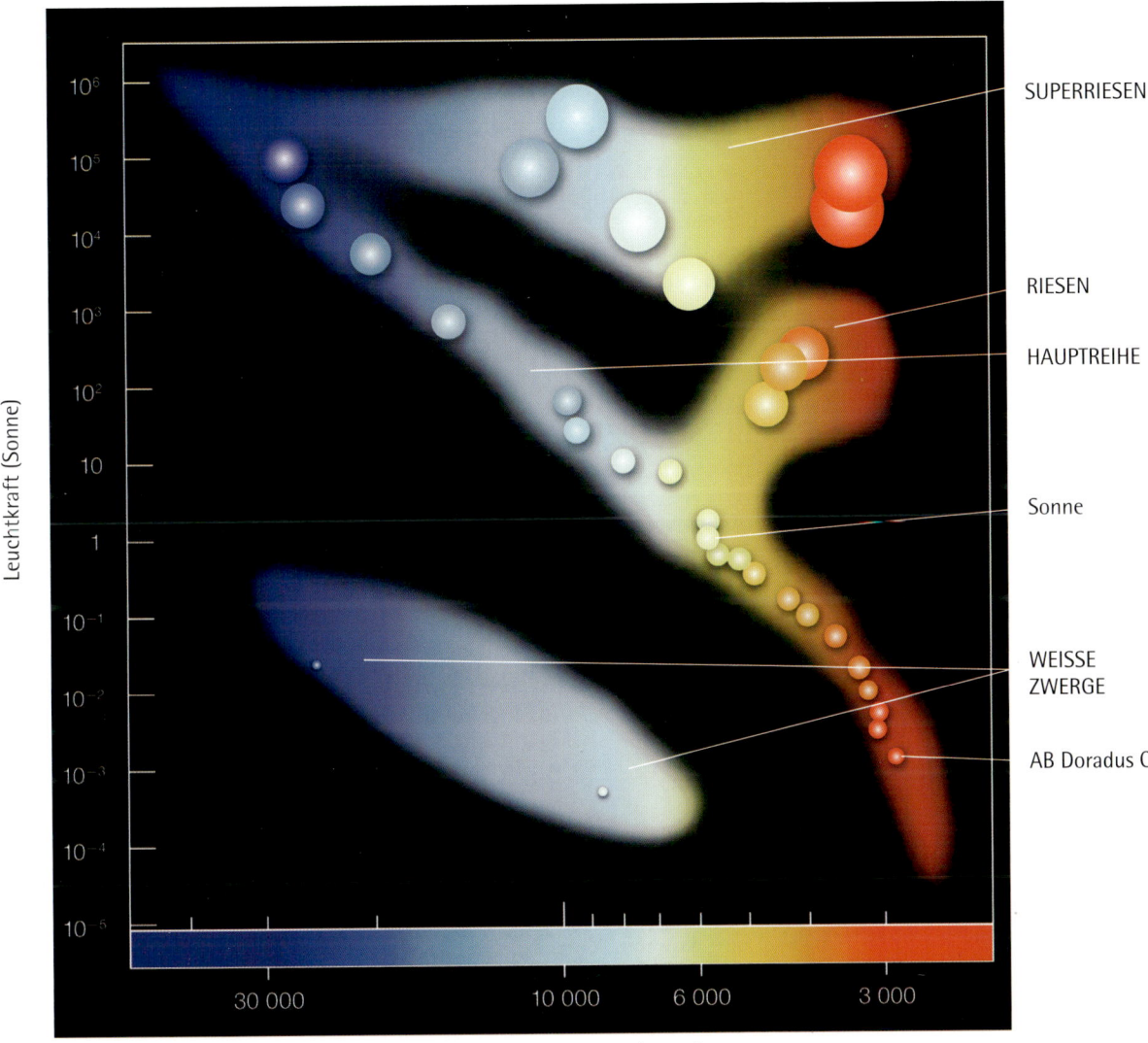

SUPERRIESEN

RIESEN

HAUPTREIHE

Sonne

WEISSE ZWERGE

AB Doradus C

Leuchtkraft (Sonne)

10^6
10^5
10^4
10^3
10^2
10
1
10^{-1}
10^{-2}
10^{-3}
10^{-4}
10^{-5}

30 000   10 000   6 000   3 000

Oberflächen-Temperatur (Kelvin)

Wie weit ist es bis zum Sirius?
Sterne und ihre Entfernung

Ob strahlend hell oder äußerst schwach – alle Sterne scheinen gleich weit entfernt zu sein, weshalb wir sie auch zu Figuren vereinigen können, obwohl sie unterschiedlich weit weg sind. Schon die alten Völker ahnten davon etwas und setzten die Sterne auf die äußerste Sphäre des für sie überschaubaren Kosmos. Aber auch den heutigen Menschen fehlt hier die alltägliche praktische Erfahrung. Die aber konnten zumindest die Astronomen seit 1838/39 gewinnen.

Winkelschluss namens Parallaxe

In diesen Jahren gelang es dem Königsberger Astronom Friedrich Wilhelm Bessel erstmals, die Entfernung eines Sterns namens 61 Cygni zu bestimmen. Das Verfahren, das er dabei anwandte, wird als „Parallaxen-Methode" bezeichnet:

Während die Erde um die Sonne läuft, scheinen sich die näheren Sterne vor dem Hintergrund der fernen zu verschieben, und zwar jeweils innerhalb eines Zeitraums von sechs Monaten. Denn nach sechs Monaten steht die Erde auf der entgegengesetzten Seite ihrer Umlaufbahn. Die beiden Beobachtungspunkte sind dann 300 Mio. km voneinander entfernt, was dem Durchmesser der Erdbahn um die Sonne entspricht. Der Stern hat für den Beobachter in dieser Zeit seine Position gegenüber den entfernteren Hintergrundsternen geändert. Wenn der Abstand Erde-Sonne bekannt ist und auch der kleine Winkel, um dessen Betrag der Stern seine Position zwischen zwei Beobachtungen verändert hat (Parallaxe), kann nun mithilfe einfacher trigonometrischer Kenntnisse aus dem Dreieck Sonne-Erde-Stern die Entfernung des Sterns errechnet werden. Je kleiner die Parallaxe, umso weiter weg ist der Stern. Bei 61 Cygni ermittelte Bessel eine Parallaxe von 0,35 Bogensekunden, was einer Entfernung von etwa 3 Parsec oder 9,6 Lichtjahren entspricht. Die Methode kann man sich veranschaulichen, wenn man den ausgestreckten Daumen abwechselnd mit dem rechten und dem linken Auge betrachtet; auch er „springt" dann vor weiter entfernten Gegenständen hin und her.

Und wie geht es weiter draußen?

Leider ist der Parallaxenwinkel für Sterne, die weiter als einige Hundert Lichtjahre entfernt sind, nicht mehr messbar. Dann verwenden die Astronomen die Cepheiden-Methode, die auf folgendem Grundsatz beruht: Wenn zwei Sterne die gleiche Leuchtkraft haben, aber einer schwächer erscheint, muss er weiter weg sein. So kann man mit den Cepheiden-Sternen, die ihre Helligkeit in einem ganz bestimmten Zyklus verändern (je heller der Stern, desto länger der Zyklus), die Distanz eines sehr weit entfernten, sogar in einer anderen Galaxis stehenden Sterns bestimmen. Auch die Helligkeit einer Supernova kann für Galaxien-Entfernungsmessungen herangezogen werden, und schließlich die Verschiebung der dunklen Absorptionslinien in den roten Bereich eines Galaxienspektrums, um aus ihrem Betrag die Fluchtgeschwindigkeit der Galaxis und damit die Entfernung zu ermitteln, denn: Je größer die Rotverschiebung, umso größer die Fluchtgeschwindigkeit und damit auch die Entfernung.

Genauer mit Hipparcos

1989 startete die ESA den Satelliten Hipparcos. Weit außerhalb der störenden Einflüsse der Erdatmosphäre unternahm er dreieinhalb Jahre Positionsmessungen an Sternen. Die Genauigkeit seiner Erhebungen war so groß, dass man sogar einen Astronauten auf dem Mond auffinden würde. Aus den Daten errechneten die Wissenschaftler die Parallaxen von 118 000 Sternen bis zur Größe 12,5. Dadurch sind jetzt die genauen Abstände von bis zu 500 Lichtjahren entfernten Sternen bekannt!

Von 1989 bis 1993 sammelte der Satellit Hipparcos
Informationen über die Entfernungen von Sternen.

Wenn Sterne vielfach leuchten

Von Doppel- und Mehrfachsternen

Wer Sterne doppelt sieht, muss nicht betrunken sein. Das gilt besonders für den mittleren Deichselstern des Großen Wagens, Mizar, neben dem tatsächlich ein kleiner schwächerer Stern zu sehen ist. Dabei handelt es sich um Alkor, auch das Reiterlein genannt. Das System Mizar-Alkor ist daher auch der bekannteste Doppelstern!

Sieben auf einen Streich

Sind Mizar-Alkor schon mit dem bloßen Auge ein faszinierendes Objekt, so offenbart sich im Fernrohr (ab 5 cm Öffnung) noch viel mehr: Mizar selbst erscheint noch einmal doppelt. Und inzwischen hat man entdeckt, dass diese beiden Sterne ebenfalls Doppelsterne sind. Und auch Alkor ist nicht allein. Er hat einen weiteren sichtbaren und zudem einen – allerdings nur in seinem Spektrum erkennbaren – unsichtbaren Begleiter, es handelt sich also um ein Dreifachsystem. Messungen zeigen, dass Mizar und Alkor sich aufeinander zu bewegen. Wenn Alkor tatsächlich schwerefeldmäßig an Mizar gebunden ist und um ihn kreist, wäre die Umlaufzeit mit 800 000 Jahren ungewöhnlich lang. Alles in allem wäre das System Mizar-Alkor dann also ein siebenfaches Sternsystem.

Doppel- und Mehrfachsterne sind in der Überzahl

Mehr als die Hälfte aller beobachtbaren Sterne, so die Schätzungen, sind Doppel- oder Mehrfachsterne. Das hängt mit ihrer Entstehung zusammen. Wie Einzelsterne bilden sich Doppel- oder Mehrfachsterne aus einer kollabierenden, rotierenden und dann zur Scheibe werdenden interstellaren Gas- und Staubwolke. Mit steigender Drehgeschwindigkeit steigt auch die Wahrscheinlichkeit, dass sich statt eines Einzelsterns ein Doppelsternsystem bildet. Die Astronomen vermuten heute, dass in größeren Wolken Sterne gruppenweise geboren werden und es dabei höchst wahrscheinlich ist, dass sich solche nahe beieinander entwickelnden Sterne zu einem System verbinden. Möglich ist zudem aber auch, dass im Rahmen dreier sich begegnender Sterne, bei denen ein Stern einen Zuwachs an kinetischer Energie erfährt, die beiden anderen durch ein gemeinsames Schwerefeld aneinander gebunden zurückbleiben.

Typisch Doppelstern

An Mizar-Alkor zeigt sich auch das Typische eines Doppelsternsystems, nämlich dass es aus zwei Fixsternen besteht, die scheinbar oder tatsächlich am Himmel nahe beisammen stehen.

Wenn sie durch die Schwerkraft aneinander gebunden sind, bewegen sie sich periodisch um einen gemeinsamen Schwerpunkt.

Der Abstand bestimmt, wie groß die Umlaufzeiten in einem Doppelsternsystem sind, nämlich zwischen einigen Stunden oder vielen Tausend Jahren. Der Abstand kann auch so gering sein, dass die Sterne in materiellem Kontakt stehen oder Materie von einem zum anderen Stern strömt.

Der hellere der beiden Sterne eines Doppelsternsystems wird übrigens „Hauptstern" oder „Hauptkomponente" genannt und mit dem Buchstaben A bezeichnet, der lichtschwächere heißt „Begleiter" und erhält den Buchstaben B, so z. B. Centaurus A und Centaurus B.

Das Gegenteil oder die „erweiterte Version" eines Doppelsternsystems ist ein Mehrfachsternsystem oder Mehrfachstern. Meist werden sie zuerst als Doppelstern entdeckt, wobei sich dann die oft unsichtbaren Begleiter als Störungen des Systems bemerkbar machen. Es stellt sich dann heraus, dass Mehrfachsterne aus Untersystemen bestehen, die paarweise angeordnet sind; und diese Untersysteme zerfallen wiederum in Einzel- oder Doppelsterne.

So könnte der Sonnenaufgang auf einem Planeten aussehen, der um einen Doppelstern kreist.

Sterne, die blinken

Veränderliche Sterne

Sterne leuchten zwar unterschiedlich hell, aber scheinbar unveränderlich. Doch dieser Eindruck trügt, denn es gibt auch Sterne, die ihre Helligkeit periodisch ändern – angefangen von Tagen bis hin zu Jahrzehnten. Diese blinkenden Sterne werden als „variable Sterne" oder „Veränderliche" bezeichnet. Einige sind sogar mit dem bloßen Auge sichtbar. Zu ihnen gehören Mira im Sternbild Walfisch, Algol im Perseus und der in der Astronomie berühmte Stern Delta im Sternbild Cepheus, Delta Cephei.

Wandel durch Pulsieren oder Bedecken

Derzeit sind mehr als 30 000 solcher helligkeitsveränderlichen Sterne in unserer Milchstraße bekannt, und jedes Jahr kommen neue Veränderliche hinzu. Die Ursache für ihr besonderes Verhalten liegt zum einen in physikalischen Vorgängen im Stern. Es ist das Pulsieren, weshalb diese Veränderlichen-Typen als echte oder physische Veränderliche bezeichnet werden. Zum anderen können Helligkeitsschwankungen auch durch gegenseitiges Bedecken hervorgerufen werden, was in einem Doppelsternsystem der Fall ist.

Bei den pulsierenden Veränderlichen dehnen sich die äußeren Gasschichten wiederholt aus und ziehen sich zusammen. Wie eine Art kosmische Waage versucht ein Pulsationsveränderlicher ständig, das Gleichgewicht zwischen der Schwerkraft einerseits und dem Gasdruck sowie der abgegebenen Strahlung andererseits zu halten. Die Folge sind Helligkeitsschwankungen. Bei vielen Pulsationsveränderlichen hängt die Schwankungsperiode mit der Leuchtkraft zusammen. Aus der Leuchtkraft und der scheinbaren Helligkeit (Magnitude, deren Einheit mit einem hochgestellten „m" geschrieben wird), lässt sich die Entfernung eines solchen Sterns ableiten und letztlich die Distanz zu fernen Objekten wie Galaxien bestimmen, vorausgesetzt, man findet dort Veränderliche.

Dagegen werden die Helligkeitsschwankungen bei sogenannten Bedeckungsveränderlichen durch gegenseitiges Abschatten des Sternenlichts hervorgerufen. Deshalb sind es Doppelsternsysteme, die aus einem helleren Hauptstern und einem lichtschwächeren Begleiter bestehen und deren Bahnebene genau mit der Sichtlinie des Beobachters zusammenfällt. Schiebt sich die lichtschwächere Komponente periodisch vor die hellere, ändert sich dadurch die Gesamthelligkeit, wie es z. B. bei Algol der Fall ist.

Wandel durch Eruption

Läuft der Helligkeitsanstieg bei einem Veränderlichen sehr schnell ab und vervielfacht sich die Helligkeit innerhalb von Stunden oder Tagen, kann die Ursache nur in einem Ausbruch auf dem Stern liegen.

Zu diesen eruptivveränderlichen Sternen gehören z. B. die Novae. Dabei handelt es sich um enge Doppelsternsysteme, die aus einem Weißen Zwerg und einem „normalen Stern" bestehen. Von ihm fließt Materie auf den Weißen Zwerg, wo sie schließlich eine kritische Masse erreicht und unter enormer Energieerzeugung fusioniert. Diese Energie verursacht einen Helligkeitsanstieg auf das 10 000-fache innerhalb weniger Tage, und am Himmel scheint plötzlich ein neuer Stern (daher Nova) aufzuleuchten. Dieser Vorgang wiederholt sich immer wieder.

Die berühmtesten ihrer Klasse

Die wohl berühmtesten Veränderlichen sind die Cepheiden. Ihre Helligkeit schwankt von 3,48^m bis 4,37^m in der kurzen Periode von 5 Tagen, 8 Stunden und 37,5 Minuten. 1921 entdeckte Henrietta Leavitt, die in den USA am Harvard Observatory arbeitete, die Beziehung zwischen der Periode und der Leuchtkraft dieser Sterngruppe. Dieser Zusammenhang ermöglichte es den Astronomen, Entfernungen im Weltall zu messen.

So stellt sich ein Künstler das Doppelstern-system RS Ophiuchi vor, das aus einem normalen Stern und einem Weißen Zwerg besteht. Gezeigt wird der Zeitpunkt, kurz nachdem der Weiße Zwerg als Nova explodiert ist.

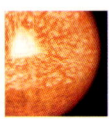

Orions Roter Riese

Beteigeuze im Orion und die Rote-Riesen-Sterne

Auch wenn der aus dem Arabischen stammende Name Beteigeuze „Hand der Riesin" bedeutet, bildet dieser rötlich leuchtende Stern die rechte Schulter eines männlichen Riesen, nämlich des Himmelsjägers Orion. Sieht der Betrachter dieses rote Auge im bekanntesten Wintersternbild, fühlt er sich an den Planeten Mars erinnert. Dessen Licht ist jedoch ruhiger. Dennoch wurde auch der rund 430 Lichtjahre von der Erde entfernte Beteigeuze wegen seiner Erscheinung in früheren Zeiten mit Krieg in Verbindung gebracht.

Ein Riese am Ende der Entwicklung

Schon der erste Anblick lässt darauf schließen, dass dieser Stern etwas Besonderes ist. Beteigeuze ist nicht nur ein roter Riesenstern, sondern sogar ein Roter Überriese. Er hat den 500-fachen Durchmesser unserer Sonne (andere Forscher sprechen sogar von einem 600- bis 800-fachen Durchmesser), seine Leuchtkraft ist 10 000 bis 14 000-mal größer als die unseres Heimatsterns, und er besitzt die 20-fache Sonnenmasse.

Wegen seiner großen Masse verbraucht Beteigeuze seine verfügbare Energie etwa 500-mal schneller als unsere Sonne und wird daher nur insgesamt 10 Mio. Jahre existieren. In seiner Jugend ist ein solcher Stern ein leuchtkräftiger Blauer (Über-)Riese wie Rigel, der linke Fußstern des Orion. Doch Beteigeuze befindet sich fast am Ende seiner Existenz, da der Wasserstoff in seiner Zentralregion verbraucht wurde und er zum kühlen Roten Überriesen geworden ist. Derzeit durchläuft der Stern eine nukleare Brennkette, die folgende Stufen umfasst: das Helium-, Kohlenstoff-, Stickstoff-, Sauerstoffbrennen usw. bis hin zum Magnesium-, Aluminium- und Siliziumbrennen. Am Ende dieser Kette steht das Element Eisen.

Supernova im Wartestand

Besteht die Zentralregion des Sterns schließlich aus diesem Element, kommt es zu einer Energiekrise, da die Fusion von Eisen keine Energie freisetzen könnte, sondern umgekehrt Energie verbrauchen würde. Nach übereinstimmender Meinung der Astronomen wird Beteigeuze dann als Supernova (Typ II) explodieren. Wann dieses Ereignis aber zu erwarten ist, darüber gehen die Meinungen auseinander: Manche Astronomen glauben, dass es innerhalb der nächsten 1000 Jahre geschehen wird, andere nehmen eher einen Zeitraum von mindestens 100 000 Jahren an. Käme es dann dazu, wäre die Supernova auf der Erde unübersehbar und strahlte über das ganze Firmament. Bei einem roten Riesen des Typs Beteigeuze dürfte bei einem solchen kosmischen Explosionsereignis die Leuchtkraft um das 16 000-fache gesteigert werden. Derzeit erstrahlt Beteigeuze mit etwa $0,5^m$ am Sternenhimmel. Im Falle einer Supernovaexplosion würde die scheinbare Helligkeit $-10,5^m$ erreichen, was etwa der Leuchtkraft eines Halbmondes am Himmel entspricht.

Groß – riesig – gigantisch:
die Dimensionen der Roten Riesen
Riesensterne gibt es in unterschiedlichen Größen. Wenn ein Stern die Hauptreihe des Hertzsprung-Russel-Diagramms verlässt, bläht er sich im Normalfall bis auf den 200-fachen Sonnendurchmesser auf. Stünde er im Zentrum des Sonnensystems, würde er Merkur, Venus und die Erde einschließen. Nach Beginn der Fusion von Helium ist der Stern zwischen 10- und 100-mal größer als die Sonne; und Überriesen können sogar einen bis zu 1000-fachen Sonnendurchmesser erreichen. Im Zentrum des Sonnensystems stehend würden sie dann bis zum Jupiter oder gar Saturn reichen.

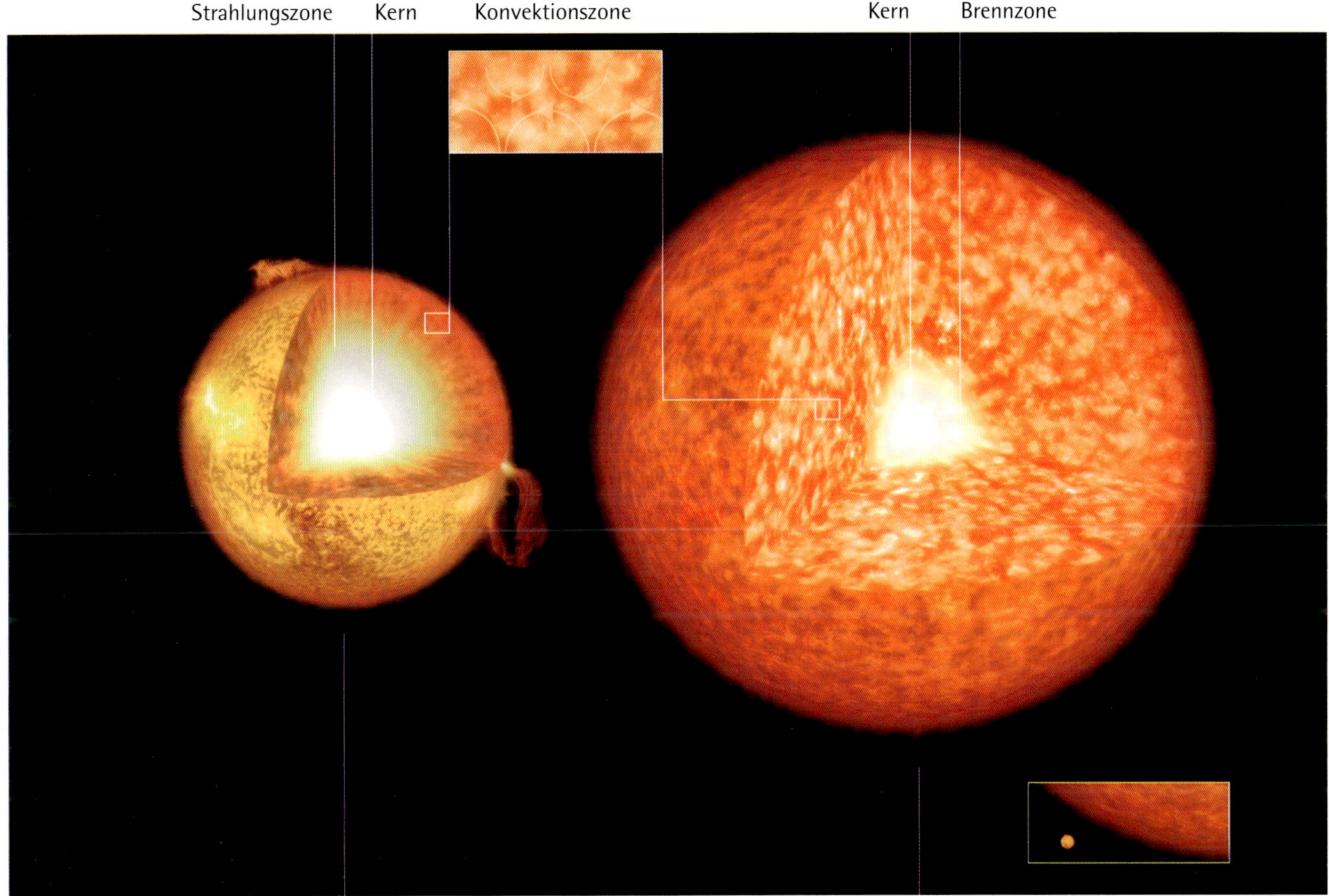

Strahlungszone   Kern   Konvektionszone   Kern   Brennzone

sonnenähnlicher Stern

Roter Riese

Maßstab ⊢——⊣ 200 Erdradien

Nicht maßstabsgetreuer Vergleich (Maßstab siehe rechts unten) zwischen einem sonnenähnlichen Stern und einem Roten Riesen.

Der blaue Riesenfuß des Orion

Rigel und die Blauen (Über-)Riesen

Mit dem bloßen Auge ist sein blau funkelndes Leuchten im linken Fuß des Orion nicht zu übersehen, zumal er der siebthellste Stern des Himmels ist. Hinzu kommt, dass Rigel auch der erste Punkt des sogenannten und mehrere Sternbilder umfassenden Wintersechsecks ist. In einem Teleskop offenbart sich dann noch etwas anderes: Rigel ist ein Mehrfach-, ge-

Ein kurzes Riesenleben

Sterne des Typs Rigel unterscheiden sich nicht nur in ihren Dimensionen und physikalischen Verhältnissen von den wesentlich zahlreicheren und masseärmeren Sternen wie unserer Sonne, sondern auch in ihrer viel kürzeren Lebensdauer. Während sonnenähnliche Sterne viele Milliarden Jahre lang existieren (die Sonne z. B. ca. 10 Mrd. Jahre) und im Hertzsprung-Russel-Diagramm lange auf der Hauptreihe verweilen, durchlaufen Blaue Riesen ihre Wasserstoffbrennphase, die das „normale" Sternenleben prägt, wegen der hohen Reaktionsrate (also der schnellen Energieumsetzung) in nur einigen 10 Mio. Jahren. Danach blähen sie sich zum Roten Überriesen auf und enden in einer Typ-II-Supernova – bei Rigel wird das aber erst in 2 oder 3 Mio. Jahren der Fall sein.

nauer gesagt Dreifachsternsystem. Und: Rigel gehört ebenfalls zur Klasse der Riesensterne.

Ein Riese mit 30 000-facher Kraft

Das Dreifachsternsystem Rigel besteht aus dem Hauptstern Rigel A und dem Doppelsternsystem Rigel B/C. Rigel A ist ein Überriese und strahlt etwa mit der 39 000-fachen Leuchtkraft der Sonne. Damit ist er der hellste Stern innerhalb einer Entfernung von 1000 Lichtjahren. Der nächste noch hellere Stern ist mit einem Abstand von etwa 1600 bis 3200 Lichtjahren Deneb, der Hauptstern im Sternbild Schwan. Er hat die 60 000- bis 250 000-fache Leuchtkraft unserer Sonne sowie eine 20- bis 25-mal höhere Masse, während es Rigel „nur" auf eine 17-fache bringt.

Rigel A befindet sich derzeit im Übergang zum Stadium eines Roten Überriesen, das Beteigeuze bereits erreicht hat. Er zeigt eine gewisse Veränderlichkeit in seiner Helligkeit, was typisch für einen Überriesen ist. Sie schwankt um etwa 30 % in einem mittleren Zeitraum von 25 Tagen.

Die beiden kleineren Begleiter Rigel B/C bilden ein gebundenes oder physisches Doppelsternsystem wie Mizar-Alkor im Großen Wagen und umkreisen den Hauptstern um einen gemeinsamen Schwerpunkt im Abstand von

300 Mrd. km. Ihre gegenseitige Entfernung beträgt 4,2 Mrd. km und ihre gegenseitige Umlaufzeit 9,9 Tage.

Ein Blauer Riese

Rigel wird zur Klasse der Blauen (Über-)Riesen gezählt. Er ist von der Ausdehnung her vergleichbar mit einem Roten (Über-)Riesen, hat aber mit 10 bis 50 Sonnenmassen eine deutlich höhere Masse.

Während ein Roter Riese seine in die eines Überriesen übergehende Größe erst am Ende einer „normalen" Sternentwicklung erreicht – dann, wenn er seine Dimensionen durch Aufblähen um ein Vielfaches steigert –, verläuft die Größenzunahme eines Blauen Riesen weniger dramatisch. Seine hohe Masse führt zu einer hohen Dichte der Materie im Sterninneren, was wiederum eine hohe Reaktionsrate im „Sternbrennen" zur Folge hat. Das Ergebnis ist eine Oberflächentemperatur, die mit 20 000 bis 30 000 °C deutlich die der Sonne übersteigt. Damit gehören Blaue Riesen auch zu den heißesten Riesensternen.

Der größte Teil der abgestrahlten Energie liegt dann auch im ultravioletten Teil des Lichtspektrums, wodurch der blaue Farbeindruck dieser Sterne hervorgerufen wird und von dem sich auch ihr Name herleitet.

Im Wintersternbild Orion sind gleich zwei Überriesen zu sehen. Links oben der Rote Überriese Beteigeuze und rechts unten der Blaue Überriese Rigel.

Stellar klein, aber trotzdem gewaltig
Sirius und die Weißen Zwerge

Am winterlichen Nachthimmel ist er nicht zu übersehen: Sirius im Sternbild Großer Hund, der hellste Stern des Himmels, links unterhalb des Orion. Von dort überstrahlt der weiße, leicht bläuliche Stern alle anderen. Und wenn er nahe dem Horizont steht oder die Luft sehr unruhig ist, dann funkelt er zusätzlich in allen Farben des Regenbogens. Nun werden alte, bildhafte Namen klar: „Der Funkelnde" oder „Führer der himmlischen Heerscharen".

Sirius A und B

Nur mit großen Fernrohren kann man erkennen, dass Sirius noch von einem 10 000-mal lichtschwächeren Partner namens Sirius B begleitet wird. Beide bewegen sich mit einer Periode von 50 Jahren umeinander herum, wobei der mittlere Abstand 3 Mrd. km beträgt.

Sirius B ist mit rund 25 200 °C verhältnismäßig heiß. Da er trotz dieser hohen Temperatur aber nur eine sehr geringe Leuchtkraft aufweist, folgt daraus, dass er gerade mal so groß sein muss wie die Erde. Moderne Modellrechnungen bestimmen seinen Durchmesser auf 11 700 km. Nach Hubble-Beobachtungen liegt sie bei rund 12 000 km. Für diesen Sterntyp wurde der Name „Weißer Zwerg" geprägt.

Abkühlende Sternenreste

Weiße Zwerge sind langsam abkühlende Sternenreste und im HRD links unten zu finden. Ihre Ursprungssterne haben eine relativ kleine Masse – sie entspricht etwa der unserer Sonne. Auch sie wird einmal zu einem Weißen Zwerg werden, nämlich dann, wenn sie ihre Entwicklung als Roter Riese abgeschlossen und ihre äußeren Schichten als ringförmigen Nebel abgestoßen hat.

Damit ist auch das Ende der möglichen Energieerzeugungsprozesse durch Kernfusion der verschiedensten Elemente erreicht. Nun zieht sich der Kern des Sterns zusammen, und seine Dichte erhöht sich dramatisch. Es entsteht sogenannte entartete Materie, d. h.: Die Atome werden so stark zusammengedrückt, dass sich die Atomkerne und Elektronen trennen, wodurch die Materie noch dichter gepackt werden kann. Daher ist ihre Dichte sehr hoch: 1 cm³ der Materie eines Weißen Zwerges wiegt rund 1 t. Die Oberfläche ist so hart wie die eines Diamanten und die Schwerkraft gigantisch – rund 400 000-mal höher als die der Erde.

Das Ende eines Weißen Zwerges selbst ist unspektakulär: Er kühlt nach und nach aus und erlischt einfach mit der Zeit. Die Oberflächentemperatur sinkt, sodass ein Weißer Zwerg erst gelb, danach orange, dann rot wird und schließlich als nicht mehr zu beobachtender Schwarzer Zwerg endet. Dieser Prozess scheint aber so langsam vor sich zu gehen, dass seit der Entstehung des Universums noch kein einziger Weißer Zwerg erloschen sein dürfte!

So etwa würden Astronauten Sirius A und dessen winzigen Begleiter Sirius B aus dem All sehen.

Kein Sirius-Rätsel

Ins breite Bewusstsein der Öffentlichkeit rückte Sirius durch das 1977 erschienene Buch „Das Sirius-Rätsel". Es ging der Frage nach, ob nicht das Wissen des in Westafrika lebenden Stammes der Dogon über den Stern Sirius B, das französische Ethnologen 1930 angeblich festgestellt hatten, vor langer Zeit von außerirdischen Besuchern ver-mittelt worden sei. Jedoch konnten später die Angaben der französischen Ethnologen durch andere Forscher nicht bestätigt werden, da die Befragung methodisch fehlerhaft durchgeführt worden war und durch die Art der Fragen die Sirius-Informationen quasi vorgegeben wurden. Auch haben die Astronomen den angeblich komplexen Aufbau des Sirius-Systems nicht bestätigen können.

Seniorenheime im All

Kugelsternhaufen

Im Reich der Sterne, Sternhaufen und Nebel

Der Kugelsternhaufen M13 im Sternbild Herkules ist für alle, die an hochentwickelte außerirdische Zivilisationen glauben, eine wohlbekannte Adresse. In der Science-Fiction-Serie „Perry Rhodan" ist es das von dort stammende Volk der Arkoniden, das mit seiner überlegenen Hochtechnologie der Menschheit den Weg zu den Sternen öffnet; und 1974 war diese Sternansammlung die Adresse für eine Botschaft an die Brüder und Schwestern im All, gesendet mit der 304,8 m durchmessenden schüsselförmigen Antenne des Radioobservatoriums in Arecibo.

Alte Kameraden

Schlecht gewählt war die Adresse nicht. Die in den Kugelsternhaufen versammelten Sterne gehören wegen ihres hohen Alters um die 12,7 Mrd. Jahre zu den ältesten Objekten der Milchstraße. Man könnte sie überspitzt als Seniorenheime im All bezeichnen. Allerdings wurden auch einige jüngere Kugelsternhaufen entdeckt, was Rätsel aufgibt.

Formt sich eine spiralförmige Galaxie aus einer großen, sich zusammenziehenden Gaswolke, entstehen wahrscheinlich zuerst die Kugelsternhaufen. Erst später bildet sich die abgeplattete Scheibe des Systems, wo dann ebenfalls die ersten Sterne geboren

werden. Aber auch der Zusammenstoß zweier Galaxien bringt zahlreiche große Sternhaufen hervor.

In unserer Galaxis sind bisher rund 200 Kugelsternhaufen bekannt. Man schätzt jedoch, dass noch zehn bis 20 weitere verborgen sind. Kugelsternhaufen sind im sogenannten galaktischen Halo beheimatet und kreisen um das Zentrum der Milchstraße. Auch in anderen Galaxien wurden Kugelsternhaufen gefunden – im Andromedanebel beispielsweise

---

Ein Sternhaufen neuen Typs

2005 entdeckte man in der Andromedagalaxie einen völlig neuen Typ von Sternhaufen. Sie gleichen zwar Kugelsternhaufen in der Zahl der Sterne, dem Alter und dem hohen Metallgehalt, unterscheiden sich von ihnen aber in ihrer wesentlich größeren Ausdehnung von vielen Hundert Lichtjahren, weshalb sie eine wesentlich geringere Dichte aufweisen. Mit ihrer Größe liegen sie zwischen den Kugelsternhaufen und den kugelförmigen Zwerggalaxien. Wie sich diese Sternhaufen gebildet haben, ist allerdings ein Rätsel. Ebenso unbekannt ist, warum M31 einen derartigen Sternhaufen besitzt, die Milchstraße aber nicht.

---

rund 500. Einige elliptische Galaxien wie M87 können sogar 10 000 enthalten.

Kein Ruheplatz für Planeten

Die hervorstechendste Eigenschaft der Kugelsternhaufen ist ihre Sternendichte. Das betrifft besonders die Zentralregion: Während in dem Gebiet der Galaxis, in dem unsere Sonne angesiedelt ist, die Sterne im Schnitt 6 bis 7 Lichtjahre voneinander entfernt sind, beträgt deren mittlerer Abstand in einem Kugelsternhaufen nur rund 6, im Zentrum sogar nur 2 Lichtmonate!

Außerdem zeigten Simulationen, dass Sterne ungewöhnliche Bewegungen durch den Sternhaufen nehmen können: Sie vollziehen Loopings oder fallen direkt in den Kern des Kugelsternhaufens, statt ihn zu umkreisen. Durch die Wechselwirkung mit anderen Sternen können einzelne Sterne so stark beschleunigt werden, dass sie dem Sternhaufen entkommen. Deshalb sind Kugelsternhaufen kein geeigneter Ort für ein Planetensystem. Die Planetenbahnen sind instabil, da im dichten Kern vorbeiziehende Sterne die Bahn stören. So hätte ein Planet mit einem Abstand wie die Erde von der Sonne in einem Kugelsternhaufen wie 47 Tucanae im Durchschnitt nur eine Überlebenszeit von 10^8 Jahren.

*Der rund 30 000 Lichtjahre entfernte Kugel-
sternhaufen NGC 2808 in einer Aufnahme des
Hubble-Weltraumteleskops.*

Sieben Sternendiamanten

Die Plejaden und die offenen Sternhaufen

Als habe jemand am Himmel die sieben funkelndsten Steine aus einer Diamantenkiste ausgeschüttet – so jedenfalls erscheinen die Plejaden, die auch als das Siebengestirn bekannt sind, auf dem ersten Blick einem Betrachter. Im Gegensatz zu den meisten astronomischen Objekten stimmen ihre Abbildungen auf den Fotos mit dem Anblick im Fernrohr fast überein. Der Naturfreund wird also nicht enttäuscht, im Gegenteil: Schon in einem Feldstecher zeigt sich ihm eine noch viel größere Zahl unterschiedlich hell funkelnder Sterne, die den Eindruck vermitteln, in eine Schatzkiste des Himmels zu blicken.

Plejaden-Bedeckungen

Da die Plejaden nahe der Ekliptik liegen, und zwar nur 4° von ihr entfernt, finden häufiger Bedeckungen durch den Mond statt. Es ist ein sehr schönes und äußerst faszinierendes Schauspiel, vor allem für den Stern- oder Naturfreund, der keine so teure Beobachtungsausrüstung besitzt. Ein ebenso sehenswertes Schauspiel ergibt sich, wenn Planeten den Plejaden nahe kommen: Dann durchqueren, bildlich gesprochen, Venus, Mars und manchmal auch Merkur diesen Haufen.

Das Phänomen der offenen Haufen

Die Plejaden ebenso wie die in der Nähe stehenden Hyaden werden als offene oder galaktische Sternhaufen bezeichnet, denn der Betrachter kann zwischen den Einzelsternen grundsätzlich auch schwache Hintergrundobjekte wahrnehmen. Ferner sind diese Haufen in der Milchstraßenebene angesiedelt, also fast ausschließlich innerhalb der Spiralarme. Hier zeigt sich auch die größte Sternentstehungsaktivität, weil sich hier wegen der höheren Gasdichte die meisten Sterne bilden und die Sternhaufen wieder vergehen, bevor sie jenseits der Spiralarme gelangen können.

In der Milchstraße werden rund 15000 bis 20000 offene Sternhaufen vermutet; davon sind bisher jedoch nur rund 1200 bekannt, weil die Mehrzahl der Sternhaufen (von uns aus gesehen) hinter dichten Dunkelwolken verborgen ist.

Offene Sternhaufen können auch in anderen Galaxien, besonders in nahe gelegenen, beobachtet werden. Aus dem Studium der Ähnlichkeiten und mehr noch der Unterschiede erhoffen sich die Astronomen weitere wertvolle Aufschlüsse über diese Art der Anhäufung von Sternen

Sternenenge und -gedränge

Abgesehen von den Plejaden haben offene Sternhaufen keine sehr ausgeprägte Form. Ihre Größe liegt zwischen 5 und 50 Lichtjahren. Auffallend ist ihre überdurchschnittlich hohe Konzentration von Sternen, weshalb sich diese Objekte relativ gut beobachten lassen. Während in dem Gebiet der Milchstraße, in dem sich unsere Sonne befindet, die Sterne durchschnittlich 6 bis 7 Lichtjahre voneinander entfernt stehen, beträgt der Abstand der Sterne in einem offenen Sternhaufen nur ungefähr 2 Lichtjahre. Das bedeutet, dass in einer solchen Sternansammlung innerhalb eines beliebigen Ausschnitt des Weltraums 30-mal mehr Sterne vorhanden sind als in der Umgebung.

Als Standardalter für die Plejaden wurden bisher etwa 80 Mio. Jahre angegeben. Nach neueren Berechnungen liegt es jedoch um die 100 Mio. Jahre, und sie werden danach wohl noch 250 Mio. Jahre bestehen. Der Grund für diese eher „kurze Lebenserwartung" liegt darin, dass die Gravitationskräfte, die einen offenen Sternhaufen zusammenhalten, nicht sehr stark sind. Die Folge: Nach einigen Millionen bis wenigen Milliarden Jahren trennen sich die Sterne voneinander, und der offene Sternhaufen löst sich allmählich auf.

Der offene Sternhaufen der Plejaden bietet dem Betrachter schon im sichtbaren Licht einen großartigen Anblick. Doch auf dieser Infrarot-Aufnahme, die mit dem Spitzer-Weltraumteleskop gemacht wurde, entfaltet sich die volle Pracht des Siebengestirns.

Leuchtendes Gas

Der Orionnebel und Co.

Bei einer Durchmusterung des Nachthimmels wird der Sternenfreund an manchen Stellen, z.B. im Sternbild Orion, helle Nebelflecke erkennen. Dabei handelt es sich um Wolken von Wasserstoffgas, die von in ihnen oder in ihrer Nähe stehenden jungen und damit heißen Sternen zum Leuchten angeregt werden, während andere helle Gaswolken nur im reflektierten Licht umgebender Sterne leuchten und damit weniger hell sind. Beides sind jedoch Geburtsstätten neuer Sterne – Sternfabriken.

Die bekannteste Sternenfabrik

Zweifellos ist der Orionnebel der berühmteste und hellste Nebel am Nachthimmel, denn er ist als diffuse Wolke unter dem Gürtel des Orion mit dem bloßen Auge sichtbar. Er wird auch prosaisch als „Schwertgehänge des Himmelsjägers" bezeichnet und zudem durch die sogenannten Trapezsterne markiert. Das Leuchten des Orionnebels und die in ihm eingebetteten oder in seiner Nähe stehenden heißen blauen Sterne zeigen: Hier hat der Neubau von Sternen aus sich verdichtendem Gas und Staub begonnen. So sind die bereits im Orionnebel entstandenen Sterne kaum älter als 10 Mio. Jahre, was im Vergleich zu den 5 Mrd. Jahren, die unsere Sonne existiert, eine kosmisch kurze Zeit darstellt.

Die scheinbar gewaltige Materiekonzentration auf den Bildern trügt jedoch. In Wirklichkeit liegt sie zwischen 100 und 1000 Atomen pro cm^3. Selbst an den dichtesten Stellen werden nur 10 000 Atome pro cm^3 erreicht. Eine derart geringe Dichte kann selbst in einem künstlichen Hochvakuum nicht erzeugt werden – oder noch anschaulicher: In normaler irdischer Luft sind etwa 10^{23} (!) Atome pro cm^3 zu finden.

Nebelarten

Die Astronomen unterteilen die Nebel nach ihrem Verhalten gegenüber dem Licht in drei Klassen: in Emissionsnebel, Reflexionsnebel und Dunkelwolken. Die besonders hellen

---

Gebietskonzentrationen

Überblickfotos unseres Milchstraßensystems, aber auch Aufnahmen außergalaktischer Systeme zeigen: Der größte Teil der Emissions- und Reflexionsnebel sowie der Dunkelnebel ist in der galaktischen Scheibenebene konzentriert, d. h. in den Spiralarmen sowie im Zentrum. Diese Gebiete sind besonders reich an Gas und Staub. Hier werden auch die meisten neuen Sterne geboren, obwohl Sterne überall in der Galaxis entstehen.

Emissionsnebel bestehen vor allem aus Wasserstoff und zeichnen sich durch ihr Eigenleuchten aus. Auf Fotos sind diese Nebel stets in rötlicher Farbe zu sehen, da ein Großteil des vom Wasserstoff ausgesandten Lichts einen rötlichen Farbton aufweist. Der durch die UV-Strahlung der jungen Sterne ausgelösten Ionisierung, bei der die Photonen die Elektronen aus den Atomen lösen, folgt die Rekombination von Elektron und Proton. Dabei wird die zuvor absorbierte Energie als sichtbares Licht freigesetzt, wobei der Farbton von der Energiemenge abhängt: Der Nebel beginnt zu leuchten, wie es sich eindrucksvoll und faszinierend im Orionnebel zeigt.

Reflexionsnebel sind dagegen kühle Wolken aus Staub und Gas, die kein Eigenleuchten besitzen, sondern nur das Licht von nahe gelegenen Sternen streuen und reflektieren. Weil in diesem Fall mehr blaues als rotes Licht reflektiert wird, erscheinen solche Nebel meist in blauer Farbe. Das gleiche Prinzip bewirkt übrigens, dass wir den Himmel über uns blau sehen, da das Sonnenlicht auf die gleiche Weise durch die Atmosphäre gestreut wird.

Diese Falschfarbenaufnahme des 1500 Lichtjahre entfernten Orionnebels ist eine Kombination von Bildern des Hubble- und des Spitzer-Weltraumteleskops.

Schwarze Wolken zwischen den Sternen
Pferdekopf, Kohlensack und andere Dunkelnebel

Neben den prächtig leuchtenden Gasnebeln wie dem Orionnebel gibt es im Weltall auch Gebiete, die den Eindruck vermitteln, als habe hier der Schöpfer einen kosmischen Scherenschnitt angefertigt oder ein Loch im Nichts hinterlassen. Aber Dunkelnebel oder -wolken wie der Pferdekopfnebel im Sternbild Orion oder der Kohlensack im Kreuz des Südens, unheimlich und faszinierend zugleich, sind der Anfang von allem, denn in ihnen lagert das Material für neue Sterne.

Staub zwischen den Sternen

Dunkler Staub, der das Licht dahinter liegender Objekte zu verschlucken scheint, sammelt sich und schwebt an vielen Stellen zwischen den Sternen. Daher wird er auch allgemein als „interstellare Materie" bezeichnet oder prosaischer als „Sternenstaub"; denn es handelt sich um kleine, teilweise mikroskopische Materieteilchen im All, die in Sternen entstanden und nicht an Gebilde wie Sterne, Planeten oder Asteroiden gebunden sind. Diese Materie ist nicht nur der Baustein der Dunkelwolken und der verschiedenen leuchtenden Gaswolken (Emissions- und Reflexionsnebel). Im Innern von Dunkelwolken gibt es auch Gebiete mit hoher Dichte, die „Globulen", in und aus denen Sterne entstehen.

Sternenstaub besteht aus Kristallen, formlosen Festkörpern und Molekülketten. Da die Partikel nur zwischen 5 Nanometer bis 10 Mikrometer groß sind, sind sie mit dem bloßen Auge kaum sichtbar. Häufige Elemente in den Verbindungen sind Wasserstoff, Helium, Sauerstoff, Stickstoff, Neon, Silizium, Eisen und Magnesium. Darüber hinaus kommen wegen ihrer Hitzebeständigkeit im Sternenstaub auch relativ häufig Edelstein-

---

Die Dritten im Bund der diffusen Nebel

Dunkelwolken oder -nebel gehören nach den Emissions- und Reflexionsnebeln zur dritten Art der diffusen Nebel, in denen sich die interstellare Materie im Weltraum zeigt. Sie treten meist im Zusammenhang mit leuchtenden Nebelwolken auf. Deren Licht bringt die markante Form dieser Materieansammlungen erst richtig zur Geltung, wofür der Pferdekopfnebel ein eindrucksvolles und faszinierendes Beispiel ist. Im anderen Fall liegen die Dunkelwolken einfach in einem Sternenfeld zwischen den Sternen, schwächen das Licht der Hintergrundsterne ab oder blenden es völlig aus. Ein Beispiel dafür ist der Kohlensacknebel im Kreuz des Südens.

Moleküle vor. Typische Beispiele dafür sind Diamanten, Korunde (oder durch Titanium gefärbt als Saphire), Spinelle und Olivine.

Riesenmolekülwolken

Außerdem spielt der Sternenstaub als Beimischung zum Wasserstoff der Molekülwolken eine große Rolle. Diese Wolken mit hohen Molekülkonzentrationen, und zwar mit Molekülen verschiedener chemischer Substanzen, wurden ab dem Ende der 1960er-Jahre mithilfe der Radioastronomie entdeckt. Die größten Wolken dieses Typs, sogenannte Riesenmolekülwolken, beinhalten bis zu 10 Mio. Sonnenmassen und machen einen erheblichen Anteil der Masse im interstellaren Medium aus. Sie können sich über 300 Lichtjahre erstrecken.

Die Astronomen gehen davon aus, dass der Staub in den kühleren äußeren Schichten von Roten Riesen erzeugt wird, die bereits in der letzten Phase ihres Bestehens sind. Hier bilden sich durch Kondensation kleinste Materieteilchen heraus. Die Bildung von Sternen ist ohne Staub nicht zu erklären, und umgekehrt kann es ohne Sterne keinen Sternenstaub geben. Letztlich bildet der Sternenstaub auch die Grundlage für die Entstehung von Planetensystemen.

*Der Pferdekopfnebel im Sternbild Orion liegt direkt
vor einem leuchtenden Emissionsnebel, wodurch
diese an einen Pferdekopf erinnernde Dunkelwolke
besonders deutlich hervorgehoben wird.*

M57: langsamer Sternentod

Ring- und Planetarische Nebel

Als habe jemand mit einer gewaltigen Zigarre einen Rauchring in die Tiefe des Weltalls geblasen – so erscheint der Ringnebel M 57 in der Leier auf Fotos. Dagegen glaubten die ersten Beobachter, angesichts der Größe, Form und Farbe einen großen Planeten wie den Uranus zu sehen. Deshalb bezeichneten sie M 57 als „Planetarischen Nebel", und dieser Gattungsname wurde auch auf alle später entdeckten Exemplare dieser Art übertragen. Rund 1500 dieser farbenprächtigen Nebel

Im Reich der Sterne, Sternhaufen und Nebel

Nicht nur Ringe

Planetarische Nebel sind nach außen scharf abgegrenzt, da der Nebel beim Ausdehnen an den Rändern von der interstellaren Materie abgebremst und verdichtet wird. Mit dem Hubble-Weltraumteleskop wurden zahlreiche Planetarische Nebel fotografiert und dabei kam auch ihre Formenvielfalt zum Vorschein. So ist ein Fünftel der Nebel symmetrisch und ungefähr kugelförmig, die Mehrzahl dagegen ist jedoch komplex aufgebaut und weist unterschiedliche Formen auf. Ungefähr 10 % sind stark bipolar ausgeprägt, einige sind asymmetrisch; ein Exemplar ist – von uns aus gesehen – sogar rechteckig!

sind in der Milchstraße bekannt – vermutlich gibt es aber an die 50 000 von ihnen.

Ein Weißer Zwerg im Mittelpunkt

Planetarische Nebel sind eine Sonderform der Emissionsnebel: interstellare Wolken aus Gas und Staub, die durch einen heißen Stern zum Leuchten angeregt werden. Aber in diesem Fall ist der verantwortliche Stern, der sogenannte Zentralstern, nicht sehr jung, sondern sehr alt. Es ist ein Weißer Zwerg mit einer Oberflächentemperatur von etwa 70 000 °C. Der Weiße Zwerg ist auch für die Existenz des Nebels verantwortlich – er entstand, als der Stern vor 20 000 Jahren in einer gewaltigen Nova-Explosion seine äußere Gashülle abstieß. Sie dehnt sich seitdem mit einer Geschwindigkeit von 19 km/s aus. Da die Strahlung des Zentralsterns den Nebel nur bis in eine begrenzte Entfernung zum Leuchten anregen kann, sind Planetarische Nebel nur 1 bis 2 Lichtjahre groß. Sie bestehen aus extrem verdünntem Gas mit einer Dichte von rund 1000 Teilchen pro cm³. Typische Planetarische Nebel sind zu etwa 70 % aus Wasserstoff und 28 % aus Helium zusammengesetzt. Weiterhin finden sich Elemente wie Stickstoff, Sauerstoff und Kohlenstoff. Allerdings ist entgegen der landläufigen Annahme die Gastemperatur meist umso höher,

je weiter man vom Zentrum entfernt ist. In den Randbereichen des Nebels sind die gering energetischen Photonen bereits absorbiert worden, und die übrig gebliebenen hochenergetischen Photonen führen zu der höheren Temperatur.

Statt eines Ringes eine Röhre?

Auch wenn M 57 im Fernrohr ringförmig erscheint, was auch zu der Bezeichnung Ringnebel in der Leier geführt hat, sind sich die Wissenschaftler doch sicher, dass die sichtbare Gashülle keinen Ring im Raum bildet. Über die eigentliche Form gibt es noch immer viele Diskussionen. Einige Astronomen sind der Ansicht, das stellare Material sei als kugelförmige Schale ausgestoßen worden, vor der sich eine dichte Schicht befinde, durch die wir nur die Randbereiche der Schale sehen können. Andere Forscher meinen, der Nebel ähnle einem schwimmreifenförmigen Torus. Ebenso wird eine Zylinder- oder Röhrenform in Betracht gezogen.

Die Lebensdauer Planetarischer Nebel ist nach kosmischen Maßstäben kurz. Sie beträgt nur etwa 10 000 Jahre, denn die abgestoßene Sternenhülle dehnt sich immer weiter aus – bei manchen Planetarischen Nebeln mit bis zu 50 km/s.

*Der Ringnebel M 57 im Sternbild Leier ist wohl das
bekannteste Beispiel für einen Planetarischen Nebel
und daher bei Amateurastronomen sehr beliebt.*

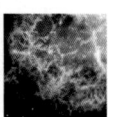

Sternentod mit Donnerschlag

Der Krebsnebel und die Supernova

An manchen Stellen scheint der Himmel oder der Kosmos zu explodieren – diesen Eindruck muss jedenfalls ein Beobachter haben, der zum ersten Mal die zerrissenen und auseinandertreibenden Gaswolken von Nebelgebilden wie dem Krebs- oder Krabbennebel im Sternbild Stier sieht. Hier im All gab es tatsächlich eine Explosion, nämlich als ein äußerst massereicher Stern starb und in Form einer Supernova sein Milliarden Jahre währendes Leben beendete.

M1, der Krebsnebel

Im sichtbaren Licht erscheint der Krebsnebel als ovaler Körper, der aus breiten Filamenten besteht. Die Filamente sind Überreste der Atmosphäre des Ursprungssternes, die in einer gigantischen katastrophalen Explosion weggeblasen wurde. Sie enthalten zum größten Teil ionisiertes Helium und Wasserstoff sowie Kohlenstoff, Sauerstoff, Stickstoff, Eisen, Neon und Schwefel. Die Temperatur der Filamente liegt meist zwischen 11 000 und 18 000 °Kelvin, und ihre Dichte beträgt rund 1300 Teilchen pro cm^3.

Im Fernrohr ist auch noch der Reststern zu erkennen, von dem die mit ungefähr 1500 km/s davongeschleuderten Gasmassen stammen. Es ist ein schnell rotierender Neutronenstern, der rhythmische Radioimpulse aussendet: ein sogenannter Pulsar.

Supernova: Ein Stern wird zerrissen

Der Ort und Auslöser – und damit auch die Ursache – des Krebsnebels wurde bereits im Jahr 1054 entdeckt. Chinesische Astronomen sahen laut ihren Aufzeichnungen im Sommer dieses Jahres, dass ein Stern im heutigen Sternbild Stier plötzlich so hell aufleuchtete wie der Vollmond. Sie beschrieben ihn als rötlich-weißen „Gaststern" und beobachteten ihn in den folgenden beiden Jahren, in denen er langsam verblasste. Nach ihren Berichten war er außerdem so hell, dass er mehr als drei Wochen lang auch am Tageshimmel gesehen werden konnte.

Was sie sahen, war die Explosion und das durch sie am Himmel hervorgerufene Aufleuchten einer Supernova. Sie ist das gewaltsame Ende eines Sterns großer Masse, eines Überriesensterns. Innerhalb weniger Sekunden wird durch den Kollaps seines zuvor durch verschiedene Kernfusionsreaktionen aufgebauten Eisenkernes in einem gigantischen Explosionsprozess eine Energiemenge freigesetzt, die etwa so groß ist wie die, die der Stern im Verlauf seines ganzen bisherigen Lebens abgegeben hat. Am Himmel leuchtet plötzlich dort, wo zuvor kein Stern zu sehen war, ein scheinbar neuer Stern auf, und zwar so hell oder um ein Vielfaches heller als die Venus, sodass er sogar tagsüber zu sehen ist – genauso wie 1054 geschehen.

Berechnungen zufolge müsste in unserer Galaxis im Schnitt alle 30 Jahre eine Supernova explodieren. Dennoch geht die letzte Beobachtung eines solchen Ereignisses auf das Jahr 1604 zurück. Eine mögliche Erklärung könnte darin liegen, dass sich viele Supernova-Explosionen hinter dem galaktischen Kern abspielen, der uns die Sicht darauf verstellt. Deshalb war die Supernova-Explosion SN 1987 A, die im März 1987 in der Großen Magellanschen Wolke beobachtet wurde, eine Sensation.

Noch stärker: die Supernova Typ Ia

Die durch die Explosion eines Überriesen ausgelöste Supernova bezeichnen die Astronomen als Typ II. Es gibt jedoch noch eine Steigerung, die Supernova-Typ Ia: Ein kleiner, dichter Weißer Zwerg hat von einem größeren Begleitstern so viel Material abgezogen, dass seine Masse zu groß und er dadurch instabil wurde. Daraufhin kollabiert er und zerstört sich in einer riesigen Explosion selbst.

*Diese äußerst detailreiche Aufnahme des Krebs-
nebels stammt vom Hubble-Weltraumteleskop.*

Sternentode

Neutronenstern – Pulsar – Schwarzes Loch

Daran ist nicht zu rütteln: Auch Sterne müssen sterben, und wenn das als Supernova-Explosion geschieht, dann ist es das vollständige Ende eines Sternes – oder etwa nicht? Manchmal bleibt auch nach diesem großen kosmischen Feuerwerk ein Rest. Er trägt seltsame (aber populäre) Namen, und zwar wegen seiner exotischen, dramatischen und nicht zuletzt faszinierenden Eigenschaften: Neutronenstern, Pulsar, Schwarzes Loch.

Aufbau eines Neutronensterns

Der Ausgangspunkt für die Entstehung eines Neutronensterns ist eine Supernova. Nur Sterne über 1,4 Sonnenmassen erleiden diesen explosiven Tod. Und selbst der ist nicht für alle gleich. Bei Sternen bis zu drei Sonnenmassen wird der Kollaps gestoppt, wenn eine Dichte erreicht ist, bei der ein Fingerhut voll Materie eine Masse von rund 10 Mio. t enthält! Bei diesen Verhältnissen werden Elektronen und Protonen zusammengequetscht und bilden Neutronen: Ein Neutronenstern entsteht. Sein Durchmesser liegt zwischen 10 und 20 km. Obwohl er bei seiner Geburt gasförmig war, besitzt der Stern nun eine äußere Hülle aus Eisen. Deren Dichte übersteigt die des irdischen Eisens um das 104-fache und das Eisen hat eine rund eine Million Mal größere Festigkeit als Stahl!

Einige dieser stellaren Panzer emittieren in bestimmten, sehr kurzen Abständen Radio- oder Röntgenimpulse und werden deshalb „Pulsare" genannt. Ihre uns wie die Scheinwerferstrahlen eines Leuchtturmes treffenden Signale haben eine Periode zwischen 1,6 Millisekunden und 4,3 Sekunden. Der Krebsnebel-Pulsar hat eine Periode von 0,033 Sekunden.

Schwarze Löcher

Hat ein Stern zum Zeitpunkt des Zusammensturzes mehr als 8 Sonnenmassen, wird der Zustand des Neutronensternes „übersprungen" und das Objekt kollabiert noch weiter, bis sein Durchmesser nur noch wenige Kilometer beträgt. Seine Dichte liegt dann bei etwa 100 Mrd. t/cm^3 und die Schwerkraft an seiner Oberfläche ist so groß, dass nicht einmal mehr das Licht nach draußen dringt. Man nennt es daher „Schwarzes Loch" (Black Hole).

Zwar gelangt von Schwarzen Löchern keine Strahlung nach draußen, aber die enorme Schwerkraft wirkt auf die Umgebung ein. Materie, die sich in unmittelbarer Nähe eines Schwarzen Loches befindet, wird hineingesogen. Das Gas stürzt spiralförmig auf das Schwarze Loch hinab. Dabei entsteht die sogenannte Akkretionsscheibe. Durch Reibung erhitzt sich das Gas bis zu 100 Mio °C. Außerdem entsteht Röntgenstrahlung, mit deren Hilfe sich Schwarze Löcher nachweisen lassen. Schwarze Löcher weisen infolge ihrer extrem exotischen Physik neben der „Fesselung" des Lichtes noch andere ungewöhnliche Effekte auf: Ihre hohe Gravitation krümmt Raum und Zeit und so würde in der Umgebung eines Schwarzen Loches der Hintergrund verzerrt und doppelt erscheinen.

Das Wurmloch

Früher glaubten die Wissenschaftler, Schwarze Löcher seien Wege in andere Teile des Universums oder gar in ein anderes Universum. Nach neueren Berechnungen wäre aber ein solcher durch ein Schwarzes Loch erzeugter Tunnel instabil. Eine Möglichkeit für einen kosmischen U-Bahn-Tunnel wäre jedoch die Konstruktion eines künstlichen Schwarzen Lochs (Wurmloch), dessen Seitenwände durch eine hypothetische „Antigravitationssubstanz" stabilisiert würden. Ähnlich arbeitet der Warp-Antrieb des TV-Raumschiffs Enterprise, wozu er allerdings einen (ebenso hypothetischen) Antimaterie-Reaktor benötigt.

Schematische Darstellung eines Schwarzen Lochs
in Form eines zum Zentrum hin immer stärker
gekrümmten Koordinatennetzes, das die Verformung von Raum und Zeit darstellen soll.
Anhand der von der in das Schwarze Loch stürzen-
den Materie erzeugten Strahlung lassen sich diese
extremen Objekte nachweisen.

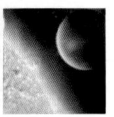

Auf der Suche nach Terra II
Wie andere Planeten gefunden werden können

Gibt es Planeten bei anderen Sternen, und wenn ja, tragen sie Leben? Zumindest die erste Frage ist seit 1995 konkret beantwortet. Damals fanden Astronomen zum ersten Mal einen Planeten, der um den Stern 51 Pegasi kreist. Seitdem ist die Zahl sprunghaft gestiegen und steigt weiter. Bis Mitte Juli 2008 waren 307 Exoplaneten in 249 Sonnensystemen bekannt.

Ein schwieriges Feld
Dass bis heute Exoplaneten bei sonnenähnlichen Sternen mithilfe von Teleskopen nicht direkt beobachtet werden können, liegt daran, dass sie zu lichtschwach sind. Sie werden ein-

---

Mit Darwin auf Erdsuche

Unter dem Namen Darwin plant die ESA für 2015 ein Weltraumteleskop, um erdähnliche Planeten direkt fotografieren und nach Anzeichen von Leben suchen zu können. Es soll aus acht einzelnen Satelliten bestehen, davon sechs mit Spiegeln von je 3–4 m Durchmesser. Jenseits der Marsbahn formieren sie sich zu einem 100 m durchmessenden Ring, wodurch sie als fußballfeldgroßes Superteleskop dann Sterne bis im Umkreis von 60 Lichtjahren absuchen können.

---

fach von ihrem Mutterstern überstrahlt – so wie eine Taschenlampe neben einem starken Scheinwerfer. Das Auflösungsvermögen von erdgeschützten Teleskopen reicht heute noch nicht dazu aus, um zwei so relativ nahe beieinander liegende Objekte mit so großem Helligkeitsunterschied getrennt darzustellen. Nicht umsonst planen Astro-Ingenieure Spiegelteleskope von 30, 40 ja sogar 100 m Durchmesser und weltraumgestützte Fernrohre, mit denen sie erstmals Bilder der Exoplaneten aufnehmen und auch eine zweite Erde nachweisen könnten.

Suchmethoden indirekter Art
Bisher konnten die Astronomen die meisten Exoplaneten nur indirekt nachweisen, indem sie den Einfluss des oder der Planeten auf den Zentralstern beobachteten:

Die Transitmethode nutzt die erhoffte Möglichkeit, dass die Umlaufbahn des Planeten so liegt, dass sie sich von der Erde aus gesehen genau vor dem Stern befindet. Die durch den Planeten hervorgerufenen Bedeckungen des Sterns führen zu periodischen Absenkungen in dessen Helligkeit. Sie können durch hochpräzise Helligkeitsmessungen (Fotometrie) nachgewiesen werden, während der Exoplanet vor seinem Zentralstern vorübergeht. Diese

Nachweismethode kann mit erdgebundenen Teleskopen wie SuperWASP oder noch genauer von Satelliten wie COROT oder Kepler durchgeführt werden.

Die Radialgeschwindigkeitsmethode arbeitet mit der Tatsache, dass sich Stern und Planet(en) unter dem Einfluss der Gravitation um einen gemeinsamen Schwerpunkt bewegen. Dabei „zieht" die Schwerkraft des Planeten bei seiner Wanderung an dem Stern, sodass er „wackelt". Das kann im Sternspektrum erkannt werden: Bewegt sich der Stern in unsere Richtung, werden seine Lichtwellen gestaucht und die dunklen Absorptionslinien zum blauen Ende des Spektrums hin verschoben (Dopplereffekt). Entfernt sich der Stern von uns, kommt es zur Rotverschiebung. Die meisten Exoplaneten wurden so nachgewiesen.

Die Gravitational-microlensing-Methode geht davon aus, dass das Licht eines Hintergrundobjekts durch die Gravitationslinsenwirkung eines Vordergrundsterns verstärkt wird. Dieses Phänomen nimmt zu und wieder ab, während der Stern sich vor dem Hintergrundobjekt vorbeibewegt. Hat der Vordergrundstern einen Planeten, kann die gemessene Helligkeitsverlaufskurve eine charakteristische Spitze erhalten. Ein erstes Ereignis dieser Art wurde 2003 beobachtet.

So stellt man sich den Planeten HD 189733 b vor, der in ca. 60 Lichtjahren Entfernung seinen Heimatstern in einem engen Orbit umkreist. Der Planet ist etwas größer als Jupiter und wurde 2005 entdeckt, als er vor seiner Sonne vorbeizog.

ET lässt grüßen?

Vom Leben auf anderen Welten

Die Suche nach Exoplaneten und alle technischen Anstrengungen, sie zu fotografieren und spektroskopisch zu analysieren, haben nur ein Ziel, nämlich die alles bewegende Frage zu beantworten: Gibt es da draußen Leben? Und wenn ja: Wie könnte es aussehen? Die Chancen dafür stehen nicht schlecht, werden doch immer mehr Planeten bei anderen Sternen entdeckt. In unserer Galaxis gibt es viele geeignete Sterne; und wir wissen, dass die Bausteine des Lebens – Kohlenstoff, Wasserstoff, Sauerstoff – im Kosmos weit verbreitet sind.

Bedingungen für belebte Welten

Die Evolution ist ein langwieriger Prozess, der auf der Erde vor rund 3,8 Mrd. Jahren mit der Bildung der ersten Aminosäuren einsetzte. Ein Stern muss lang genug existieren, damit dem Leben ausreichend Zeit für seine Entwicklung bleibt. Daher sind die heißen, hell strahlenden O-, B- und A-Sterne wahrscheinlich für Leben tragende Planeten ungeeignet, weil sie wegen ihres hohen Energieverbrauchs nicht lang genug existieren. Dagegen müssten Planeten kühler Roter Zwerge in sehr geringem Abstand um ihren Zentralstern kreisen.

Auf jeden Fall müssten Planeten innerhalb der sogenannten Ökosphäre liegen, also in einem Bereich, in dem es weder zu heiß noch zu kalt ist. Ferner sollten sie eine mittlere Rotationsperiode haben und keine zu starke Achsenneigung, um extreme Tages- und Jahreslängen zu verhindern. Und sie sollten einen aktiven Vulkanismus besitzen, der Wasser und Treibhausgase produziert, damit die Atmosphäre dicht und durch den natürlichen Treibhauseffekt angenehm temperiert bleibt.

Wie könnte exoterrestrisches Leben aussehen?

Schon auf der Erde hat die Evolution eine ungeheure Vielfalt geschaffen. Vermutlich würden Wesen auf fremden Welten irdischen Be-

> *Keine ETI-Hochzivilisation im Meer*
> *Wenn es sich um Außerirdische mit Zivilisation handelt, werden sie wohl nicht im Meer leben. Zwar hat sich das Leben dort entwickelt, aber erst an Land schwingt es sich wegen der extremeren Bedingungen und damit Herausforderungen zu höheren Formen empor. Und: Vom Grund des Meeres aus oder unter einer dichten Atmosphäre wie der der Venus kann ein ETI (Extraterrestrial Intelligence) Sonne, Mond und Sterne nicht sehen und sich daher auch keine astronomischen Fragen stellen.*

trachtern sehr seltsam erscheinen; denn die Evolution hat auf der Erde nur einen winzigen Bruchteil aller Möglichkeiten „ausprobiert". Mit großer Wahrscheinlichkeit werden einige elementare Grundsätze für die belebte und unbelebte Natur auch auf Exoplaneten gelten. Dazu gehört das Vorhandensein der unverzichtbaren Schlüsselsubstanz flüssiges Wasser sowie von Kohlenstoff; denn er ist wie kein anderes chemisches Element fähig, seine Atome in praktisch unbegrenztem Maße zu Ketten und Ringen zu verbinden – als eine Art Stützgerüst für komplexe chemische Strukturen.

Die Außerirdischen werden, so die Auffassung der Exobiologen, auch Körperteile haben. Sie sind für das Überleben wichtig, weshalb sie viele irdische Tierarten unabhängig voneinander entwickelt haben. Dazu gehören z. B. ein irgendwie geartetes Skelett, eine Lunge und damit ein Blutkreislauf und natürlich Augen und Ohren. Um möglichst schnell auf Gefahren reagieren zu können, hat es sich zudem als vorteilhaft erwiesen, dass diese Sinnesorgane in der Nähe des Gehirns untergebracht sind: ETs werden somit wohl auch Köpfe haben.

Auch wenn viele Wissenschaftler an die Existenz außerirdischen Lebens glauben, gehen nur die wenigsten davon aus, dass sie UFOs haben.

Im Reich der Sterne, Sternhaufen und Nebel

Welteninseln und Bausteine des Universums
Die Galaxien

Mit dem bloßem Auge betrachtet sind die Galaxien oder fernen Milchstraßensysteme nichts weiter als Nebelflecke. Aber schon im Fernrohr einer Volkssternwarte und viel eindrucksvoller auf den Fotos der Großobservatorien scheinen sie wie Inseln in der schwarzen Tiefe des Universums zu schweben. Hunderte Milliarden von Sternen sind in ihnen versammelt; dazu kommen noch gewaltige Mengen an Gas und Staub – der Stoff, aus dem die Sterne geboren werden und zu dem sie wieder vergehen. Statt mit Inseln könnte man Galaxien auch mit Sternenstädten ver-

> *Was Immanuel Kant ahnte, bewies Edwin Hubble*
>
> *Der Philosoph Immanuel Kant vermutete bereits 1755, dass manche Nebelflecke außergalaktische Systeme, Welteninseln, seien. Im 19. Jh. zeichnete sich dann auf den ersten fotografischen Aufnahmen bei einigen Galaxien die Spiralstruktur ab. Aber erst in den 1920er-Jahren konnte der amerikanische Astronom Edwin Hubble Galaxien mit dem 2,50-m-Hooker-Spiegelteleskop in ihre Einzelsterne auflösen und die Entfernungen einiger Galaxien bestimmen.*

gleichen, in denen das Leben pulsiert. Dabei sind sie sehr alt, entstanden sie doch nicht sehr lang nach dem Urknall als Bausteine des Universums.

Von Ellipsen, Linsen und Spiralen

Mehr als 100 Mrd. Galaxien scheinen das uns beobachtbare Universum zu bevölkern. Zwar sind sie in Größe, Masse und Helligkeit sehr vielfältig, aber dennoch lassen sich ein paar wenige Haupttypen unterscheiden:

Elliptische Galaxien, zu denen über die Hälfte dieser Welteninseln zählt, sind runde Ansammlungen alter Sterne ohne Spiral- oder Scheibenstruktur. Sie besitzen nur wenig Staub und Gas und es entstehen in ihnen keine Sterne. Sowohl einige der größten als auch kleinsten Galaxien können diese Form haben.

Linsenförmige Galaxien bestehen aus einer zentralen Wölbung aus älteren Sternen und einer Scheibe mit jüngeren Sternen, haben aber keine Spiralarme.

Spiralgalaxien, zu denen die Andromeda-Galaxie gehört, weisen, wie der Name schon sagt, eine Spiralstruktur auf. Um eine elliptische zentrale Erhebung aus alten Sternen zieht sich eine flache Sternscheibe mit zwei oder mehr Spiralarmen. Sie sind der Sitz vieler junger Sterne und heller Nebel und sie sind voller Gas und

Staub, dem Baumaterial neuer Sterne. Diese Galaxien können in ihren Spiralarmen unterschiedlich ausgeprägt sein. So gibt es Spiralgalaxien mit einer großen Wölbung und kaum gewundenen Armen, andere haben einen kleinen Zentralbereich und sehr weitläufige Arme.

Milchstraße und Galaxien ohne Form

Glaubte man bis vor Kurzem, unsere Milchstraße gehöre zu den Spiralgalaxien, so zeigen neueste Erkenntnisse, dass dies nicht ganz der Fall ist. Zwar hat unsere Galaxis Spiralarme, aber nur in den äußeren Bereichen. Die Mitte durchzieht jedoch ein Materiebalken, der durch die zentrale Erhebung verläuft und diese Region nach beiden Seiten verlängert. So wird unsere heimatliche Welteninsel zu den Balkenspiralen gezählt, eine Extraklasse unter den Galaxien.

Manche Galaxien lassen sich weder den elliptischen noch den Spiralgalaxien oder den Balkenspiralen zuordnen. Sie werden deshalb als Irreguläre Galaxien bezeichnet. Sie zeigen keine regelmäßige Struktur und enthalten viel Gas und Staub. Zu diesem Galaxientyp gehören z. B. die Magellanschen Wolken.

Die rund 35 Mio. Lichtjahre von uns entfernte Galaxis M74 ist eine „perfekte" Spiralgalaxie.

Die große Insel
Unsere Milchstraße-Galaxis

Leider kann ihr mattleuchtendes Band heute nicht mehr jeder Mensch sehen – es sei denn, er besucht ein Planetarium. Der Staub über unseren Städten und besonders die immer stärkere Aufhellung des Nachthimmels durch künstliche Lichtquellen haben das Band der Milchstraße zu einem ganz seltenen Anblick gemacht. So bleibt nur die Möglichkeit, sich in weit abgelegene und vor allem dunkle Gegenden zu begeben, um sich von der Schönheit des mattleuchtenden, scheinbar nebligen Sternenbandes faszinieren zu lassen.

Von der Seite eine Scheibe, von oben eine Spirale

Was wir da am Himmel schimmern sehen, ist die Ebene unserer Galaxis, in der wir leben. Könnten wir unsere Milchstraße wie z. B. die ihr benachbarte Andromeda-Galaxie von schräg oben und noch dazu von außerhalb betrachten, dann würden wir vier Bereiche erkennen: das etwas verdickte Zentralgebiet, von dem auf beiden Seiten ein Balken ausgeht, die Scheibe, den umgebenden Halo der Kugelsternhaufen und die Korona. Von außen seitlich gesehen würde unsere Galaxis zwei an den Unterseiten aneinandergelegten, gewaltigen Spiegeleiern ähneln und von oben wie ein gigantisches Feuerrad erscheinen.

Der Kern im Zentrum dieser Galaxie ist eine kugelförmige Zusammenballung von meist älteren Sternen und Materie von derart hoher Dichte wie an keinem anderen Ort unserer Galaxis. Im Mittelpunkt sitzt ein gewaltiges, supermassives Schwarzes Loch von wahrscheinlich 20 Mio. km Durchmesser und etwas mehr als 3 Mio. Sonnenmassen.

Eine Scheibe mit Milliarden Sternen

Dieses Zentralgebiet mit dem Kern und der größten Sternkonzentration wird von der Scheibe umgeben. Hier sind die jüngsten und heißesten Sterne sowie interstellare Materie (Gas- und Staubwolken) in Form von Spiralarmen konzentriert. Von ihnen würde auch der größte Teil des Lichtes stammen, wenn wir unsere Galaxis von oben betrachten könnten. Das Spiralmuster entsteht, weil die Sterne hier jünger sind und daher heller erscheinen. 200 bis 400 Mrd. Sterne enthält unser Milchstraßensystem, wobei die meisten in der galaktischen Scheibe angeordnet sind. Diese Scheibe ist auch an den Rändern nicht völlig flach, sondern am äußeren Rand um 5000 Lichtjahre gekrümmt wie die Krempe eines Hutes.

Die galaktische Scheibe wird von einer sphärischen Hülle in Form einer leicht abgeplatteten Kugel umschlossen: dem Halo

(griechisch für: Hof, Umgebung). Er erstreckt sich über einen Durchmesser von 750 000 Lichtjahren und ist kein streng von der galaktischen Scheibe abgetrennter Raum; vielmehr durchdringen sich Scheibe und Halo. Der Halo enthält rund 200 kugelförmige Sternhaufen, aber es gibt auch Einzelsterne. Diese Halosterne umlaufen auf Ellipsenbahnen das Zentralgebiet der Milchstraße, wobei sie sich weit von der Scheibe entfernen. Der Halo wiederum ist von einer dünneren, aber ausgedehnten Korona aus unsichtbarer Materie umgeben. Sie dehnt sich bis auf eine Entfernung von 300 000 Lichtjahren aus und enthält wahrscheinlich 90 % der gesamten Materie der Galaxis.

Steckbrief unserer Galaxis	
Durchmesser (Scheibe):	100 000 Lichtjahre
Durchmesser (Zentrum):	ca. 16 000 Lichtjahre
Scheibendicke im äußeren Bereich:	ca. 5000 Lichtjahre
Abstand der Sonne vom Zentrum:	ca. 25 000 bis 28 000 Lichtjahre
Umlaufzeit der Sonne:	210 Mio. Jahre bei ca. 20 km/s
Anzahl der Sterne:	ca. 200 bis 400 Mrd.

*Diese Aufnahme zeigt einen Teil der Milchstraßen-
ebene, die von der Erde aus sichtbar ist, im Infra-
rotlicht. Die rot erscheinenden Wolken beweisen,
dass hier organische Moleküle vorhanden sind;
die hellen weißen Bereiche weisen auf
Regionen hin, in denen neue Sterne entstehen.*

Die Schwester der Milchstraße

Die Andromeda-Galaxie

Wer die Andromeda-Galaxie zum ersten Mal durch ein Fernrohr betrachtet, wird enttäuscht sein: Statt einer schräg gestellten blauen, von schwarzen Bändern durchzogenen Sternscheibe mit einem hell leuchtenden kugelförmigen Zentrum wird er nur ein schwachnebliges, diffus leuchtendes Oval mit einem hellen Punkt in der Mitte sehen. Man muss schon einen Film oder den noch empfindlicheren CCD-Bildsensor zu Hilfe nehmen, um Einzelheiten herauszulösen.

Die am besten untersuchte Galaxie

Die Andromeda-Galaxie ist heute die am meisten untersuchte „externe" Galaxie. Der Grund für das besondere Interesse der Astronomen an diesem 2,5 Mio. Lichtjahre entfernten Milchstraßensystem ist, dass sie an ihm alle Erscheinungen einer Galaxie von außen studieren können, die wir auch in unserer Galaxis finden. Hier aber sind sie unsichtbar, weil der größte Teil unserer Galaxis von interstellarem Staub verdeckt wird.

Die M 31-Galaxie, so die Katalogbezeichnung, ist fast ein Zwilling unserer Galaxis. Sie enthält aber doppelt so viele Sterne und ist auch etwa doppelt so groß. Durch den Winkel von 78°, unter dem wir von der Erde aus auf M 31 blicken, können wir sehr gut auf die diskusförmige Ebene sehen. Daher ist neben den Staubbändern, die die Scheibe jeder Spiralgalaxie durchsetzen und die einzelnen Arme voneinander trennen, auch die zentrale Verdickung sehr gut zu erkennen.

Röntgensatelliten wie ROSAT haben zahlreiche Bilder der Andromeda-Galaxie zur Erde geschickt. Mit ihrer Hilfe entdeckten die Astronomen über 500 verschiedene Strahlungsquellen innerhalb dieses Sternsystems. Es sind größtenteils Überreste einstiger Supernovae, genauer: sehr heiße Doppelsterne, bestehend aus einem Neutronenstern oder einem Schwarzen Loch, die von einem Begleitstern Material absaugen und so interstellare Materie und Gase anhäufen.

Der Galaxiekern

Was das Zentrum der Andromeda-Galaxie angeht, dachten die Astronomen lange, sie habe in ihrem Innern einen doppelten Kern, bestehend aus zwei supermassiven Schwarzen Löchern und ein paar Millionen dicht gepackter Sterne. Sie sollten aus einer früheren Kollision mit einer anderen Galaxie stammen. Jedoch zeigen neue Daten des Hubble-Weltraumteleskops, dass der Kern aus einem Ring roter, älterer und einem Ring jüngerer, blauer Sterne besteht, die im Schwerefeld eines supermassiven Schwarzen Loches gefangen sind, dessen Masse mit dem 30-millionenfachen der Sonne angegeben wird. Noch beeindruckender ist die Geschwindigkeit, mit der die Sterne um dieses Schwarze Loch herumfliegen. Mit den gemessenen 1000 km/s könnte ein solcher Stern die Erde in 40 Sekunden umrunden und die Strecke zum Mond bereits in sechs Minuten bewältigen.

Crash in 3 Mrd. Jahren

Die Andromeda-Galaxie und unsere Milchstraße rasen mit 500 000 km/h aufeinander zu und werden sich in gut 3 Mrd. Jahren treffen. Dies wird aber kein Crash wie der zweier Autos sein. Vielmehr werden sich beide Sterninseln einige Male durchdringen und aneinander vorbeischwingen, um schließlich zu einer Galaxie zu verschmelzen. Dabei werden riesige Gaswolken im Zentrum in einem leuchtenden Feuerwerk aufeinandertreffen und Tausende neuer Sterne entstehen. An den Rändern dagegen werden die Sterne in den Weltraum geschleudert. Menschen werden diesen Vorgang wohl nicht mehr beobachten können, denn die Sonne könnte dann schon so heiß geworden sein, dass auf der Erde kein Leben mehr möglich ist.

Mit professionellen Teleskopen betrachtet, bietet die der Milchstraße benachbarte Andromeda-Galaxie ein grandioses Bild.

Des Weltumseglers Sternenwolken
Die Große und Kleine Magellansche Wolke

Die Welt der Galaxien

Der Weltumsegler Ferdinand Magellan soll die beiden Sternwolken 1519 als erster Europäer gesehen haben – weshalb sie heute seinen Namen tragen. Dem Südhalbkugel-Reisenden erscheinen die Große und Kleine Magellansche Wolke, auch Kapwolken genannt, wie zwei ans Firmament geworfene Kleckse: Die Große Magellansche Wolke steht 20° vom durch keinen hellen Stern markierten Himmels-Südpol entfernt im Sternbild Goldfisch und ihr Gegenstück, die Kleine Magellansche Wolke im Sternbild Tukan, hat einen ähnlichen Abstand.

Zwei Trabantenstädte: die Große
Die beiden Magellanschen Wolken sind zwei Begleitsysteme unserer Milchstraße, sozusagen zwei Trabantenstädte. Mit der „Großstadt" Milchstraße sind sie durch feine Wasserstoffbrücken verbunden. Es sind recht kleine unregelmäßig geformte Galaxien, in der Fachsprache als „irreguläre Zwerggalaxien" bezeichnet. Beide Wolken haben dennoch eine gewisse Grundstruktur, so z. B. einen balkenartigen Kern in der Großen Magellanschen Wolke (kurz: GMW/LMC). Sie sind außerdem sehr gasreich und die Sternentstehungsrate ist bei ihnen viel geringer als in unserer Galaxis. Die GMW ist sowohl am Himmel als auch in Wirklichkeit das größere Objekt. Sie besteht aus 10 Mrd. Sonnenmassen. Auffällig sind große, rotleuchtende Sternentstehungsgebiete. Eines der größten davon ist der Tarantelnebel oder 30 Doradus. Das Alter der GMW dürfte einige Milliarden Jahre betragen.

Zwei Trabantenstädte: die Kleine
Die Kleine Magellansche Wolke (KMW/SMC) ist mit rund 10 000 Lichtjahren Durchmesser nur halb so ausgedehnt wie ihre „große Schwester". Auch ihre Sternanzahl ist deutlich geringer: ca. 2 Mrd. Sonnenmassen. Rund 2000 Sternhaufen wurden in dieser Zwerggalaxie gefunden, von denen viele in einer plötzlich einsetzenden Sternentstehungsphase vor 100 Mio. Jahren entstanden.
Die KMW ist eindeutig eine irreguläre Galaxie, wobei einige Astronomen auch bei ihr Anzeichen eines Balkens zu erkennen glauben. Möglicherweise besteht sie aber auch aus zwei verschiedenen Galaxien, die auf der gleichen Sichtlinie liegen und daher nicht ohne Weiteres optisch getrennt werden können.
Durch die Gezeitenwirkung unserer Galaxis auf ihre beiden sie begleitenden Zwerggalaxien ist auch ihr voraussichtliches Ende abzusehen: Sie werden in den nächsten Jahrmillionen ganz von unserer Galaxis zerrieben.

Diese vom Spitzer-Weltraumteleskop gemachte Infrarot-Aufnahme der Großen Magellanschen Wolke wurde aus 300 000 Einzelbildern zusammengesetzt.

Nur auf der Durchreise?
Werden die Magellanschen Wolken wirklich von unserer Galaxis zerstört werden? Inzwischen gibt es Zweifel daran: Nach neuesten Geschwindigkeitsmessungen driften die Magellanschen Wolken überraschend schnell durch den Raum. Die berechnete Reiseroute dieser Zwerggalaxien zeigt eine parabelförmige Bahn. Sie legt nahe, dass die beiden Wolken sich nicht auf einer geschlossenen Bahn um die Milchstraße befinden, sondern nur auf einem einmaligen Transit in unserer Nachbarschaft. Sollte das wirklich der Fall sein, bedürfen zahlreiche Phänomene, die mit der dauerhaften Anwesenheit der beiden Wolken und der damit verbundenen Gezeitenwirkung begründet wurden, neuer Erklärungen. Dazu gehören beispielsweise die Verwindung unserer scheibenförmigen Milchstraße oder die gigantische Wasserstoffwolke, die die beiden Zwerggalaxien hinter sich herziehen.

Geballte galaktische Ladungen

Galaxienhaufen und Superhaufen

Himmelskörper zeigen grundsätzlich die Tendenz, sich zu Einheiten zusammenzuschließen. So bilden Sterne Doppel- oder Mehrfachsysteme und offene oder Kugelsternhaufen. Das gilt auch für die größten Sternansammlungen, die Galaxien. Unsere Galaxis gehört z. B. zusammen mit der Andromeda-Galaxie und den beiden Magellanschen Wolken zu einer Gruppe, die als Lokale Gruppe bezeichnet wird und aus etwa 30 Galaxien besteht. Sie verteilen sich über einen Raumbereich von rund 4 Mio. Lichtjahren.

Teil eines Haufens

Diese Gruppen sind wiederum Teil eines sogenannten Haufens (engl. Cluster), in dem dann maximal einige Tausend Galaxien vereinigt sind. Manche dieser Cluster sind fast kugelförmig und enthalten viele elliptische Galaxien. Andere dagegen sind von unregelmäßiger Gestalt und bestehen vorwiegend aus Spiralgalaxien. Man nimmt an, dass diese Haufen sich durch Verschmelzung vergrößern und dass die irregulär geformten Haufen erst vor eher „kurzer" Zeit so entstanden sind. Im Zentrum dieser Haufen sammelt sich heißes Gas aus den Galaxien an und sendet Röntgenstrahlung aus, die auf der Erde empfangen werden kann.

Viele Haufen enthalten meist 500 000 Lichtjahre große Radiogalaxien. Sie sehen wie normale elliptische Galaxien aus, sind aber oft wesentlich größer und Quellen von Radio-, aber auch Röntgenstrahlung. Die gewaltige Größe dieser aktiven Galaxien ist auf die Verschmelzung mit anderen Galaxien im Haufen zurückzuführen.

(Lokaler) Superhaufen

In der zweiten Hälfte der 1950er-Jahre erkannte man, dass der Großteil der hellsten beobachtbaren Galaxien einer noch größeren Struktur angehört. In ihrem Zentrum befindet sich der Virgohaufen. Er liegt in 50 Mio. Lichtjahren Entfernung in Richtung des Sternbildes Jungfrau. Dieser seit über zwei Jahrhunderten bekannte irreguläre Haufen umfasst über 2000 Galaxien und in seinem Randbereich ist auch unsere Lokale Gruppe angesiedelt. Diese Struktur erhielt die Bezeichnung „Lokaler Superhaufen". Die Lokale Gruppe bewegt sich mit 250 km/s auf das Zentrum dieses Superhaufens zu, das etwa 36 Mio. Lichtjahre entfernt liegt.

Derartige Megastrukturen erstrecken sich über rund 100 Mio. Lichtjahre große Gebiete und umfassen einige Dutzend Galaxienhaufen. Sie haben vielschichtige Strukturen, einige besitzen gewundene Arme aus Galaxien, andere dagegen sind flach. Hier bilden die Galaxien einzelne Verbände ähnlich der Lokalen Gruppe.

Das Seifenschaum-Universum

Während der 1980er-Jahre erkannten Astronomen, als sie die Standorte von rund 20 000 Galaxien dreidimensional nachbildeten, eine feine, faserartige Struktur der Galaxienhaufen. Ferner stellten sie fest, dass es zwischen den dünnen, schalenförmigen Gebieten mit hoher Galaxiendichte auch riesige Räume gibt, in denen nur wenige Galaxien zu finden sind. Diese Leerräume werden als Voids bezeichnet und an *ihren Rändern sind die Haufen und Superhaufen angesiedelt. Die spannende Frage ist nun, ob diese Voids tatsächlich leer sind oder ob sie dunkle Materie enthalten.*

Eine bisherige Durchmusterung der Welt der Galaxien ergibt, dass unser Universum mehr als 100 bis 200 Mrd. dieser Welteninseln enthält. Seine Großstruktur ähnelt Seifenschaum, an dessen Blasenrändern die einzelnen Galaxienhaufen und -superhaufen angesiedelt sind.

Der Galaxienhaufen Abell 1689 besteht aus rund einer Billion Sterne und ist etwa 2,2 Mrd. Lichtjahre von der Erde entfernt.

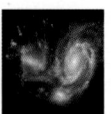

Insel-Crash

Wenn Galaxien kollidieren

Mit Galaxien ist es wie mit Menschen: Sie begegnen sich, kommen sich näher, um dann zu verschmelzen. Zwar scheinen im Fernrohr einer Sternwarte die Galaxien wie riesige Lampen eines Saales fest verankert unbeweglich im Raum zu hängen. Aber: Zwischen den Welteninseln gibt es vielfältige gegenseitige Beeinflussungen, selbst wenn es wegen der Milliarden Lichtjahre weiten Entfernungen nicht so scheinen mag. Die einzelnen Galaxien entwickeln sich nicht isoliert von ihrer Umgebung. Vielmehr stehen sie mit ihr in Wechselwirkung, und zwar mit den benachbarten Galaxien, dem diffusen interstellaren Medium

sowie einem Halo aus dunkler Materie. Unsere Galaxis tauscht beispielsweise Gas mit ihrer Umgebung aus, nämlich durch galaktische Winde sowie die sogenannte Gasakkretion.

Kollision – das größte und spektakulärste Ereignis

Von diesen Ereignissen ist zweifellos der Zusammenstoß zweier Galaxien das größte und spektakulärste, sind doch daran jeweils mindestens 100 Mrd. Sterne sowie ungeheure Gas- und Staubmengen beteiligt. In den Tiefen des Kosmos kommt es dabei zu einem leuchtenden Feuerwerk und es entstehen Tausende heißer und neuer Sterne. Sie sind für die Astronomen ein wichtiger Hinweis, dass eine heute „normal" erscheinende Galaxie früher in ein Zusammentreffen mit einer anderen verwickelt war. Dauer des Rendezvous: mehrere 100 Mio. bis 1,5 Mrd. Jahre!

Auch wenn oft von Kollision oder gar Crash die Rede ist, darf man sich das Zusammentreffen zweier Galaxien aber nicht wie das Aufeinanderprallen zweier Billardkugeln vorstellen. Es ist eher mit dem Eindringen einer farbigen Flüssigkeit in klares Wasser zu vergleichen, wo es ja zu einer langsamen Durchmischung kommt. Der Raum zwischen den einzelnen Sternen ist einfach zu groß, als dass

es zu Sternkollisionen käme. Anders ist es mit den Gaswolken: Sie prallen tatsächlich zusammen, verlieren dadurch erheblich an Bewegungsenergie und viele Kugelsternhaufen entstehen. Die Astronomen bezeichnen solche Galaxien daher als „wechselwirkende Galaxien", bei denen es neben der Verschmelzung auch zur besonderen Formation und Neukonstellation der beteiligten Sterninseln kommen kann.

Tanz der Galaxien

Zahlreiche vom Hubble-Weltraumteleskop oder von modernen erdgebundenen Großteleskopen wie dem VLT der ESO aufgenommene Bilder zeigen, dass die galaktischen Partner eine Art Hochzeitstanz aufführen. So nähern sich die Galaxien zunächst einander an, wobei sich ihre inneren Strukturen verändern sowie Gas- und Sternbrücken zwischen ihnen entstehen. Als nächstes durchstreifen sie sich an ihren Rändern, verformen sich dabei und tauschen Material aus. Dann entfernen sie sich wieder voneinander, um nach immer engeren Umkreisungen zu verschmelzen, gefolgt von einer Beruhigungsphase. Da kollidierende Galaxien oft zu einer gemeinsamen größeren Galaxie verschmelzen, wird es letztlich weniger, aber größere Galaxien geben.

Wie alles begann...

Kurz nach dem Urknall muss die Verschmelzung von Galaxien an der Tagesordnung gewesen sein, der Raum zwischen ihnen war noch mit sehr viel freiem Wasserstoff angefüllt. In dieser ersten Zeit waren die Galaxien klein, irregulär oder elliptisch. Nachdem sie mehr Material angesogen und bisweilen miteinander verschmolzen waren, entstanden die ersten Spiralgalaxien. Verschmelzen diese miteinander, ist das Ergebnis eine elliptische Galaxie, die selbst wiederum eigene Spiralarme entwickeln kann.

Zwölf Beispiele für Galaxienkollisionen, die vom Hubble-Weltraumteleskop aufgenommen wurden.

Die Leuchtfeuer des Universums

Von Quasaren und anderen aktiven Galaxien

Sie sind die energiereichsten Objekte des Universums – doch weil sie so weit entfernt sind, erscheinen sie nur wie schwache Sterne. Im Radiobereich dagegen senden sie eine starke Strahlung aus, zu der sich noch die Röntgen- und die Infrarotstrahlung sowie das Licht gesellen. All diese Eigenschaften brachten den Quasisternen, die in Wirklichkeit die hellen Zentren ferner Galaxien sind, den bekannten Kurznamen „Quasare" ein, deren Akronym in der Astronomen-Fachsprache QSO lautet.

Der Sternen-Schein trügt

Ausgeschrieben lautet der Begriff „quasistellares Radioobjekt". Die ersten Quasare wurden 1963 entdeckt, als es gelang, mehrere Radioteleskope zu sogenannten Radiointerferometern zu kombinieren. Auf diese Weise war es möglich, die genaue Position bereits bekannter Radioquellen festzustellen.

Völlig rätselhaft waren den Astronomen zu Anfang die Spektrallinien dieser Objekte. Der amerikanische Astronom Maarten Schmidt erklärte sie durch die Annahme, sie enstünden infolge der Wellenlängenverschiebung in den roten Bereich des Spektrums, die auftritt, wenn sich ein Körper sehr schnell vom Beobachter entfernt. Und die Messungen ließen darauf schließen, dass die Quasare mit weit über 90 % der Lichtgeschwindigkeit von uns wegrasen.

Deutet man das als Indiz für die Ausdehnung des Universums, so gehören Quasare mit einer Distanz von bis zu 15 Mrd. Lichtjahren zu den entferntesten Objekten, die wir kennen. Damit sie aus diesen Entfernungen für uns überhaupt noch optisch erkennbar sind, müssen sie sehr kompakt und außerordentlich leuchtintensiv sein sowie tausendmal mehr Energie aussenden als eine normale Galaxis.

Aktive Galaxien

Zu den sogenannten „aktiven Galaxien" gehören neben den Quasaren noch die Blazare, sowie die Seyfert- und Radiogalaxien. Drei Bestandteile prägen alle aktiven Galaxien: Da ist der zu beiden Polen mit Lichtgeschwindigkeit austretende heiße Materie-Jet, der Radiostrahlung und manchmal auch sichtbares Licht abgibt. Ferner gibt es einen innen zum Galaxienzentrum hin liegenden flachen Ring aus Gas und Staub, der aufgeheizt und zum Leuchten angeregt wird. Schließlich sitzt im Zentrum der Galaxie ein riesiges Schwarzes Loch von rund 1 Mrd. Sonnenmassen – die Energiequelle der aktiven Galaxie. Als Brennstoff dient einfallendes interstellares Gas, das das Schwarze Loch im Lauf der Zeit wachsen lässt. Bei seinem Sturz erzeugt die angesogene Materie eine rotierende Akkretionsscheibe. Ihr Inneres ist so heiß, dass es Röntgenstrahlung emittiert. An ihrem äußeren Rand gelangen zerstörte Sterne und interstellares Gas in ihren Einflussbereich. Stürzt ein Stern in das Schwarze Loch, dann kann sein dadurch aufleuchtendes Gas ein Jahr lang die Leuchtkraft der hellsten Galaxie übertreffen.

Rund 10,5 Mrd. Lichtjahre entfernt haben Astronomen erstmals ein Quasartrio entdeckt (Bildmitte).

Radiogalaxien – die Größten

Zu den größten Galaxien nicht nur dieser besonderen Art und der Galaxien allgemein, sondern zu den größten Objekten am Himmel gehören die Radiogalaxien. Aus ihrem Zentrum schießen ein oder zwei Jets Tausende von Lichtjahren ins umgebende All hinaus und formen riesige Wolken auf jeder Seite der Galaxie. Die spezielle Erscheinungsform der Radiogalaxie ergibt sich dadurch, weil wir den zentralen Staubring von der Seite sehen und damit der Kern verdeckt ist, wodurch die schwächeren Jets sichtbar werden.

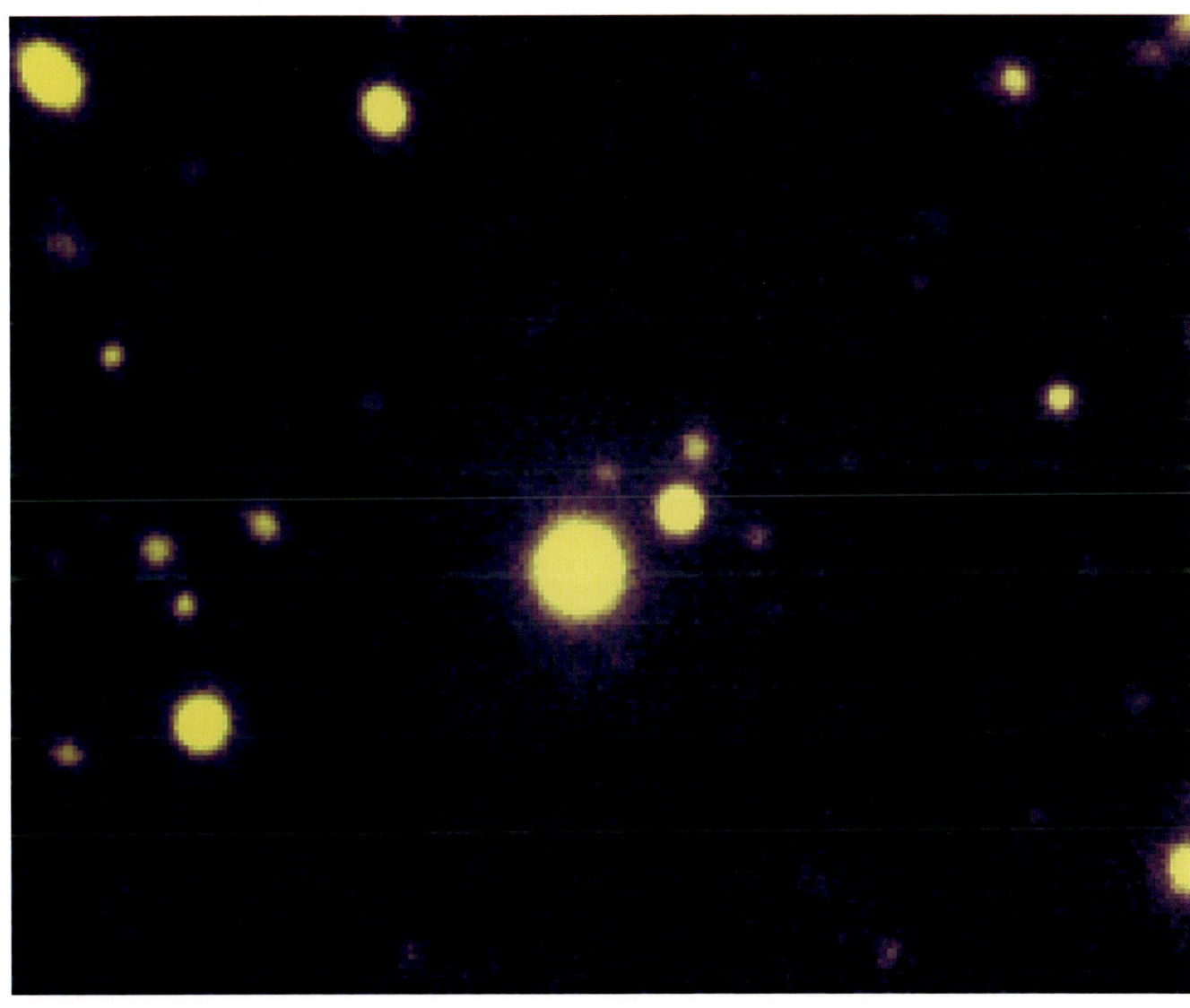

Unsichtbare Teile des großen Ganzen
Von Dunkler Materie und Dunkler Energie

Planeten, Sterne, Gas- und Staubnebel sowie Galaxien, zusammengehalten durch die Gravitation, bestimmen die Geschehnisse im Universum – so scheint es zumindest. Aber dieser Eindruck täuscht, denn die sichtbaren Objekte machen nur einen Bruchteil der Materie im Weltall aus. In Wirklichkeit gibt es etwa 30-mal mehr unsichtbare Materie; und auch die Gravitation ist nicht die alles bestimmende Kraft. Vielmehr ist es eine dunkle Energie. Dunkle Materie und Dunkle Energie sind somit die eigentlichen „Cosmic Player"!

Zwar unsichtbar, aber präsent
Auch wenn Dunkle Materie nicht zu sehen ist, weil sie wenig optische oder andere elektromagnetische Strahlung aussendet, geschweige denn reflektiert, kann man sie doch nachweisen, da ihre Schwerkraft Sterne, Galaxien und Lichtstrahlen ablenkt. Und tatsächlich existiert Dunkle Materie verschiedenster Art – in der Größe kleiner Sterne bis hin zu subatomaren Teilchen.

Den ersten Hinweis auf sie lieferten die Galaxienhaufen. In den 1930er-Jahren beobachtete der Astronom Fritz Zwicky den aus über 1000 Einzelgalaxien bestehenden Coma-Haufen. Er entdeckte dabei, dass sich dessen Mitglieder so schnell bewegten, dass der Haufen eigentlich hätte auseinanderbrechen müssen. Um ihn dennoch zusammenzuhalten, ist eine 400-fach höhere Schwerkraft notwendig als seine sichtbaren Bestandteile aufbringen können. Fazit: Es muss unsichtbare Materie vorhanden sein.

Den wahrscheinlich schlagendsten Hinweis auf die Existenz Dunkler Materie lieferte aber das Hubble-Weltraumteleskop. Auf einem Foto des Galaxienhaufens Abell 2218 ist zu sehen, wie diese 3 Mrd. Lichtjahre entfernte Welteninselansammlung als sogenannte Gravitationslinse wirkt: Das Licht hinter ihr liegender Galaxien wird durch seine Schwerkraft abgelenkt und auf weite Distanzen fokussiert. Dafür ist aber eine etwa 10-mal stärkere Schwerkraft notwendig, als sie die sichtbaren Galaxien aufbringen, und daher müssen 90 % des Haufens aus Dunkler Materie bestehen.

Von MACHOs, WIMPs und Neutrinos
Ein Gewand der Dunklen Materie könnten die MACHOs sein. Diese Abkürzung steht für: massive compact halo objects. Normale Materie ist in ihnen in Form kleiner unsichtbarer planetengroßer Objekte komprimiert, z. B. in dunklen Braunen Zwergen oder Schwarzen Löchern. Die meisten von ihnen liegen wahrscheinlich in den Halos um die Galaxien. Einige von ihnen wurden durch ihren Einfluss auf das Sternlicht der Großen Magellanschen Wolke entdeckt. Dagegen sind die WIMPs subatomare massereiche Teilchen mit schwacher Wechselwirkung, entstanden beim Urknall. Schwerer als ein Wasserstoffatom durchdringen sie ungehindert normale Materie. Und schließlich erfüllte der Urknall das gesamte Universum mit Neutrinos, die, obwohl sie nur 1/100 000 der Masse eines Elektrons haben, einen erheblichen Teil der Dunklen Materie bilden.

> ### Der dunkle Beschleuniger
> *Noch geheimnisvoller als die Dunkle Materie ist die Dunkle Energie, die seit kurzem (August 2008) von der Hypothese zum Fakt geworden ist. Sie ändert durch ihr Wirken das bisherige Verhalten des Universums: Statt dass seine Ausdehnung (Expansion) durch die Gravitationswirkung der Materie verlangsamt wird, beschleunigt die noch unbestimmte (!) Dunkle Energie diesen Vorgang. Seitdem besteht der Mix des Universums zu 65 % aus Dunkler Energie, 30 % Dunkler Materie und zu 5 % aus der sichtbaren Materie!*

Im Galaxiencluster Cl 0024+17 fand das Hubble-Weltraumteleskop einen Ring aus Dunkler Materie.

Geburt aus einer Explosion

Der Urknall und das Werden des Universums

Der britische Astronom Sir Fred Hoyle prägte nach dem Aufkommen jener Theorie, nach der das Universum aus einem winzigen Punkt explosionsartig entstanden ist, den ironischen Namen „Urknall" oder englisch „Big Bang" (Großer Knall), um deren Anhänger lächerlich zu machen. Dass er damit diese Theorie erst recht populär machte, ahnte er nicht. Bis heute erklärt sie folgende Phänomene am besten: Die Flucht der Galaxien und damit die derzeitige Expansion des Universums, die aus allen Richtungen zu empfangende 3-°Kelvin-Hintergrundstrahlung und die Häufigkeitsverteilung der Elemente, vor allem des Wasserstoffs.

Der Beginn von Allem

Am Anfang stand keine Explosion, sondern die Expansion des Punktes, in dem Raum, Zeit und Materie vereinigt war (Singularität). Das geschah vor 13,7 +/– 0,2 Mrd. Jahren, so der zur Zeit genaueste Wert. Was in den ersten Augenblicken nach dem Urknall ablief, ist unbekannt. Jedenfalls trennte sich am Ende dieser unvorstellbar kurzen Zeit die Schwerkraft von den übrigen drei Naturkräften, welche die kleinräumige Struktur der Materie bestimmen: die elektromagnetische Kraft, die Farbkraft (früher „starke Kernkraft" genannt) und die schwache Kernkraft. Das setzte wohl die Inflation in Gang, ein kurzes schnelles Aufblähen des Universums.

Während der Inflation entstanden nicht nur eine riesige Menge an Masse-Energie, sondern auch ein gleich großer, aber negativer Betrag an Schwerkraftenergie. Das Ergebnis dieser Phase war die Geburt der ersten Materie.

Es wurde Licht

Dieser Kosmos wurde von hochenergetischer Gammastrahlung erfüllt. Dennoch war der frühe Kosmos undurchsichtig. In der folgenden Viertelmillion Jahre änderte sich kaum etwas. Danach dehnte sich das Universum weiter aus und wurde erheblich dünner. Bei dieser Expansion und Abkühlung des Universums ging diese Strahlung durch Energieverlust zuerst in Röntgenstrahlung über, dann in Licht und schließlich in Wärmestrahlung. Durch den Temperaturrückgang wurden aber die Elektronen so weit abgebremst, bis sie sich 300 000 bis 400 000 Jahre nach dem Urknall, als die Temperatur auf 3000 °C gesunken war, mit den Atomkernen zu den ersten Atomen vereinten. Sie traten aber nicht mit Strahlung in Wechselwirkung, weshalb das Universum für Licht weitgehend durchlässig wurde – ein Ereignis, das heute noch als Hintergrundstrahlung von –270 °C oder 3 °Kelvin nachweisbar ist.

Anfangs glaubte man, die Hintergrundstrahlung sei gleichmäßig. Aber der 1992 gestartete NASA-Satellit Cosmic Background Explorer (COBE) registrierte kleine Schwankungen, nämlich Gebiete, die geringfügig wärmer oder auch kälter sind. Es sind Klumpen Dunkler Materie, aus denen sich später 100 bis 300 Mio. Jahre nach dem Urknall die Galaxien entwickelten.

Die Raumsonde WMAP hat die Spuren der 13,7 Mrd. Jahre langen Entwicklung des Kosmos im Blick.

Warum ist es nachts dunkel?

Das Universum dehnte sich nach seiner Geburt extrem schnell aus. Die Astronomen überblicken aber nur einen Radius mit 100 Mrd. Galaxien. Das Licht einer Galaxie, die heute 100 Mrd. Jahre alt ist, kann uns noch gar nicht erreicht haben – so alt ist der Kosmos noch gar nicht. Das Entfernteste, was wir sehen können, ist eine Wand heißer Gase kurz nach der Geburt des Universums. Sie sendet kurzwelliges Licht aus, das durch die Ausdehnung gestreckt wurde und sich als nicht sichtbare 3-°Kelvin-Strahlung bemerkbar macht.

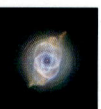

Ein Ende im „Big Crunch" oder „Big Chill"?

Die Zukunft des Universums

Wie hoch muss man einen Ball in die Luft werfen, damit er nicht wieder zurückkehrt, weil seine Beschleunigung die Schwerkraft überwindet? Vor einer ähnlichen Frage standen die Kosmologen bis zum Ende des 20. Jhs., wenn sie über das zukünftige Schicksal des sich ausdehnenden Universums nachdachten und diskutierten: Würde es bis in alle Ewigkeit weiterwachsen oder die ganze Entwicklung irgendwann rückwärts ablaufen?

Wende dank Dunkler Energie

Bis 1998 gingen die Forscher davon aus, dass sich die Ausdehnung des Universums verlangsamt, weil die Schwerkraft sie bremst. Sie glaubten ferner, dass ein einzelner Faktor – die Massen/Energie-Dichte des Universums – sein weiteres Schicksal entscheidet. Liegt demnach diese Dichte über einem kritischen Wert, würde die Schwerkraft schließlich die Expansion des Universums stoppen und das Universum in einem alles vernichtenden Kollaps implodieren, dem „Big Crunch". Bleibt aber die Materiedichte unterhalb oder genau bei diesem kritischen Wert, wird das Universum für alle Zeiten expandieren. Die Geschwindigkeit, mit der dies abläuft, nähme aber stetig ab. In diesem Fall stünde dem Universum ein langer Kältetod bevor, der „Big Chill".

Allerdings lassen seit 1998 neue Forschungsergebnisse den Schluss zu, dass sich die Expansion des Weltalls nicht verlangsamt, sondern im Gegenteil sogar immer schneller verläuft – die beiden bisher gängigen Modelle treffen also beide nicht zu. „Schuld" daran ist die Dunkle Energie. Sie beschleunigt die Expansion des Weltalls und ist auch für die fehlende Masse/Energie im All verantwortlich, die den Astronomen bisher Kopfzerbrechen bereitete. Aber nicht nur das, sondern auch noch dafür, wie das Universum geformt ist, d. h., wie seine Geometrie aussieht bzw. welche Raum-Zeit-Krümmung es aufweist.

Geschlossen – offen – flach?

Bevor die Dunkle Energie entdeckt wurde, gab es einen Zusammenhang zwischen den Theorien zum Schicksal des Universums und diesen Geometrien: Ein positiv gekrümmtes oder „geschlossenes" und damit begrenztes Universum, in dem die Dichte über einem kritischen Wert liegt, würde in einem „Big Crunch" enden; ein negativ gekrümmtes oder „offenes" unbegrenztes Universum dagegen in einem „Big Chill". Liegt jedoch die Dichte des Universums genau bei einem kritischen Wert, wäre es „flach" und würde ebenfalls in einem „Big Chill" enden, bei dem die Expansion allerdings am Ende zum Stillstand käme.

Aber: Seitdem die Dunkle Energie entdeckt wurde, gilt das alles nicht mehr. Bleibt sie konstant, kann jeder dieser Typen für alle Zeiten expandieren. Nimmt sie dagegen ab, kann das für alle zum „Big Crunch" führen. Zurzeit favorisieren die Kosmologen das flache Universum mit beschleunigter Expansion.

Der „Big Chill" – ein langsamer Tod

In 1 Billion (10^{12}) Jahren: Das Gas zur Entstehung neuer Sterne ist erschöpft.

In ca. 10^{25} Jahren: Der größte Teil der Materie ist in Sternenleichen wie Schwarzen Löchern oder Weißen Zwergen konzentriert, die in die supermassiven Schwarzen Löcher in den Zentren der Galaxien stürzen.

In ca. 10^{32} Jahren: Protonen zerfallen in Strahlung (Photonen), Elektronen, Positronen und Neutrinos. Alle Materie, die sich nicht in Schwarzen Löchern befindet, löst sich auf.

Nach 10^{67} Jahren: Die Schwarzen Löcher verdampfen durch Abgabe von Teilchen und Strahlung.

Nach 10^{100} Jahren: Auch die supermassiven Schwarzen Löcher verdampfen. Das erkaltete Universum ist nur noch ein Meer aus Photonen und Elementarteilchen.

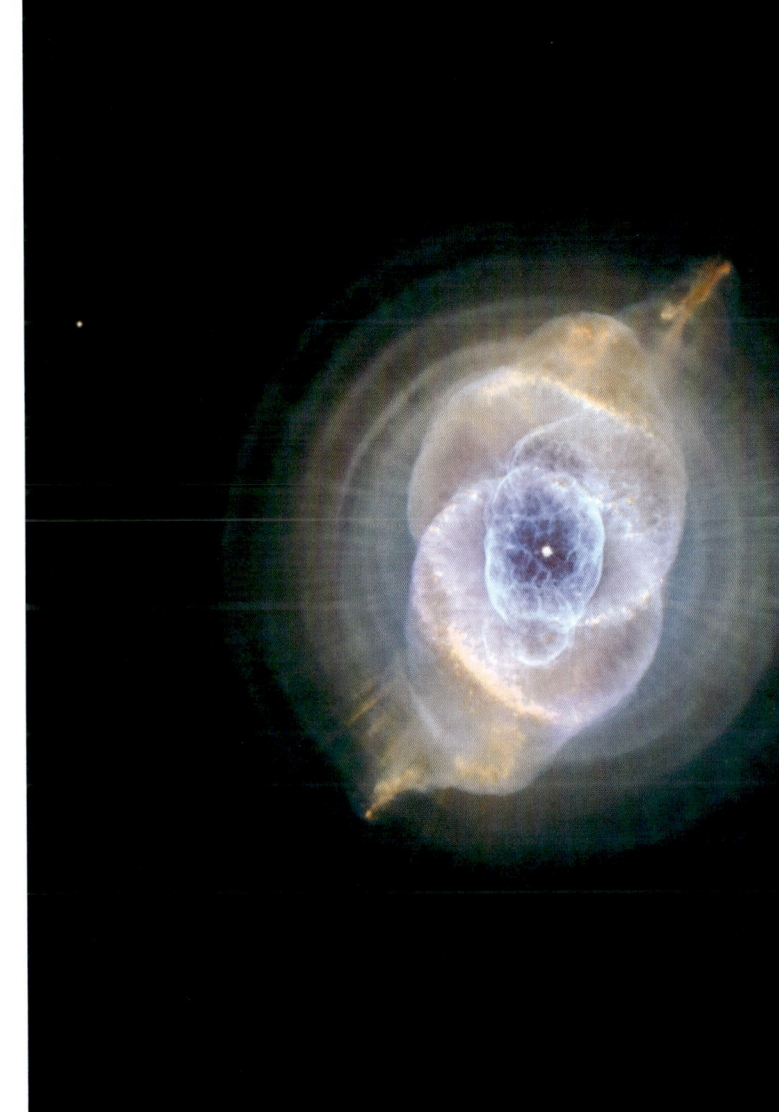

Derzeit kann man im Kosmos noch ein ständiges Werden und Vergehen beobachten. Alte Sterne stoßen vor ihrem Ende gewaltige Materiemengen ab (hier z. B. im Katzenaugennebel zu beobachten), aus denen sich später wieder neue Sterne bilden können. Doch irgendwann wird dieser Prozess zum Erliegen kommen und das Universum beginnt allmählich zu sterben.

Auf dem Feuerstrahl ins All

Weshalb Raketen für die Weltraumfahrt?

Wenn heute der Spaceshuttle zur ISS startet oder die europäische Trägerrakete Ariane 5, dann sind wir es gewohnt, dass das auf einem Feuerstrahl geschieht. Ein schubkräftigeres Mittel als den Raketenantrieb gibt es nicht, um die Schwerkraft der Erde zu überwinden. Und noch etwas kommt hinzu: Im Weltraum herrscht ein vollständiges Vakuum, d.h., es gibt kein Medium, das einen Flugkörper trägt oder das er für seine Treibstoffverbrennung „atmen" kann. Die Rakete braucht ein solches

Medium auch nicht, denn mithilfe der Treibstofftanks wird sie davon unabhängig.

„Raketengesetze"

Der Start einer Rakete wird von den Gesetzen der Physik bestimmt, und zwar besonders von den drei Newtonschen Bewegungsgesetzen. Die Ausgangslage ist, dass die Masse eines Objekts ein Maß dafür bildet, wie viel Materie es enthält. Die Masse ist überall dieselbe – egal ob auf der Erde, im Weltraum oder auf einem anderen Himmelskörper. Das Gewicht des Objekts wird dagegen von der Schwerkraft bestimmt, die auf seine Masse wirkt. Schwerkraft und Gewicht verringern sich mit zunehmender Entfernung von der Erde. Um sie zu erreichen, braucht die Rakete beim Start genügend Schubkraft, was durch entsprechende Treibstoffe und deren Verbrennung in der Brennkammer bewirkt werden soll. Wäre die Kammer verschlossen, würde sie explodieren. Die Gase können nur durch eine kleine kegelförmige Düse nach unten entweichen. Dadurch üben sie eine Kraft nach oben aus, die entgegengesetzt gleich der Kraft der entweichenden Abgase ist.

Fest und flüssig – beides treibt

Jeder kennt Silvester-Feuerwerksraketen. Dabei handelt es sich um Feststoffraketen und

damit um traditionelle Raketen, denn schon die ersten in China im 10. Jh. entwickelten Raketen wurden mit einem festen Treibstoff aus Salpeter, Holzkohle und Schwefel angetrieben. Auch die in Europa dann verwendeten Feuerwerks-, Kriegs- und Seenotrettungsraketen waren Feststoffraketen. Sie haben nämlich einen Vorteil: Sie brauchen wegen der besonderen Art ihres Treibstoffs keine speziellen Tanks – die Raketenhülle an sich ist gleichzeitig der Tank. Der feste Treibstoff ist zu Kügelchen geformt, die sowohl das Oxidationsmittel als auch den Brennstoff enthalten. Hinzu kommen zusätzliche Substanzen, die den Zerfall während der Lagerung verhindern. Dagegen hat eine Flüssigkeitsrakete in ihrer Hülle zwei getrennte Tanks: einen für das Oxidationsmittel Sauerstoff, der zum Verbrennen des Treibstoffs benötigt wird, und einen für den Treibstoff. Beide werden durch Pumpen in die Brennkammer gedrückt, wo sie dann miteinander reagieren und den notwendigen Schub erzeugen. Aber: Der Siedepunkt von flüssigem Sauerstoff liegt bei −183 °C, und bei dieser Kälte bricht Metall, wird Gummi spröde. Flüssiger Wasserstoff verdampft bei −253 °C. Dies alles erschwert die Handhabung und macht den Treibstoff zu einem Risikofaktor, erhöht aber seinen Wirkungsgrad.

Weshalb Stufenraketen?

Um einen Satelliten in den Erdorbit zu bringen, sind rund 8 km/s notwendig, um dem Schwerefeld der Erde zu entrinnen, 11,2 km/s. Um das zu erreichen, müssten 96% des gesamten Raketengewichts aus Treibstoff bestehen, was technisch nicht durchführbar ist. Den Ausweg bietet die Stufenrakete. Dabei werden mehrere übereinandergesetzte Raketen gestartet, wobei die unterste die größte ist und die nächsten immer kleiner werden. Sie brennen nacheinander und steigern so die Geschwindigkeit auf den benötigten Wert. Statt Stufen lassen sich auch mehrere Raketen bündeln, wodurch das Trägerfahrzeug nicht so hoch wird.

Die 110 m hohe dreistufige Saturn-V-Rakete, die von 1968 bis 1972 achtmal US-amerikanische Astronauten zum Mond trug, auf ihrer mobilen Startrampe in Cape Canaveral während der Startvorbereitungen. Links oben das Ziel: der Mond.

Weltraumbahnhöfe

Bekannte Raketenstartplätze

Raketenstartzentren werden meist als „Tore", „Schleusen" oder „Bahnhöfe" ins All umschrieben, und das zu Recht. Der Start in den Weltraum erfordert zahlreiche Vorbereitungen, angefangen vom Zusammenbau des Fahrzeuges, über den Check seiner verschiedenen Bestandteile und den Transport zur Abschussrampe bis hin zum Countdown mit dem anschließenden Abheben von der Plattform. Cape Canaveral (Florida), Baikonur (Kasachstan), Kourou (Französisch-Guayana) und seit einigen Jahren auch Xichang (China): Nach mehr als 50 Jahren Raumfahrt sind die Namen dieser Raketenstartplätze heute jedem geläufig.

Tore oder Schleusen ins All

Wie groß die Raumfahrtzentren sind, hängt vom Umfang ihrer Aufgaben und den Finanzen ihrer Betreiber ab. Manche sind kleine, andere riesige teure Anlagen, die sich über viele Hektar erstrecken. Bei einem Raketenstartplatz gruppieren sich in der Umgebung der Startrampe neben dem verbunkerten Kontrollzentrum, wo die Spezialisten der Mission den Countdown überwachen, zahlreiche Montagehallen. Weiterhin gibt es riesige Treibstofftanks, Wetterstationen, die die Wetterbedingungen vor Ort am Tag des Starts vorhersagen, und Bodenstationen, von denen aus die erste Flugphase verfolgt wird.

Ist der Ort auch noch ein Raumfahrtzentrum, werden hier also auch die Raketen und Nutzlasten entwickelt, was logistisch und damit wirtschaftlich gesehen am günstigsten wäre, kommen noch Prüfstände für die Raketentriebwerke hinzu, ferner Laboratorien und nicht zuletzt Büros sowie Unterkünfte für das an diesem Ort arbeitende Personal.

Bei allen großen Raumfahrtnationen sind jedoch die Raketenstartplätze von den Entwicklungszentren sehr weit entfernt. So wurden die US-Saturn-Raketen zwar in Cape Canaveral gestartet, aber im Marshall Space Flight Center Huntsville/Alabama geplant, gebaut und getestet und dann per Schiff oder Spezialflugzeug nach Florida transportiert.

Standortkriterien

Bei der Lage des Startplatzes spielen mehrere Faktoren eine wichtige Rolle. Zunächst muss er weit entfernt von bewohnten Gebieten sein, zeigten doch schreckliche Unfälle der ersten 40 Jahre Raumfahrt, wie wichtig eine derartige Maßnahme ist. So liegen Cape Canaveral und Kourou in einem tropischen Sumpf- und Dschungelgebiet sowie an der Atlantikküste. Das offene Meer stellt auch die Schussrichtung dar, sodass bei einem Absturz oder einer Notsprengung niemand gefährdet wird. Andererseits müssen die Plätze wegen der benötigten Ausrüstung leicht zugänglich sein. Auch die geografische Lage ist wichtig: Starts in östliche Richtung sind günstig, weil sie von der Erddrehung nach Osten profitieren, also sozusagen „mit dem Wind segeln"; und wenn der Startplatz nahe genug am Äquator liegt, bekommt die Rakete noch einen größeren „Schwung" mit, weil hier die Rotationsgeschwindigkeit der Erde am höchsten ist.

Die bekanntesten Raketenstartplätze

Name	Lage	Koordinaten	Betreiber	Erster Start
Baikonur	Kasachstan	45°55'N u. 63°18'O	Russland	4. November 1957
Cape Canaveral	Florida	28°28'N u. 80°32'W	USA	24. Juli 1950
Kourou	Franz.-Guayana	5°13'N u. 53°45'W	Frankreich	10. März 1970
Xichang	China	27°53'N u. 102°16'O	China	29. Januar 1984

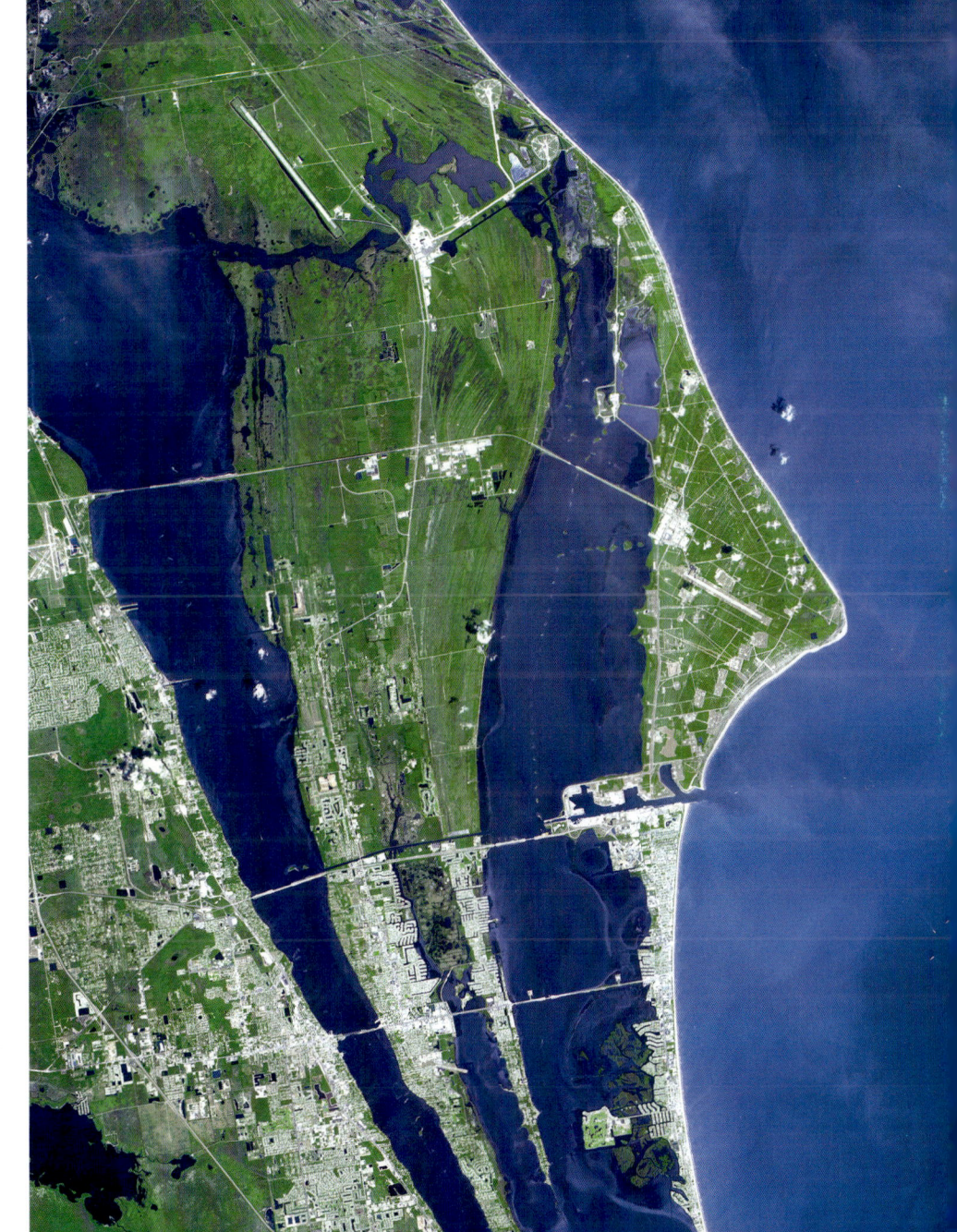

Der Weltraumbahnhof Cape Canaveral und das Kennedy Space Center in Florida. Deutlich sind auf diesem Satellitenfoto die direkt an der Küste gelegenen Startrampen mit den Zufahrtsstraßen zu erkennen.

A4/V2: der Schuss ins Weltall

Die erste Großrakete entstand in Deutschland

Ob man es nun will oder nicht: Es war die deutsche ballistische Kriegsrakete V2, die die Grenze zum Weltraum zuerst erreichte. Diese unter der Leitung von Wernher von Braun in den Jahren 1936–42 in Peenemünde auf der Halbinsel Usedom entwickelte Rakete hatte alles, was auch heutige Großraketen ausmacht. Nicht umsonst wird die A4/V2 die „Großmutter" aller modernen Raketen genannt.

Eine Verlegenheitslösung

Die Grundlagen der Raketentechnik waren von dem Russen Konstantin Ziolkowski und dem Deutschen Hermann Oberth im frühen 20. Jh. gelegt worden. Während Ziolkowskis Arbeiten („Erforschung des Weltraums mittels Reaktionsapparaten", 1903) relativ unbekannt blieben, fand Oberths Werk „Die Rakete zu den Planeträumen" (1923) weite Verbreitung und führte in Deutschland zu lebhaften Diskussionen. Sichtbarer Ausdruck war Fritz Langs Film „Frau im Mond" (1929) sowie der Zusammenschluss junger Ingenieure im Verein für Raumschifffahrt (VfR), der auch erste Raketenexperimente durchführte. Viel weiter auf diesem Gebiet war aber der US-Amerikaner Robert H. Goddard, der 1926 mit dem Start einer flüssigkeitsgetriebenen Rakete eine Revolution einleitete.

In Deutschland interessierte sich ab 1932 auch die Reichswehr für den Raketenbau. Der Grund: Sie wollte aus der Not eine Tugend machen. Der Versailler Vertrag hatte die Deutschen nach dem Ersten Weltkrieg nicht nur zu einer umfangreichen Abrüstung gezwungen, sondern ihnen auch die Entwicklung neuer weitreichender Waffen verboten. Von Raketen stand in diesem Vertrag aber nichts, und hier sahen die Militärs ihre Chance.

Peenemünde und Nordhausen

Generalmajor Dornberger bot den VfR-Mitgliedern großzügige Unterstützung an, allerdings um den Preis absoluter Geheimhaltung. Darauf wollten sich nur wenige einlassen. Diejenigen, die das wie Wernher von Braun taten, arbeiteten an der Entwicklung der ersten Großrakete unter der Bezeichnung A, ab 1933 zuerst in Kummersdorf bei Berlin, später in Peenemünde auf der Halbinsel Usedom, wo das modernste Raketenforschungszentrum der damaligen Zeit mit Laboratorien, Prüfständen und Startrampen errichtet wurde.

Das Ergebnis war das 14 m hohe Aggregat 4. Diese Rakete wurde erstmals im März 1942 getestet, aber erst am 3. Oktober 1942 gelang ein erfolgreicher Start. Bei diesem Testflug erreichte sie mit einer Spitzengeschwindigkeit

von fast Mach 5 (4824 km/h) eine Gipfelhöhe von 84,5 km und drang als erste Rakete in den Weltraum vor. Adolf Hitler gab ihr daraufhin die höchste Dringlichkeitsstufe – von der NS-Propaganda Vergeltungswaffe 2 (V2) getauft. Nach der Bombardierung Peenemündes durch die Royal Airforce im August 1943 wurde die Produktion in eine unterirdische Fabrik im Kohnstein bei Nordhausen verlegt, wo Tausende Zwangsarbeiter sie unter unmenschlichen Bedingungen fertigen mussten, was auch von Braun bekannt war. Nach offizieller Zählung in den SS-Akten kamen etwa 12 000 Zwangsarbeiter ums Leben. Hinzu kommen noch etwa 8000 Opfer durch den Einsatz der Waffe.

Steckbrief A4/V2	
Länge:	14 m
Größter Durchmesser:	1,7 m
Startmasse:	12,8 t
Leermasse:	4,1 t
Antrieb:	Ethylalkohol und Sauerstoff
Startschub:	25 t
Nutzlast:	1 t Sprengstoff
Reichweite:	250–300 km
Hergestellt/gestartet:	6000/3200
Kampfeinsatz:	6. Sept. 1944–27. März 1945

Dieser Nachbau einer A4/V2 steht in Peenemünde auf der Halbinsel Usedom. Die von Hitler als „Wunderwaffe" bezeichnete Rakete war die erste weltraumtaugliche Trägerrakete der Welt.

Kugeln und Kapseln
Die ersten Raumschiffe

Der Vorstoß der Menschen in den Weltraum wurde nicht, wie es sich Visionäre wie Werner von Braun vorstellten, mit geflügelten pfeilförmigen Raumschiffen durchgeführt. Stattdessen setzte man kugelförmige oder kegelförmige enge Raumkapseln ein. Der Grund: Es herrschte der Kalte Krieg, und die USA und die UdSSR befanden sich in einem Wettlauf zum Mond. Der aber ließ keine Zeit für eine langwierige Entwicklung vom Düsenjet über das Raketenflugzeug zum Raumschiff.

Der kleine, aber feine Raumfahrtunterschied

Genauer betrachtet waren die ersten Raumkapseln nichts weiter als modifizierte Geschosse oder bemannte Satelliten. Gestartet wurden sie auf Interkontinentalraketen. Es galt, so pragmatisch wie möglich vorzugehen und dabei den größtmöglichen technischen und auch propagandistischen Erfolg zu erzielen, wenn auch um den Preis einer kostspieligen Parallelentwicklung. Auf beiden Seiten wurde der Weg ins All in denselben Schritten in Angriff genommen: erfolgreiche Ein- und Zwei-Mann-Flüge um die Erde, Gruppenflüge und Rendezvous im All.

Doch bei allen Parallelen zeigten sich auch gewisse Unterschiede, z.B. in der Form der Raumkapseln: Sowjetische waren kugelförmig und mit einer stromlinienförmigen Hülle verkleidet, US-Raumkapseln dagegen besaßen die Form eines Kegels oder einer Glocke und bildeten so gleichzeitig die Raketenspitze. Dieses Verfahren sparte nämlich erhebliches Gewicht, worauf die sowjetischen Konkurrenten nicht so große Rücksicht nehmen mussten. Da nämlich ihre A- und H-Bomben schwerer und die ganze Technik robuster gebaut waren, mussten sie für deren Transport schubstärkere Raketen entwickeln, wobei sie so vorgingen, dass mehrere Einzelraketen gebündelt wurden.

Kugel gegen Glocke

Es gab aber noch einen anderen Grund für die robustere Konstruktionsweise, die – wenn es um sowjetische Raumfahrzeuge ging – manch einen damaligen Kabarettisten von „Weltraumtraktoren" sprechen ließ: Die Sowjetrussen als klassische Landmacht legten die Flugbahnen ihrer Raumschiffe so, dass sie zum großen Teil über ihr Staatsgebiet führten. Sie ließen dann ihre Kosmonauten im wörtlichen Sinne „landen", und zwar an einem Fallschirm getrennt von ihrer Kapsel, aus der sie sich zuvor mit einem Schleudersitz katapultiert hatten. Diese Form der Rückkehr zum Boden geschah nicht gerade sanft: Knochenbrüche waren manchmal die Folge.

Die USA dagegen – als Seemacht und zu beiden Seiten vom Meer umgeben –, ließen ihre Astronauten wassern, um sie dann mit ihrer Kapsel von Hubschraubern aufzufischen und zum Bergungsschiff zu bringen. Dass auch diese Methode nicht risikolos war, zeigte sich bei Gus Grissoms Flug am 21. Juli 1961 (Mercury-Redstone 4), bei der der Astronaut nach der Landung fast ertrunken wäre.

Späte Bergung

Virgil „Gus" Grissoms 1961 verloren gegangene Mercury-Kapsel konnte erst 1999 aus dem Atlantik geborgen werden. Es war die bisher teuerste kommerzielle Bergung aus der Tiefsee, da die Kapsel fast 6000 m tief auf dem Grund des Atlantiks lag. Schon die Entdeckung der Kapsel grenzt an ein Wunder, wenn man bedenkt, wie lange nach der 1912 gesunkenen „Titanic" gesucht wurde. Sie ist um ein vielfaches größer als die Kapsel und liegt zudem noch fast 2000 m weniger tief auf dem Meeresboden.

Ende August 1965 wird die Kapsel der Gemini-5-Mission von dem Bergungsschiff U.S.S. Lake Champlain aus dem Meer geborgen.

Reisen zum Mond

Projekt Apollo

„Wir wollen in diesem Jahrzehnt zum Mond gelangen und die anderen Dinge tun, nicht weil sie leicht sind, sondern weil sie schwierig sind…" begründete US-Präsident John F. Kennedy in seiner zweiten berühmten Rede am 12. September 1961 in Houston, Texas, Amerikas Aufbruch zum Erdtrabanten. Bereits am 25. Mai hatte er den Kongress auf dieses Ziel eingeschworen, und die seit dem 1. Oktober 1958 arbeitende zivile Raumfahrtbehörde NASA sollte ihm helfen, dieses ehrgeizige Ziel zu verwirklichen. Dafür blieben knapp acht Jahre Zeit.

Raumschiff Gemini

Allen Beteiligten war klar, dass man dazu neue Raumschiffe und Trägerraketen brauchte und der Weg einer bemannten Landung auf dem Mond nur schrittweise zu bewältigen war. Kapseln, wie die, die für die Orbitalflüge des Mercury-Programms verwendet wurden und nur einem vorgegebenen Kurs folgten, reichten für dieses Unternehmen nicht mehr aus. Das neue Raumfahrzeug musste seine Flugbahn ändern, also wirklich fliegen können und auch in der Lage sein, an ein anderes Raumschiff anzukoppeln. So entstand das dreiteilige Gemini-Raumschiff mit dem zweisitzigen, einer großen Mercury-Kapsel ähnelnden Wiedereintrittsmodul, einem Bremsmodul und einem Gerätemodul. Der Besatzung stand aber zum Leben und Arbeiten nur das Wiedereintrittsmodul zur Verfügung. Energie- und Sauerstoffvorräte waren im Gerätemodul untergebracht; die Triebwerke zum Manövrieren sowie die Bremsraketen für den Wiedereintritt hatten ihren Platz im Bremsmodul.

Mit diesem Raumschiff wurden alle Manöver und Techniken geprobt, die für den bemannten Mondflug erforderlich waren: Langzeitaufenthalte in der Schwerelosigkeit, Ausstieg der Astronauten, Rendezvous und Kopplung mit anderen Raumflugkörpern. Nach (!) der Apollokapsel konzipiert, war das Gemini-Raumschiff in mancherlei Hinsicht fortschrittlicher als sein Nachfolger.

Apollo-Mondorbiter und -lander

Ursprünglich sollte der Flug zum Mond mit einer riesigen dreistufigen Rakete namens Nova im Direktflug erfolgen, mit einer Landung der beiden oberen Stufen und ihrer Besatzung. Eine zweite Idee sah vor, das Mondraumschiff mit einem zuvor in den Erdorbit geschossenen Treibstofftank zu koppeln, der Treibstoff für die Reise zum Mond enthielt. Schließlich entschieden sich die Planer und Verantwortlichen aber für die Mond-(Lunar)-Orbit-Rendezvous (LOR) genannte Idee. Hierbei brachte eine dreistufige Rakete das Raumschiff auf den Weg zum Mond, wo dann eine zweiköpfige Besatzung in einem Landemodul zur Oberfläche abstieg, während das sogenannte Command Service Modul (CSM) mit Treibstoff für die Rückkehr und einem Mann im Mondorbit verblieb. Dies führte zur berühmten Apollo-Konfiguration, auf Kurs gebracht von der nicht weniger berühmten 110 m hohen Saturn-V-Trägerrakete. Mit ihnen wurde am 20. Juli 1969 Kennedys großes Ziel erreicht.

> ### Eine Rede, die die amerikanische Nation elektrisierte
> US-Präsident Kennedy am 25. Mai 1961 vor dem Kongress: „Ich meine, diese Nation sollte sich dafür engagieren, noch vor dem Ende dieses Jahrzehnts einen Menschen auf dem Mond zu landen und ihn sicher zurück zur Erde zu bringen. Kein anderes Weltraumprojekt unserer Zeit wird für die Menschheit eindrucksvoller oder für die langfristige Erforschung des Weltraums wichtiger sein, und keines wird so schwierig oder so kostspielig zu erreichen sein wie dieses!"

Der Apollo-XI-Astronaut Edwin Eugene „Buzz" Aldrin, nach Neil Armstrong zweiter Mensch auf dem Mond, salutiert auf dem Mond vor der US-Flagge.

Wo sind die Marsianer?
Die Erforschung des Roten Planeten

Es war nur logisch, dass sich nach dem erfolgreichen Start der ersten erdumkreisenden Satelliten das Augenmerk der USA und UdSSR auf Mars und Venus richtete. Sie waren doch zu erdähnlich, wenn auch nur im weitesten Sinne. Aber gerade die Frage nach dem Grad der Erdähnlichkeit dieser zu den terrestrischen Planeten gehörenden Nachbarwelten trieb die Forscher an, diese Welten mithilfe von Raumsonden näher in Augenschein zu nehmen – und das mit wechselndem Erfolg.

Zweifelhafte Laborbefunde

Große Aufmerksamkeit zog das biologische Labor der Raumsonde Viking auf sich, das mit drei Experimenten die entnommenen Bodenproben nach Beweisen für Fotosynthese und Bakterien oder sonstiges (auf Kohlenstoff basierendes) organisches Material untersuchte. Bei den Untersuchungen wurden zwar keine Anzeichen für Fotosynthese und organisches Material gefunden, doch der Boden schien zu reagieren, wenn ihm Nährstoffe zugeführt wurden. Die meisten Wissenschaftler sahen das eher als Zeichen für ungewöhnliche chemische Vorgänge an als für Leben. Doch ließen die Ergebnisse bis heute keine Entscheidung zu.

Mars macht mobil

Doch das Wann und Wohin wurde durch den Kalender diktiert. Da Venus, Erde und Mars die Sonne mit unterschiedlichen Geschwindigkeiten umkreisen, ändert sich die Entfernung zwischen ihnen ständig. Der einzig mögliche Zeitraum für den Flug einer Raumsonde ist danach derjenige, in dem der Zielplanet den kürzesten Abstand zur Erde hat. In der Regel ergibt sich daraus ein „Startfenster" von nur wenigen Wochen. Das zu nutzen und dabei die Systemtechnik ebenfalls erfolgreich arbeiten zu lassen, mussten beide Nationen erst lernen – und das aus Fehlschlägen.

Beim Mars sah die Bilanz bis zur neuesten erfolgreich gelandeten Raumsonde Phoenix so aus: Von den 1960 bis Ende 2005 zum Mars entsandten 37 Raumsonden waren nur 13 erfolgreich – elf amerikanische, eine sowjetische und eine europäische.

Suche nach Lebensspuren

Doch die geglückten Mars-Missionen waren wegen ihrer spektakulären Ergebnisse umso beeindruckender. Zwar ließen 1965 die wenigen (21) von der Raumsonde Mariner 4 übermittelten Bilder zunächst auf einen vollständig wüstenhaften, mondähnlichen Planeten schließen. Doch Mariner 9 zeigte mit ihren Fotos 1971–1972, dass unser roter Nachbar nicht nur eine mit Kratern übersäte Welt war, sondern auch mit sanften Ebenen sowie einem gigantischen Canyon und hohen Vulkanen aufwarten konnte. Und so wuchs die Hoffnung, dass es auf diesem Planeten in der Vergangenheit möglicherweise Wasser und sogar Leben gegeben hatte.

Das spornte zu weiteren Missionen an, und so landeten im Juni und August 1976 die Sonden Viking 1 und 2, um mit einem Greifarm nach Lebensspuren zu suchen und die Proben im bordeigenen Minilabor zu analysieren.

Eindrucksvollen Erfolg zeigten auch die Marssatelliten/Raumsonden Mars Global Surveyor (Start: 1999), Mars Odyssee (2001) und Mars Express (2004). Ihre Kameras übermittelten eine Fülle bis dahin nie gekannter Detailbilder und -daten über den Mars. Auf seiner Oberfläche kurvten erfolgreich Rover, die mit speziellen Landern abgesetzt worden waren, um ihr Gestein zu analysieren und die Landschaft zu fotografieren: Mars Pathfinder (1997) mit Sojourner, sowie Spirit und Opportunity (2004). Die einzige Sonde, die zur Zeit direkt nach Lebensspuren auf dem Mars sucht, ist die am 25. Mai 2008 in der marsianischen Nordpolarregion erfolgreich gelandete Raumsonde Phoenix.

Die am 25. Mai 2008 erfolgreich in der Nordpolar-
region des Mars gelandete US-Raumsonde
Phoenix konnte Ende Juli 2008 erstmalig direkt die
Existenz von Wassereis auf dem Mars nachweisen.

Kombi-Taxi ins Weltall

Das Space Transportation System

Schon einigen Raumfahrtpionieren wie Eugen Sänger in den 1930er-Jahren war klar, dass Feststoff- und Flüssigkeitsraketen für einen ständigen Raumflugbetrieb keine Ideallösung bildeten, da sie nur einmal verwendet werden konnten. Er schlug deshalb ein geflügeltes, raketengetriebenes Raumfahrzeug vor. Auch die NASA entschied sich nach dem Ende des Apollo-Mondlandeprogramms im Hinblick auf den Bau einer bemannten Raumstation für ein solches Raumtransporter-Konzept.

Nur teilweise recyclebar

Nachdem dieses Projekt 1975 offiziell verkündet worden war, erhielt die NASA eine Flut von Vorschlägen. Der populärste sah ein Trägerflugzeug vor, das einen Raumgleiter an den Rand des Weltraums brachte, dort ausklinkte und selbst zur Erde zurückkehrte, wo es normal landete. Aus Kostengründen wurde das Projekt eines komplett wiederverwendbaren Raumtransportsystems aber nicht weiter verfolgt. Gewisse Ansätze waren die Flüge des Raketenflugzeugs X-15, das für seinen Flug von einem strategischen B-52-Bomber auf die entsprechende Höhe gebracht wurde, oder der Transport der Spaceshuttles huckepack auf einer umgebauten Boeing 747 zu Test- und Rücktransportzwecken.

Finanzielle Engpässe ließen die Konstrukteure bald auf eine wiederverwendbare Aufstiegsstufe in Form eines strahlgetriebenen Riesenflugzeugs verzichten. Und so wurde nur das Raumfahrzeug wiederverwendbar konstruiert. Die Entwicklung eines komplett wiederverwendbaren Systems hätte 10–12 Mrd. Dollar gekostet. So war das Ergebnis ein raketengetriebenes Raum-Gleitflugzeug auf einem riesigen Tank (external tank; ET) mit zwei seitlich angebrachten Feststoffraketen: der heutige Spaceshuttle oder das Space Transportation System, kurz STS, wie der offizielle Name lautet.

Weshalb Rückenfluglage?

Auf zahlreichen Bildern sieht man, wie der Spaceshuttle im Orbit meist mit geöffneten Ladebuchtverschlussklappen zur Erdoberfläche hin orientiert fliegt. Das hat systembedingte thermische Gründe. Die Innenseiten der Klappen dienen nämlich als Kühler zur Temperaturregelung des Raumschiffs. Da die Unterseite des Orbiters Strahlung aus dem All wirksamer abweisen kann als die Oberseite, fliegt er normalerweise auf dem Rücken, sodass dann eben der Laderaum zur Erde zeigt.

Ritt auf dem Tank

Hauptkomponente ist der Shuttle-Orbiter. Mit einer Länge von 37,19 m, einer Höhe von 17,27 m, einer Spannweite von 23,79 m und einer Leermasse von 37,19 t hat der Orbiter, der Besatzung und Nutzlast beherbergt, etwa die Größe eines Kurzstrecken-Verkehrsflugzeugs. Markantestes Teil des Raumtransportersystems ist der Flüssigsauerstoff-Tank, auf dem huckepack der Raumgleiter sitzt. Dieser Tank versorgt ihn während des Starts und Aufstiegs in die Erdumlaufbahn mit Treibstoff; dasselbe tun die beidseitig montierten Feststoffraketen. Diese „Booster" werden noch in der Erdatmosphäre abgesprengt und gehen an Fallschirmen im Meer nieder; sie werden geborgen und wieder aufgefüllt. Der externe Tank dagegen verglüht nach seinem Absprengen in der Atmosphäre.

Die maximale Aufenthaltsdauer an Bord liegt bei 30 Tagen, wobei Höhen zwischen 180 und 1100 km erreicht werden können; die durchschnittliche Flughöhe liegt aber zwischen 300 und 600 km.

Ein typischer Spaceshuttle-Start. Deutlich sind alle drei Komponenten zu sehen: der eigentliche Raumgleiter, der große Flüssigtreibstofftank und eine der beiden Feststoffraketen.

Rüstungen für die Leere

Raumanzüge – die tragbaren Raumschiffe

Wenn man Astronauten in Filmen über die Apollo-Mondlandungen auf der Mondoberfläche herumspazieren sieht oder wenn sie über der langsam vorbeiziehenden Erdoberfläche an der ISS oder dem Hubble-Weltraumteleskop Wartungsarbeiten vornehmen, dann ähneln sie in ihren weißen Raumanzügen und den dunklen heruntergeklappten Helmvisieren verblüffend mittelalterlichen Rittern, die per Zeitreise ins All versetzt wurden.

Ein mehrschichtiger Panzer

Der Raumanzug ist tatsächlich eine Art Rüstung, muss er doch seinen Träger vor den Gefahren des Alls, wie starker Hitze (+121 °C) oder Kälte (–156 °C) schützen. Weiterhin drohen gefährliche hochenergetische Strahlen sowie Mikrometeoriten. Gleichzeitig soll der Anzug aber genug Bewegungsfreiheit für Aktivitäten lassen. Mit anderen Worten: Der Raumanzug muss ein tragbares Raumschiff sein.

Jeder Raumanzug besteht daher aus einem Gemisch verschiedener Textilien, Kunststoffe und oft auch Metalle, die in elf verschiedenen Schichten angeordnet sind. Die innerste Schicht ist von Schläuchen durchzogen, durch die kaltes Wasser gepumpt wird, damit der Raumfahrer in seinem Anzug nicht überhitzt. Darüber liegt eine Schicht Neopren, die gas-

dicht, aber flexibel ausgeführt ist und so den Überdruck halten kann.

Die äußeren Anzugschichten sind aus widerstandsfähigen, brandhemmenden Aramidfasern gefertigt. Bei Raumanzügen für Außenbordarbeiten ist die Außenseite mit einer aus Aluminium oder anderen Materialien zusammengesetzten Schicht versehen, um Sonnenstrahlung zu reflektieren. Diese Schichten schützen den Träger auch vor Mikrometeoriten und Strahlung.

Den Kopf des Raumfahrers schützt ein nahezu kugelförmiger Helm. Er ist gasdicht an den Raumanzug angeschlossen und hat ein klappbares Visier, das gegen das aggressive UV-Licht der Sonne schützen soll – denn Raumfahrer befinden sich jenseits der Ozonschicht. Meist im Rumpfbereich sind die Anschlüsse für

Sauerstoff, Abluft, Kühlwasser und Kommunikationssysteme untergebracht.

Zwei Grundtypen

In den mehr als 40 Jahren bemannter Raumfahrt wurden, den Einsatzgebieten angepasst, zwei Grundtypen entwickelt:

Die Rettungsanzüge, die von der Besatzung nur im Raumfahrzeug bei gefährlichen Manövern wie beim Start, einer Kopplung und der Landung getragen werden, schützen die Besatzung nur für kurze Zeit. Die Raumanzüge für Außenbordaktivitäten haben dagegen eine mobile Sauerstoffversorgung, die auf dem Rücken getragen wird. Diese Anzüge werden bei der NASA als Extravehicular Mobility Units (EMUs) bezeichnet – das entsprechende russische Modell ist der Orlan-Raumanzug.

Mensch und Weltraum

Eine Beinahe-Anzugkatastrophe

Der erste Weltraumspaziergang eines Menschen am 18. März 1965 hätte fast tödlich geendet. Als der sowjetische Kosmonaut Leonow sich in sein Raumschiff zurückbegeben wollte, hatte sich sein Schutzanzug durch den Innendruck derartig versteift, dass er nicht mehr durch die enge Schleuse kam. Der Sauerstoffvorrat reichte nur noch für
eine Stunde. Leonow musste etwas Luft aus dem Anzug ablassen, um ihn so geschmeidiger zu machen – allerdings auf die Gefahr hin, die Dekompressionskrankheit auszulösen. Er öffnete das Reduzierventil. So schaffte er es, zurückzuklettern, die Luke hinter sich zu schließen und den Anzugdruck wieder zu erhöhen, ehe die Dekompressionskrankheit einsetzen konnte.

Der US-Astronaut Bruce McCandless bei einem
Einsatz außerhalb des Spaceshuttles. Nur der
Raumanzug schützt ihn dabei vor den tödlichen
Gefahren des Weltraums.

Weltraum-Großnation auf dem Langen Marsch
Die chinesische Raumfahrt

Der 15. Oktober 2003 ist für die Volksrepublik China ein historisches Datum: An diesem Tag schaffte sie es erstmals, aus eigener Kraft Menschen ins All zu transportieren. An Bord des Raumschiffs Shenzhou 5, „Gottesschiff", befand sich Yang Liwei, der einen 21-stündigen Flug absolvierte. Am 12. Oktober 2005 erfolgte der zweite bemannte Raumflug mit Shenzhou 6 und diesmal mit zwei „Taikonauten", wie die chinesischen Raumfahrer genannt werden. Der Flug machte der Weltöffentlichkeit eines deutlich: China ist auf dem Weg zur Weltraum-Großmacht.

Bruch der Freundschaft

Eigene Trägerraketen entwickelt die VR China schon seit den 1960er-Jahren. Die meisten sind unter dem Namen Changzheng (CZ, dt.:

„Langer Marsch") bekannt. Sie werden außer zum Transport von Satelliten auch im bemannten Raumfahrtprogramm eingesetzt. Der Grund für diesen eigenen Weg war der Bruch zwischen der VR China und den UdSSR durch Mao Zedong. Bis zu diesem Zeitpunkt hatte China seine Raketen von der Sowjetunion erhalten.

Als Geburtsstunde der chinesischen Raumforschung gilt der 8. Oktober 1956. An diesem Tag wurde das „Raketenforschungsinstitut Nr. 5" gegründet. Hierbei konnte auch auf einige Wissenschaftler zurückgegriffen werden, die in den 1940er-Jahren im Jet Propulsion Laboratory in Pasadena, USA, gearbeitet hatten. Am 19. Februar 1960 startete die erste chinesische Flüssigkeits-Höhenforschungsrakete; am 24. April 1970 folgte der erste Satelliten-

start, und 1975 gelang es erstmals, eine Nutzlast wieder auf die Erde zurückzuholen. 1993 wurde die chinesische Raumfahrtagentur CNSA gegründet, nachdem ein Jahr zuvor der Startschuss für das Projekt „921-1" gefallen war, dessen Ziel im Start eines bemannten Raumschiffes bestand. Daraus resultierten die Raumschiffe der Shenzhou-Reihe, mit denen sich China seit dem 15. Oktober 2003 auf den Langen Marsch zur vierten Weltraum-Großmacht begeben hat.

Shenzhou

Shenzhou ähnelt dem russischen Sojus-Raumschiff stark, ist jedoch in fast allen Abmessungen größer und kann bis zu vier Personen transportieren. Es besteht aus drei Modulen: dem oberen Modul im vorderen Teil, der Rückkehrkapsel in der Mitte und dem Servicemodul als hinteren Teil. Das Orbitalmodul kann nach Abtrennung von der Rückkehrkapsel noch ein halbes Jahr in der Umlaufbahn operieren. An seiner Vorderseite kann entweder eine Plattform als Instrumententräger oder ein Kopplungssystem installiert werden, wodurch zwei Orbitalmodule auch eine kleine Raumstation bilden können. Die Masse des Shenzhou-Raumschiffs beträgt etwa 7,8 t, die Länge 8,65 m.

Ein ehrgeiziges Programm

Wie sehr die VR China gewillt ist, sich als vierte Weltraum-Großmacht zu etablieren, zeigt sich auch in ihrem ambitionierten Mondforschungsprogramm, das vier Phasen umfasst:

- *Phase 1: Entsendung einer unbemannten Sonde in den Mondorbit, geschehen am 24. Oktober 2007*

- *Phase 2: Landung eines unbemannten Mondfahrzeugs mit automatischem Untersuchungsgerät für Experimente auf der Mondoberfläche: geplant 2009–2015*

- *Phase 3: automatisches Einsammeln von Gesteinsproben und deren Rückführung zur Erde um 2020*

- *Phase 4: bemannte Mondlandung um 2024*

Die beiden Taikonauten Fei Junlong und Nie Haisheng vor ihrem Flug am 12. Oktober 2005.

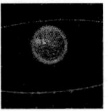

Künstliche Monde
Satelliten und ihre Umlaufbahnen

Am 4. Oktober 1957 war der natürliche Mond der Erde nicht mehr allein, denn damals erreichte der erste künstliche Satellit namens Sputnik 1 die Erdumlaufbahn und kündete durch sein charakteristisches Piepen davon, dass die Menschen den Weg ins All angetreten hatten und weitere künstliche Monde folgen würden.

Sputnik I: Ergebnis eines Handels

Die damalige UdSSR hatte nach den USA angekündigt, zum Internationalen Geophysikalischen Jahr 1957/58 ebenfalls einen großen Satelliten zu starten, meinte jedoch zunächst ausreichend Zeit dafür zu haben. Wegen der scheinbar hektischen Aktivitäten der USA fühlten sich die Konstrukteure um den Raketenbauer Sergeij Koroljow aber plötzlich unter Druck gesetzt, sehr schnell einen künstlichen Mond zu konstruieren und ins All zu schicken. Die Devise lautete: Der künstliche Erdtrabant muss klein, technisch simpel und schnell zu entwickeln sein.

Eine benötigte schubstarke Trägerrakete, die neue mächtige R-7, stand zur Verfügung. Sie war eigentlich für den Transport thermonuklearer Waffen gedacht. Doch sie bereitete den Konstrukteuren und Militärs Probleme. Koroljow schloss mit seinen Oberen einen

Handel: zwei erfolgreiche Testflüge der R-7 als Interkontinentalrakete gegen den Start des Sputnik 1. Und der Coup gelang ...

Viele Monde aus Menschenhand

Sputnik sind zahlreiche künstliche Monde gefolgt: Militärs, Meteorologen, Kommunikations-, Rundfunk- und Fernsehgesellschaften

und viele andere Wissenschaftszweige entdeckten Satelliten als ideale Plattformen, um Instrumente über der störenden Erdatmosphäre zu installieren. Es galt nur dafür zu sorgen, dass sie so schnell und so hoch geschleudert wurden, dass ihre Geschwindigkeit der Anziehungskraft der Erde die Waage hielt und sie in einen stabilen Erdorbit einschwenkten.

Abhängig von ihrer Flughöhe werden Satelliten in verschiedene Typen aufgeteilt:

• GEO (Geostationary Orbit): geostationäre Satelliten mit einer Flughöhe von etwa 35 790 km. Hier beträgt die Umlaufzeit genau einen Tag. In Bezug auf die Erdoberfläche stehen diese Satelliten immer an derselben Stelle. Beispiele: Astra, Eutelsat, Inmarsat, Meteosat.

• MEO (Medium Earth Orbit): Satelliten mit einer Flughöhe von 6000–36 000 km und einer Umlaufdauer von 4–12 Stunden. Beispiele: GPS, GLONASS.

• LEO (Low Earth Orbit): Satelliten mit einer Flughöhe von 200–1500 km und einer Umlaufdauer von 1,5–2 Stunden. Beispiele: Iridium, Globalstar, GLAST.

• SSO (Sun Syncronus Orbit): Satelliten im Orbit über die Pole. Beispiele: Landsat, Envisat.

Die Bahn für geostationäre Satelliten (gelb) ist sehr begehrt, vor allem bei Telekommunikationsfirmen.

Mensch und Weltraum

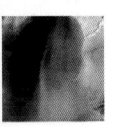

Augen für die Erde
Envisat und die Erderkundungssatelliten

Mensch und Weltraum

Sehr schnell erkannten Geowissenschaftler, dass sich modifizierte militärische (Spionage-) Satelliten auch hervorragend für die Erdbeobachtung im zivilen Bereich nutzen lassen; und zwar nicht nur für die Wetterbeobachtung, sondern auch bei der Landnutzung, der Suche nach Bodenschätzen, der Überwachung der Ozeane und nicht zuletzt für den Umweltschutz. Hier ist es vor allem die Überwachung der Veränderungen durch den Klimawandel.

Verschiedene Wellenlängen

Wie jeder Körper sendet auch unsere Erde Licht verschiedener Wellenlängen aus. Die Physiker wissen, dass z.B. blaues Licht eine kürzere Wellenlänge hat als rotes. Der sogenannte thematische Kartografierer an Bord der Erdbeobachtungssatelliten Landsat misst die Strahlung bei sieben verschiedenen Wellenlängen, einschließlich vier Infrarotbereichen. Durch unterschiedliche Farben für jeden Bereich lassen sich dann von einem bestimmten Gebiet Karten erstellen.

Auf diese Weise bringt jeder Wellenlängenbereich des thematischen Kartografierers andere Erkenntnisse über die Erde. So zeigt z.B. Band 5 den Infrarotbereich, der den Feuchtigkeitsgehalt der Vegetation misst. Ist dort die Intensität gering, lässt das auf ein ge-

störtes Pflanzenwachstum schließen, auch wenn das Getreide grün erscheint.

Weitere wichtige Geräteformen sind verschiedene Arten des Radars. Als Radar-Altimeter dient es im Orbit zur Höhenbestimmung von Eisflächen und Festland. So lassen sich Bahnabweichungen und damit auch das Schwerefeld der Erde messen, was dann wiederum für die Oberflächenkartierung eingesetzt werden kann. Das noch raffinierter abbildende Synthetic Aperture Radar erlaubt durch seine vielen, mit einer kleinen bewegten Antenne gewonnenen Aufnahmen eine sehr hohe Ortsauflösung, unabhängig von der Entfernung.

Steckbrief Envisat

Start:	*1. März 2002 (Kourou mit Ariane 5)*
Bahnverlauf:	*800 km Höhe, Neigung 98°, jeder Ort wird in 35 Tagen einmal überflogen*
Abmessungen:	*sattelschleppergroß, Sonnensegel 14 x 4,5 m*
Gewicht:	*7,9 t*
Datenrate:	*rund 280 Gigabyte/Tag*
Gesamtkosten:	*2,3 Mrd. Euro*
Missionsdauer:	*verlängert bis 2010*

Envisat – Europas Argusauge im All

Hatten die bisherigen Erderkundungssatelliten wie Landsat, Seasat oder ERS-1 und 2 nur „Einzelinstrumente" an Bord, ist der europäische Umweltsatellit Envisat eine Art Multispektralscanner.

Zu den wichtigsten Aufgaben des Kunstmondes zählen die ständige Überwachung des Klimas, der Ozeane, der Landfläche bzw. allgemein des Ökosystems. Hierfür ist er mit zehn hochentwickelten Instrumenten ausgerüstet. Sie können die chemische Zusammensetzung der Atmosphäre, die Temperatur der Ozeane, Wellenhöhen und -richtungen, Windgeschwindigkeiten und Wachstumsphasen von Pflanzen messen sowie Waldbrände und Umweltverschmutzungen aufspüren. So lassen sich die Folgen von Naturkatastrophen, Waldbränden und Erdbeben direkt überwachen und dokumentieren.

Aber auch der Einfluss menschlicher Aktivitäten und Eingriffe in den Naturhaushalt unseres Planeten, z.B. die Ausweitung der Anbaugebiete, der Raubbau im tropischen Regenwald oder Luft- und Wasserverschmutzung, lassen sich viel genauer und gezielter verfolgen. Auf diese Weise hilft Envisat bei der Bewältigung vieler globaler Umweltprobleme, inklusive des Klimawandels.

Die Aufnahme des Erderkundungssatelliten Envisat zeigt Saharastaub, der im März 2008 vor der Westküste Afrikas über den Atlantik geblasen wird.

Lotsen aus dem All

GPS und andere Navigationssatelliten

Eine Jahrtausende lang gestellte Frage der Seeleute und Karawanenführer lautete: „Wo bin ich?" Denn um zwischen zwei Orten den genauen Kurs zu halten, muss man seinen Standort kennen – und seit Menschen zu Wasser oder Land in die Ferne zogen, ermittelten sie ihren Standort, indem sie ihn mithilfe von Sonne, Mond und Sternen berechneten. War jedoch der Himmel bewölkt, konnten sie leicht vom Kurs abkommen, mit eventuell katastrophalen Folgen. Dank spezieller Satelliten gehört diese Furcht heute der Vergangenheit an. Deren Radiosignale können selbst bei bewölktem Himmel empfangen werden. Die Namen dieser Lotsen aus dem All sind: GPS, GLONASS und Galileo.

Zunächst fürs Militär

Auch bei der Entwicklung der Navigationssatelliten standen zu Anfang wieder militärische Aspekte im Vordergrund. Das von den USA im Januar 1965 gestartete Transit-Satellitennavigationssystem sollte die Ortung der Polaris-U-Boote verbessern. Es wurde im Juli 1967 dann für zivile Zwecke nutzbar gemacht. In den 1970er- und 1980er-Jahren bauten die USA dann das Satellitennetz NAVSTAR auf. 1983 verkündete Präsident Reagan, dass das System, abgesehen von einigen Einschränkungen bei kriegerischen Konflikten, für die zivile Nutzung verfügbar gemacht werden würde. Unter dem Namen GPS (Global Positioning System) reicht sein Anwendungsspektrum heute von Handgeräten über die Navigation im Auto bis zu Notfallsendern.

So arbeitet GPS

Das GPS besteht aus bis zu 31 Satelliten sowie einigen Bodenstationen, die ein weitgespanntes Netz bilden. Die je 844 kg schweren Kunstmonde kreisen in 20 183 km Höhe und wenn ihre Sonnensegel entfaltet sind, hat jeder eine Spannweite von 5,3 m.

Alle Satelliten haben zur möglichst exakten Zeitmessung eine Atomuhr an Bord. Die gemessene Uhrzeit und ihre augenblickliche Position übermitteln sie zur Erde. Hier überwacht die US-Luftwaffe die Geschwindigkeit, Position und Höhe der GPS-Satelliten. Deren Bodenstationen schicken diese Daten ins Hauptkontrollzentrum. Dort werden die Satellitenpositionen im Orbit für die kommenden zwölf Stunden vorausberechnet und dann über Bodenantennen zu den Satelliten gefunkt, um sie von dort weltweit zu verbreiten. Die Bahndaten wiederum ermöglichen es dem Kontrollzentrum, ständig die Vorhersagen der Satellitenposition zu aktualisieren.

Die Umlaufbahnen der für 7,5 Jahre Lebensdauer ausgelegten Satelliten sind so gelegt, dass ein Empfänger an einem beliebigen Ort auf der Erde die Signale von mindestens vier bis fünf Satelliten empfangen kann. Der GPS-Empfänger weiß somit genau, wann das Signal gesendet wurde und wann es ankam. Auf diese Weise kann er die Entfernung zu jedem der Satelliten berechnen und daraus die eigene Position und Höhe bestimmen.

GLONASS und Galileo

Um nicht von den USA abhängig und selbst auf diesem lukrativen Markt aktiv zu sein, entwickelte die UdSSR in den 1980er-Jahren ihr GPS-Äquivalent, das Global Orbiting Navigation Satellite System GLONASS. Es besteht aus 24 Satelliten in 19 100 km Höhe. Mit ihm lässt sich die eigene Position auf 20–100 m genau berechnen. Mit speziellen Techniken ist bei Bedarf noch eine höhere Genauigkeit erzielbar.

Die ESA arbeitet an einer verbesserten flächenmäßigen Abdeckung Europas durch das Galileo-System. Es soll bis 2013 fertiggestellt sein und aus bis zu 30 Satelliten bestehen, die in 23 260 km die Erde umkreisen.

Mithilfe der Galileo-Satelliten will Europa
in den nächsten Jahren ein eigenes
Satellitennavigationssystem installieren.

Achtung, Weltraummüll!

Weltraummüll – die ständige große Gefahr

Am 24. Juli 2008 meldeten die Zeitungen, dass ein neuer Stern am Nachthimmel zu beobachten sei. Die Lebensdauer dieses neuen Himmelslichtes, das die Helligkeit der Sterne des Großen Wagens erreichte, wurde mit bis Ende des Jahres oder Anfang 2009 angegeben. Sein Ort war zwar himmlischer, seine Herkunft aber irdischer Natur: Die ISS-Besatzung hatte einen alten Ammoniak-Tank über Bord geworfen und mit diesem kühlschrankgroßen Stück Weltraumschrott wieder etwas produziert, was alle Raumfahrtnationen fürchten: Weltraummüll.

Wo gestartet wird, da fliegen Teile . . . .

Seit Beginn des Raumfahrtzeitalters 1957 sind im erdnahen Weltraum viele Reste der verschiedenen Raumfahrtmissionen verblieben. Während Müll auf der Erde gut entsorgt werden kann, gilt das für den Weltraum nicht. Was einmal in seinem Vakuum platziert wurde, bleibt dort für Jahrhunderte erhalten, und wo gestartet wird, fliegen Teile.

Grob gesagt: 90 % der dort kreisenden Körper sind Weltraummüll. Das beginnt mit Farbpartikeln der Satellitenaußenhaut und reicht über Astronautenhandschuhe bis zu ausgebrannten Raketenstufen oder deren abgesprengten Teilen. Laut ESA-Modellen kreisen über 600 000 Objekte, die mehr als 1 cm durchmessen, in Umlaufbahnen um die Erde. Nur ein Bruchteil davon (ca. 13 000) kann mithilfe des amerikanischen Space Surveillance System kontinuierlich beobachtet werden.

Kirschkerne mit der Wirkung einer Handgranate

Das Problem betrifft Bahnhöhen zwischen 800 und 1500 km. Bei niedrigeren werden die Teile durch den restlichen Luftwiderstand abgebremst und durch die Reibung in der At-

---

Satellitenfänger ROGER

Der Robotoic Geostationary Orbit Restorer ist ein Konzept der ESA für einen Satelliten, der bis zu 30 ausgediente Oberstufen und Satelliten aus dem geostationären Ring in einen darüber gelegenen Friedhofsorbit befördern kann. Dazu soll ROGER ein Wurfnetz auf den Zielsatelliten schießen und ihn dann in die Friedhofsbahn ziehen. Geschickte Beschleunigungs- und Abbremsmanöver verhindern, dass sich das Seil mit dem Wurfnetz entspannt. Notwendig ist jedoch ein großer Vorrat an Wurfnetzen, weshalb auch der Einsatz eines wiederverwendbaren Greifarmes erforscht wird.

---

mosphäre zum Verglühen gebracht. Gerade aber diese Höhen sind ein Problem: Hier kreist der Weltraummüll äußerst lange Zeit unverändert und ausgerechnet dieser Bereich wird bevorzugt von der Raumfahrt genutzt. Und so erwächst hier durch immer mehr Weltraummüll eine Bedrohung für die kommerzielle und wissenschaftliche Raumfahrt. Konzepte für die Lösung dieses Problems scheitern derzeit an den damit verbundenen Kosten.

Genaue Überwachung ist daher lebenswichtig für alle im erdnahen Weltraum operierenden Körper – seien es Satelliten, die ISS, das Hubble-Weltraumteleskop oder Astronauten. Folgendes Rechenbeispiel soll das verdeutlichen: Der durchschnittliche Geschwindigkeitsunterschied zwischen Weltraummüll und Satellit beträgt etwa 10 km/s. Durch seine hohe Geschwindigkeit hat bereits ein nur 1 cm großes Objekt eine kinetische Energie, die etwa der einer Handgranate entspricht. Bereits Einschläge von Millimeter-Objekten können die Funktion eines Satelliten beeinträchtigen oder ihn unbrauchbar machen. Daher sind die bemannten Module der Internationalen Raumstation mit doppelwandigen Meteoritenschutzschilden ausgestattet und können Weltraummüll-Einschlägen bis zu 1 cm Durchmesser widerstehen.

In der Erdumlaufbahn treiben große Mengen von Weltraumschrott, die Spaceshuttle-Flügen, der ISS, Astronauten und den vielen Satelliten im erdnahen Weltall gefährlich werden können.

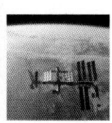

Stützpunkt im Erdorbit
Die Internationale Raumstation ISS

Radförmig sollte sie sein, 75 m durchmessen, künstliche Schwerkraft haben und in 1730 km Höhe die Erde umkreisen – am Nachthimmel als langsam dahinziehender heller Stern zu sehen. Sie sollte unseren Planeten beobachten sowie Ausgangspunkt sein für Reisen zu Mond und Mars. In einer detaillierten Beschreibung im Rahmen einer Artikelserie des Magazins Colliers versuchte der deutsche Raketenkonstrukteur Wernher von Braun in den 1950er-Jahren die Amerikaner zu überzeugen, dass der Bau einer bemannten Raumstation technisch möglich war.

Ein internationaler künstlicher Stern

Doch von Brauns Traum wurde erst 1998, wenn auch verändert, Wirklichkeit. Damals starteten die USA und Russland die ersten Teile für eine Raumstation. Zwar hatte es Vorläufer gegeben, wie das aus einer umgebauten Saturn-V-Raketenstufe bestehende US-Raumlabor Skylab oder die aus vielen Modulen aufgebaute russische Raumstation Mir, aber die Rivalität der damaligen Supermächte USA und UdSSR, die ja im Wettlauf zum Mond deutlichen Ausdruck fand, ließ beide ihre eigenen Raumstationskonzepte probieren. Durch das Ende des Kalten Krieges kam es nicht nur zu einer Zusammenarbeit der

ehemaligen Kontrahenten im „Projekt Raumstation", sondern überhaupt zu einer breiten internationalen Beteiligung. Neben den USA und Russland sind die europäische Weltraumbehörde ESA, Brasilien, Kanada sowie Japan durch entsprechende Elemente Partner beim Bau dieses Stützpunktes im Erdorbit. Er soll voraussichtlich 2010 vollendet sein. Das drückt sich auch im Namen aus: Internationale Raumstation ISS.

Modul für Modul zum großen Ganzen

2010 soll also, so hoffen die Planer und Verantwortlichen, die Station durch das Andocken immer neuer Wohn- und Arbeits- und Versorgungsmodule fertig aufgebaut sein und mit sieben Astronauten in den Routinebetrieb übergehen. Wenn das der Fall ist, wird die ISS mit den Solarzellenauslegern 108,5 m Länge und 420,62 t Masse haben; derzeit beträgt sie noch 220 t bei einer Länge der Gitterstruktur von 67 m. Seit der Installation der ersten Solarzellen ist die endgültige Spannweite bereits erreicht. Bisher besteht die ISS aus neun Wohn- und Arbeitsmodulen, unter denen sich seit Neuestem auch das europäische Labormodul Columbus und das japanische Kibo befinden.

Zu den nicht unter Druck stehenden Teilen gehören die Integrated Truss Structure, das eigentliche, senkrecht zur Flugrichtung ausgerichtete und aus elf Elementen bestehende Gerüst der Station, die vier großen Solarzellenflächen, sowie der Canadarm2 – der ferngesteuerte Roboterarm, der eine Masse von 100 t bewegen kann.

Seit Oktober 2000 ist die ISS ständig bemannt. Zu den Spaceshuttles, dem Sojus-Transport- und dem Progress-Versorgungsraumschiff hat sich seit März 2008 auch das Automated Transfer Vehicle (ATV) der ESA gesellt.

Ein wandernder Stern

Die ISS kann jeweils periodisch zu bestimmten Zeiten im Jahr über Mitteleuropa gesehen werden: zunächst während zwei bis drei Wochen nahezu täglich in der Morgendämmerung, nach einigen Tagen Pause (hier abhängig von der Jahreszeit) zwei bis drei Wochen in der Abenddämmerung. Nach rund zwei Monaten wiederholt sich diese Abfolge. Bei sternenklarer Sicht ist die ISS ohne Hilfsmittel als zügig vorbeiziehender Punkt zu erkennen. Unter günstigen Bedingungen erscheint sie, wenn sie nahe dem Zenit entlangfliegt, heller als Sirius, der hellste Stern.

Auch wenn sie noch nicht fertig ist, die ISS bietet
einen faszinierenden Anblick – hier in einer Auf-
nahme vom Spaceshuttle Atlantis im Februar 2008.

Touristen zwischen den Sternen

Dennis Tito und Co.

Das Zeitalter des Weltraumtourismus begann am 28. April 2001. Damals reiste der amerikanische Raumfahrtingenieur und Finanzmakler Dennis Tito als Tourist mit einem russischen Sojus-Raumschiff nach harten Verhandlungen, die sich vor allem zwischen der russischen Raumfahrtagentur und der NASA abgespielt hatten, zur ISS. Ihm folgten weitere vermögende Weltraumtouristen und brachten damit die Diskussion um diese Art der Eroberung des Weltraums wieder in Gang.

Reiseziel ISS für betuchte Touristen

Ist man historisch genauer, muss aber auch die Reise des japanischen TV-Journalisten Toyohiro Akiyama genannt werden. Er flog 1990 zur Mir. Sein Arbeitgeber hatte sich die Berichterstattung rund 30 Mio. US-Dollar kosten lassen.

Der zweite Weltraumtourist zur ISS war Mark Shuttleworth, der am 25. April 2002 als erster Südafrikaner die ISS besuchte. Tito und er zahlten dafür etwa 20 Mio. US-Dollar. Am 1. Oktober 2005 startete der US-Amerikaner Gregory Olsen, ein Unternehmer, mit einem Sojus-Raumschiff zur ISS. Ihm folgte am 18. September 2006 die gebürtige Iranerin Anousheh Ansari.

Außerdem bemühen sich privat finanzierte Projekte seit Jahren, eigene Trägerraketen und Raumfahrzeuge zu entwickeln. Eine weitere Stimulation dieser Anstrengungen erfolgte 1996 durch den von Anousheh Ansari ausgeschriebenen Ansari X-Price. Er belohnte den ersten von einem privaten Betreiber verwirklichten bemannten Raumflug (Höhe 100 km) mit 10 Mio. US-Dollar. Das Ergebnis war ein in-

ternationaler Wettbewerb mit 26 Teilnehmern. Als Sieger ging schließlich das Projekt SpaceShipOne hervor, das am 29. September und am 4. Oktober 2004 die beiden vorgeschriebenen suborbitalen Hüpfer absolvierte.

SpaceShipOne and Two

Die von der Firma Scaled Composites im Rahmen des Projekts Tier One entwickelte, nur 8,5 m lange Maschine wird von einem mit zwei Strahlturbinen angetriebenen Trägerflugzeug auf 14,3 km Höhe gebracht. Dort zündet der Pilot nach dem Ausklinken das Raketentriebwerk des SpaceShipOne, das das Raumfahrzeug mit bis zu Mach 3 in 100 km Höhe befördert. Allerdings wird es in 55 km Höhe abgeschaltet, und das so beschleunigte Raumschiff folgt einer rein ballistischen Bahn in Form einer Parabel. Während dieser Zeit erlebt man 3 Minuten Schwerelosigkeit.

Im Januar 2008 wurde der Nachfolger des legendären SpaceShipOne vorgestellt: das SpaceshipTwo. Es soll sechs betuchte Kunden und zwei Mann Besatzung in 100 km Höhe bringen und ihnen auf diese Weise den Eindruck eines suborbitalen Weltraumfluges mit bis zu 4,5 Minuten Schwerelosigkeit vermitteln. Der Preis für ein derart extravagantes Ticket beträgt 200 000 US-Dollar.

Orbit-Hotel

Für Touristen dürfte es noch viel spannender sein, Tage in einem Orbit-Hotel zu verbringen. Den derzeit am weitesten gediehenen Plan hat die Firma Bigelow Aerospace. Sie startete am 12. Juni 2006 von Russland aus einen ersten Testsatelliten namens Genesis 1, der die Technologie dafür erproben soll: Wohnmodule mit aufblasbarer Außen-

haut in den Weltraum zu transportieren. Darüber hinaus arbeitet die japanische Firma Shimizu daran, bis 2017 ein Hotel zu errichten, das durch eine Eigenrotation, wie von Braun sie für seinen „Raumreifen" bereits Anfang der 1950er-Jahre vorgeschlagen hatte, 70 % der irdischen Schwerkraft simulieren soll. Die Baukosten würden sich auf etwa 35 Mrd. Euro belaufen.

*Mithilfe des privaten SpaceShipTwo sollen bald –
angeblich schon ab 2009 – die ersten betuchten
Weltraumtouristen zu einer ziemlich kurzen Reise
ins erdnahe All aufbrechen können.*

Rückkehr zum Mond, Aufbruch zum Mars

Die zukünftige Mond- und Marsforschung

Nahziel Mond – Fernziel Mars, erreicht über das Sprungbrett Raumstation. Schon in den 1950er-Jahren träumten Raumfahrtpioniere wie Wernher von Braun davon. In den 1960er-Jahren mit dem Wettlauf ins All zwischen Russland und den USA sah es tatsächlich so aus, als ob diese Träume bis 1990 verwirklicht würden. Ungünstige politische und wirtschaftliche Gegebenheiten ließen sie aber nur teilweise Wirklichkeit werden oder verhinderten sie ganz. Inzwischen ist im Zeichen globaler Zusammenarbeit die Zeit für eine Erneuerung der alten Visionen gekommen.

Neue Raketen braucht der Mond

2010 wird die Ära der Spaceshuttles enden – sie erfüllten die Vorstellung vom wirtschaftlichen Raumflug nicht. Ihre Nachfolge wird wieder die gute alte schubstarke Trägerrakete antreten, aber moderner und effektiver. Der Name „Ares" soll für eine ganze Reihe dieser Transporter stehen und drei Modelle umfassen. Ares I mit einer Nutzlastkapazität von etwa 24,5 t soll das Crew Exploration Vehicle „Orion" in den Orbit bringen. Es ist eine Weiterentwicklung der Apollo-Kapsel für vier Mann Besatzung. Außer für Flüge zur ISS soll sie auch für bemannte Flüge zum Mond und Mars genutzt werden – frühestens 2014. Nach

NASA-Plänen sollen ab 2020 vier Astronauten 180 Tage lang auf dem Mond bleiben, bis dann ab 2024 eine ständig bemannte Mondbasis am lunaren Südpol etabliert sein wird.

Aufbruch zum Mars

Für den bemannten Flug zum Mars, das eigentliche Ziel, bildet die Reisezeit weiterhin das große Hindernis. Selbst wenn man die periodischen größten Annäherungen von Erde und

---

Wie lebt es sich auf dem Mars?

Mars-Astronauten werden lange unterwegs sein. Bleibt die Frage, wie sie das physisch und psychisch überstehen werden. Biosphäre 2 war der Versuch einer Antwort. Auf 1,6 ha wurde in Arizona 1987–89 unter einem Kuppelbau aus Glas ein geschlossenes Ökosystem erstellt mit allen Vegetationszonen der Erde sowie Wohnräumen. Der technische Aufwand war erheblich, da ein komplettes und autarkes Lebenserhaltungssystem geschaffen werden sollte. Vom 26. September 1991–93 lief der erste Versuch, 1994 für ein halbes Jahr der zweite. Entgegen den ursprünglichen Vorstellungen musste im zweiten Jahr Sauerstoff von außen zugeführt werden, um den vom Beton absorbierten zu ersetzen.

Mars abwarten würde, dauerte die Reise zum Mars und zurück noch immer drei Jahre! Ständiges Bombardement durch harte Strahlung, Muskelabbau durch zu lange Schwerelosigkeit und die enorme Menge des benötigten Treibstoffs bilden dabei die großen Probleme.

Hier setzt ein in den 1990er-Jahren von dem Amerikaner Robert Zubrin, Gründer der Mars Society, entwickelter Plan mit Namen „Mars Direct" an: Vor dem Start der Hauptmission wird ein automatisches Rückkehrfahrzeug zum Mars geschickt, das Earth Return Vehicle (ERV). Es enthält die Ausrüstung und Grundstoffe, um aus der Marsatmosphäre Kohlendioxid zu extrahieren und Treibstoff für die Rückkehr herzustellen. Ist das in ausreichender Menge geschehen, soll sich die mit vier Personen besetzte Mars Habitation Unit (MHU) auf die Reise begeben. Am Mars angekommen, landet das MHU nach einer Atmosphärenbremsung beim ERV, das nach dem Ende der Expedition die Astronauten zurückbringt.

Der schon von Wernher von Braun in den 1950er-Jahren gehegte Traum einer Mars-Reise könnte 2037 verwirklicht werden.

Noch sind Menschen auf dem Mars eine Vision, die aber bereits in 30 Jahren Wirklichkeit sein könnte – sofern die derzeitigen Pläne verwirklicht werden.

Aufbruch in kosmische Weiten

Kolonien im All und Reisen zu den Sternen

„Die Erde ist die Wiege der Menschheit, aber der Mensch kann nicht für immer in der Wiege bleiben!" Dieser Satz des russischen Raumfahrtpioniers Konstantin Ziolkowski hat bis heute nichts von seiner Gültigkeit verloren und ist so etwas wie das Motto der gesamten Astronautik. Der Bau einer bemannten Mondbasis und der Flug zum Mars dürften den Auftakt für eine langfristige Besiedlung des Sonnensystems bilden, während der es auch zu den ersten Sternenflügen kommen könnte. Wie und wann – das weiß niemand genau, obwohl einige realistische Pläne existieren.

Besiedlung per O'Neill-Kolonien

Muss das Leben im Weltraum sich nur in Orbitalstationen oder in Biosphäre-2-artigen Basen auf Monden und Planeten abspielen? Das fragte sich Anfang der 1970er-Jahre der Physiker Gerard O'Neill (1927–1992). Seine Antwort lautete: „Nein!" und bildete als Überlegungsansatz den Grundstein für Pläne über künstliche Welten im All: die O'Neill-Kolonien. Dabei operierten O'Neill und seine Anhänger mit gigantischen Zahlen, was die Größe der Stationen anging, angefangen von einer Hohlkugel für 100 000 Bewohner bis hin zu einem Zylinder von 30 km Länge und 6,5 km Durchmesser für Millionen Menschen. Er-

richtet mit Rohstoffen vom Mond, wären diese Kolonien zum Schutz vor der gefährlichen Weltraumstrahlung mit einem Mantel aus Mondgestein umgeben und bildeten echte Lebensräume ähnlich einer Stadt.

Leben und Arbeiten im All

Durch riesige Fensterflächen würde mithilfe großer Spiegel Sonnenlicht ins Innere gelenkt. Es wäre in verschiedene Ebenen unterteilt: mit Teichen für die Wasserversorgung, Feldern für Landwirtschaft und Viehzucht; Parks, Gärten und Siedlungen. Die Kolonie wäre autark, und ihre Bewohner würden sich ihren Lebensunterhalt als Bergbauleute auf dem Mond, Wissenschaftler oder Techniker auf Raumstatio-

nen sowie mit dem Bau von Energiesatelliten verdienen, die als Ring die Erde umgäben. Standort dieser Weltraum-Siedlungen sollten die Gleichgewichts-, Librations- oder Lagrangepunkte L4 und L5 zwischen Erde und Mond sein, wo sich die Flieh- und Anziehungskraft die Waage und somit die Kolonie(n) in fixierten Positionen halten. Vielleicht würden sie dort nicht für immer verbleiben, sondern die Nachkommen der ersten Bewohner, die sich nicht mehr an die Erde gebunden fühlen, die Kolonien als Generationenschiff benutzen, um auf diese Weise die anderen Bereiche des Sonnensystems zu erforschen oder sich sogar auf den Weg zu den Sternen zu begeben.

Sternenschiffe

Mit dem Beginn des Raumfahrtzeitalters dachten sich Ingenieure auch Raumschiffe mit besonderen Antrieben aus, um zu den Sternen zu reisen: Beim Orion-Raumschiff sollten zum Antrieb des Fahrzeugs H-Bomben hinter dem Raumschiff zur Explosion gebracht werden. Später dachte man im Daedalus-Konzept an Minibomben. Die Gaskernrakete würde Uraniumplasma im Inneren einer transparenten, mithilfe eines Weltraumra-

diators gekühlten Wand erhitzen, während der Raumjet den interstellaren Wasserstoff in einer Art riesiger Düse verbrennt oder das Antimaterie-Raumschiff diese Teilchen und ihre Vernichtung für die Reise verwendet. Schließlich könnte der gewaltige Laserstrahl eines Raumschiffs im Erdorbit das Segel eines interstellaren Raumschiffs unter Lichtdruck setzen und antreiben. Die historischen Segelschiffe würden in gewisser Weise wieder auferstehen.

Dieser Entwurf einer Weltraumkolonie für rund 10 000 Menschen entstand in den 1970er-Jahren im Auftrag der NASA.

Glossar

Akkretion

Bezeichnet die Massenzunahme eines Objekts durch Anwachsen ihrer Materiemenge mithilfe der Gravitation. Also beispielsweise, wenn ein massereicher Stern wie ein Weißer Zwerg oder Schwarzes Loch immer mehr Materie in seinen Einflussbereich zieht, der sich dann zur Scheibe (Akkretionsscheibe) formt.

Astronomie – Astrologie

Die Namen beider Formen der Himmelskunde stammen aus dem Griechischen: „Aster" bedeutet „Stern"; „nomos" „das Gesetz"; „logos" „das Wort". Diese unterschiedlichen Zusammensetzungen werden heute verwendet, um die verschiedenen Ziele von Astronomie und Astrologie deutlich zu machen: Astronomie ist die Wissenschaft von den Sternen, d. h. die Erforschung ihrer Physik; dagegen beschäftigt sich die Astrologie mit der Deutung der Gestirnsstellungen, vor allem der Planeten, und deren Einfluss auf das individuelle Schicksal.

Astrophysik

Teilgebiet der →Astronomie und Physik. Es beschäftigt sich mit den Bewegungen, dem chemischen Aufbau und der Entwicklung von Himmelskörpern.

Atomaufbau

Das Wort „Atom" stammt aus dem Griechischen und bedeutet „unteilbar". Es ist die kleinste Einheit eines chemischen Elements. Ein Atom besteht aus einem Atomkern mit Protonen (positive geladene Teilchen) und Neutronen sowie der Elektronenhülle mit negativ geladenen Elektronen.

Dämmerung

Der Übergang vom Tag zur Nacht oder umgekehrt (Morgen- oder Abenddämmerung). Abhängig davon handelt es sich um ein Vor- oder Nachleuchten der Atmosphäre, verursacht durch die Brechung des Sonnenlichtes. Luftmoleküle und Staubteilchen in der Erdatmosphäre streuen das Licht und geben dem Horizont die typischen Farben.

Dopplereffekt

Änderung der Frequenz einer Schall- oder Lichtwelle, die ein Beobachter registriert, wenn sich die Quelle annähert oder entfernt. Bekanntestes Beispiel: anschwellender Sirenenton eines Polizeifahrzeugs bei Annäherung oder Verschiebung der dunklen Absorptionslinien im Spektrum einer Galaxie in den blauen oder roten Bereich. Entdeckt von Christian Doppler (1842).

Ekliptik

Bedeutet Finsternislinie. Denn nur in diesem Bereich des →Tierkreises können sich Sonnen- und Mondfinsternisse abspielen. Eigentlich wäre das jeden Monat der Fall: Bei Neumond, wenn der Mond zwischen Erde und Sonne steht, käme es zu einer Sonnenfinsternis; dagegen bei Vollmond, wenn unser Begleiter der Sonne gegenübersteht, zu einer Mondfinsternis, bei der der Mond durch den Erdschatten geht. Da aber die Mondbahn etwas (d. h. 5°) gegen die Ekliptik geneigt ist, verfehlt der Mond meist die Sonne und den Erdschatten. Finsternisse finden daher nur dann statt, wenn Sonne und Mond sich in einem der beiden Schnittpunkte der Mondbahn mit der Ekliptik (Mondknoten) treffen. Also: Sonne, Erde und Mond müssen nicht nur in der gleichen Richtung oder Linie stehen, sondern auch auf gleicher Höhe! Daher sind Finsternisse, vor allem Sonnenfinsternisse, so etwas Besonderes!

Entfernungsmaße in der Astronomie

Je nach Abstand des im Weltraum befindlichen Himmelskörpers von der Erde werden benutzt: Kilometer (Erde – Mond – Sonne – Planeten), Astronomische Einheit (AE, Entfernung Erde–Sonne: Ø 150 Mio. km), Lichtjahr (Strecke, die das Licht bei einer Geschwindigkeit von 300 000 km/s in einem Jahr zurücklegt: 9,5 Billionen km) für Stern-, Nebel-, Galaxienentfernung sowie Parsec (pc): 1 pc sind 3,26 Lichtjahre.

ESA

Englische Abkürzung für European Space Agency (Europäische Weltraumorganisation) mit Sitz in Paris. Sie wurde am 30. Mai 1975 zur besseren Koordinierung der europäischen Raumfahrtaktivitäten gegründet, da der technologische Rückstand in der Raumfahrt gegenüber der UdSSR und den USA auf Grund der immensen Anstrengungen beider Länder immer größer wurde. Sie hat 17 Mitgliedstaaten. Ihr Raketenstartplatz liegt nicht in Europa, sondern in Südamerika: Kourou, Französisch-Guayana.

ESO

Englische Abkürzung für European Southern Observatory (Europäische Organisation für astronomische Forschung in der südlichen Hemisphäre, kürzer: Europäische Südsternwarte). Sie wurde 1962 gegründet und hat 14 Mitglieder. Die beiden in Chile betriebenen astronomischen Beobachtungszentren sind La Silla und Paranal. Einziges außereuropäisches Mitglied ist das Gastgeberland Chile.

Exoplanet

Abkürzung für extrasolarer Planet, d. h.: Exoplaneten gehören nicht zu unserem Sonnensystem, sondern umkreisen einen anderen Stern. Bis Juli 2008 wurden 307 Exoplaneten in 263 Systemen entdeckt; darunter noch keine zweite Erde.

Fraunhofer-Linien

Name für die dunklen, im farbigen Band des Lichtspektrums von Joseph von Fraunhofer (1787–1826) entdeckten Absorptionslinien.

Sie entstehen durch das Verschluckt- oder Ausgeblendetwerden eines ganz bestimmten Elements in einem strahlenden Körper (Sonne). Ihre Vermessung (Spektralanalyse) lässt Rückschlüsse auf seine Zusammensetzung zu.

Gammabursts

Auch Gammastrahlungsblitze genannt. Es sind plötzlich auftretende Gammastrahlungsausbrüche in entfernten Galaxien und die stärksten Explosionen im heutigen Universum. Vermutlich werden sie durch die Kollision von Neutronensternen oder von Schwarzen Löchern ausgelöst. Eventuell entstehen sie auch durch eine extreme Art von Supernova, die man „Hypernova" nennt.

Gammastrahlen-Teleskope H.E.S.S. und MAGIC

Zwei der größten Beobachtungsinstrumentenanlagen auf der Erde. H.E.S.S. (High Energy Stereoscopic System) steht in Namibia und setzt sich aus vier Einzelteleskopen mit einem Durchmesser von jeweils 13 m zusammen. Die Spiegel der einzelnen Teleskope bestehen wiederum aus 400 Segmenten von 60 cm Durchmesser. MAGIC (Major Atmospheric Gamma-Ray Imaging Cherenkov Telescope) steht auf La Palma (Kanarische Inseln) und hat einen 17 m großen Segmentspiegel aus 1000 einzelnen Aluminiumplatten. Es kann durch seine Beweglichkeit insbesonde-

re zur Beobachtung der kurzlebigen →Gammabursts benutzt werden.

Gebundene Rotation

Bei einer gebundenen Rotation ist die Eigendrehung eines Himmelskörpers genauso lang wie die Umlaufzeit um den Zentralkörper, sodass der Himmelskörper dem Zentralkörper immer dieselbe Seite zuwendet, wie wir es beim Mond beobachten können. D. h.: Ein Mensch (Mond), der eine auf dem Tische stehende Kerze betrachtet (Erde) und die vier Wände des umgebenden Zimmers (Sternhintergrund) sehen möchte, kann das entweder, indem er sich um sich selbst dreht oder um den Tisch herumgeht und dabei immer sein Gesicht zur Kerze gewandt hat; auch in diesem Fall – gebundene Rotation – wird er alle vier Wände des Zimmers zu sehen bekommen! Nichts anderes macht der Mond mit seiner Vorderseite.

Geostationärer Satellit

Ein Satellit, der die Erde 35 880 km hoch über dem Äquator umläuft und somit für einen Umlauf genauso lange braucht wie die Erde für ihre Drehung um ihre eigene Achse. Daher scheint der Satellit für einen irdischen Beobachter stillzustehen. Dieser Orbit wird vor allem für Nachrichten- und Wettersatelliten genutzt. Die Idee für derartige Satelliten stammt übrigens von dem Science-Fiction-Autor Arthur C. Clarke (1917–2008).

Helligkeit der Sterne, scheinbare und absolute

Auch Größenklassen genannt. Die von einem Stern pro Sekunde ausgestrahlte Menge an Licht oder anderer Strahlung. Doch dabei gibt es ein Problem: Die mit dem bloßen Auge wahrnehmbaren Helligkeiten sind nur scheinbar, d. h., ein sehr heller Stern muss nicht unbedingt auch nah bei unserer Sonne stehen. Bereits der griechische Astronom Hipparch von Nikaia unterschied sechs verschiede Helligkeits- oder Größenklassen. Die hellsten sichtbaren Sterne bekamen eine 1, die schwächsten eine 6, markiert durch ein kleines m für „magnitudo". Da diese nichts über die wirkliche Helligkeit aussagte, führten die Astronomen die absolute Helligkeit ein: Dabei wird die Helligkeit eines Objekts in einer Entfernung von 33 Lichtjahren oder 10 Parsec zu Grunde gelegt, markiert durch ein großes M. Es gibt nun auch Sterne, die heller als die 1. Größenklasse sind; deshalb wird die Einteilung über 0m nach –1m und weiter fortgeführt. Während für das unbewaffnete Auge die Beobachtung bei Sternen der 6. Größenklasse endet, lassen sich mit Teleskopen auch Sterne ausmachen, die jenseits dieser Grenze liegen, also schwächer als 6. Größe sind. In einem guten Fernglas sind Sterne bis zur 10. Größenklasse ohne Weiteres erkennbar. In großen Teleskopen werden Sterne bis 26m beobachtet, also Objekte, die 100 Mio. mal lichtschwächer sind als die schwächsten, dem menschlichen Auge zugänglichen Sterne der 6. Größenklasse!

Himmelsäquator

Der an den Himmel projizierte Erdäquator. Er teilt den Himmel in eine Nord- und eine Südhälfte. Ausgehend davon wird der Himmel genau wie die Erde in ein Koordinatensystem aufgeteilt: Der Abstand vom Äquator (Breite) heißt nördliche oder südliche Deklination. Der Nullpunkt (Meridian von Greenwich) auf dem Himmelsäquator ist der sogenannte Frühlingspunkt. Die Entfernung von diesem Punkt (Länge) ist die Rektaszension. Unsere Sonne überschreitet bei uns am 21. März im Frühlingspunkt den Himmelsäquator in nördlicher Richtung, und das Sommerhalbjahr beginnt. Dagegen überschreitet sie am 23. September im Herbstpunkt den Äquator in südlicher Richtung, womit das Winterhalbjahr seinen Anfang nimmt.

Himmelsscheibe von Nebra

Diese Scheibe ist eine Metallplatte aus der Bronzezeit mit Goldapplikationen, die offenbar astronomische Phänomene und Symbole religiöser Themenkreise darstellt. Sie gilt als die weltweit älteste konkrete Himmelsdarstellung und als einer der wichtigsten archäologischen Funde aus dieser Epoche. Gefunden wurde sie am 4. Juli 1999 von Raubgräbern in einer Steinkammer auf dem Mittelberg nahe der Stadt Nebra (Unstrut).

Seit 2002 gehört sie zum Bestand des Landesmuseums für Vorgeschichte Sachsen-Anhalt in Halle.

HIPPARCOS-Satellit

HIPPARCOS (High Precision Parallax Collecting Satellite) ist ein Satellit für Zwecke zur Vermessung der Sternpositionen (Astrometrie). Er wurde nach dem griechischen Astronom Hipparch von Nikaia benannt. Hipparcos wurde am 8. August 1989 von der europäischen Raumfahrtbehörde ESA gestartet und bestimmte bis zu seinem Betriebsende im Juni 1993 über 1 Mio. Sternpositionen, davon 118 000 mit Koordinaten und Bewegungen in einer Winkelgenauigkeit, die einem Golfball auf dem New Yorker Empire State Building entspricht – von Europa aus gesehen.

Hundstage

Bei den Ägyptern jener Zeitraum um den 20. Juli, an dem des Nilhochwasser eintrat und die Felder mit fruchtbarem Schlamm überschwemmte. In diesem Zeitraum erschien in der Morgendämmerung stets ein besonders heller Stern am Horizont, den sie „spot" (Hund) nannten. Bei den Griechen hieß dieser Stern dann „sothis", und dem Sternbild, in dem er erstrahlt, gaben sie den Namen Großer Hund. Heute heißt der Hundsstern Sirius. Bei uns bürgerte sich die Bezeichnung Hundstage in jüngerer Zeit für die Tage zwischen dem 23. Juli und dem 23. August ein, an denen Sirius in der Morgendämmerung aufgeht. Da das aber in dieser von warmen Tagen geprägten Zeit geschieht, wurden aus den nassen Tagen heiße.

IPCC

Englische Abkürzung für Intergovernmental Panel on Climate Change (Zwischenstaatlicher Ausschuss für Klimaänderungen; auch als Weltklimarat bekannt). Der Ausschuss wurde im November 1988 vom Umweltprogramm der Vereinten Nationen (UNEP) und der Weltorganisation für Meteorologie (WMO) ins Leben gerufen. Seine Hauptaufgabe ist, Risiken der globalen Erwärmung zu beurteilen und Vermeidungsstrategien zusammenzutragen. Der Sitz des IPCC-Sekretariats befindet sich in Genf. Das IPCC betreibt selbst keine Wissenschaft, sondern trägt die Ergebnisse der Forschungen in den verschiedenen Disziplinen zusammen. Bisher sind vier sogenannte Sachstandsberichte erschienen.

Kuipergürtel

Eigentlich Edgeworth-Kuipergürtel. Scheibenförmige Region im Sonnensystem, deren Existenz von den beiden Astronomen Kenneth Edgeworth und Gerard Kuiper 1949 und 1951 vorhergesagt wurde. Dieser Bereich erstreckt sich im Sonnensystem, außerhalb der Neptunbahn in einer Entfernung von etwa 30 bis 50 Astronomischen Einheiten (AE) nahe der →Ekliptik und beherbergt schätzungsweise mehr als 70 000 eisige, kometenähnliche Objekte, die jeweils einen Durchmesser von mehr als 100 km haben.

Kulmination

Bezeichnet den Höchststand eines Gestirns am Himmel während seines scheinbaren täglichen Laufs. Auf der Nordhalbkugel erfolgt die Kulmination im Süden, auf der Südhalbkugel dagegen im Norden. Wie auch immer: Das Gestirn ist dann am besten zu sehen. Daher sind Fernrohrmontierungen grundsätzlich in diese Richtung des besten Blickes ausgerichtet.

Lunar Orbiter Raumsonden

Name von fünf US-amerikanischen Mondsonden, die zwischen 1966 und 1968 als künstliche Monde unseren Erdtrabanten in einer nahen Umlaufbahn umkreisten (Orbiter), um ihn zu vermessen und das Schwerefeld zu analysieren – aber vor allem, um günstige Landeplätze für die Apollo-Raumschiffe auszumachen.

Megalithbauten

Von griechisch „megas" („groß") und „lithos („der Stein"): Bezeichnung für die Riesensteinbauten, die in West- und Nordeuropa während der Jungsteinzeit bis hinein in die frühe Bronzezeit (9500–2200 v. Chr.) als Grab- oder Kultstätten errichtet wurden, entweder als einzelne Steine (Menhire) oder Gruppen bzw. Steinsetzungen, sogenannte Alignements/Kromlechs.

NASA

Englische Abkürzung für National Aeronautics and Space Administration (Nationale Luft- und Raumfahrtbehörde). Gegründet wurde die NASA am 29. Juli 1958. Auch wenn die NASA eine zivile Behörde ist, ist die Trennung zum militärischen Bereich der Luftfahrtforschung nicht vollständig, weil die NASA sowohl für die zivile wie auch die militärische Grundlagenforschung in der Luftfahrt zuständig ist.

Naturkräfte, grundlegende

Die grundlegenden Naturkräfte werden auch Wechselwirkungen der Natur genannt. Die Elektromagnetische Kraft bindet die Atome in Festkörpern und Flüssigkeiten sowie Elektronen im Innern des Atoms; die Farbkraft – früher „starke Kernkraft" – hält die Quarks sowie Protonen und Neutronen zusammen, und die schwache Kernkraft ist vor allem für den radioaktiven Zerfall zuständig.

Neolithikum

Von altgiechisch „neos" („neu, jung") und „lithos" („der Stein") abgeleitet; bekannter unter der Bezeichnung „Jungsteinzeit": Eine

Epoche der Menschheitsgeschichte, die durch den Übergang von Jäger- und Sammlerkulturen zum Bauern mit domestizierten Tieren und Pflanzen definiert ist. Beginn und Ende datieren weltweit unterschiedlich. In Mitteleuropa umfasst sie den Zeitraum von 9500 bis 2200 v. Chr. Hier wurden auch die Großsteinbauten errichtet. Es folgte teilweise eine kurze, nur lokale Kupfersteinzeit und dann die Bronzezeit, in Afrika direkt die Eisenzeit.

Ökosphäre

Der aus dem Griechischen stammende Begriff bedeutet so viel wie „Haus" oder „Wohnsitz". Er bezeichnet den Bereich um einen Stern, in dem die Oberflächentemperatur eines Planeten die für das organische Leben notwendigen Werte aufweist. Diese Werte liegen im Bereich zwischen 0 und 100 °C. Im Fall unseres Sonnensystems gibt es verschiedene Werte. Sie reichen – setzt man den Abstand Erde-Sonne gleich 1 – zwischen 0,785 und 1,24 oder gar nur zwischen 0,95 und 1,01. Untersuchungen für die Erde zeigen: Hätte sie bei ihrer Geburt nur einen geringfügig größeren oder kleineren Abstand zu unserem Zentralgestirn eingenommen, wäre die Entstehung des Lebens für alle Zeit unterdrückt worden.

Leuchtkraft

Die Energiemenge, die ein Stern in Form von Strahlung pro Sekunde abgibt, also seine Gesamtenergiemenge.

Olbersches Paradoxon

Von dem Bremer Arzt und Astronom Wilhelm Olbers (1758–1840) aufgestellte Erklärung des dunklen Nachthimmels: Wenn das Weltall unendlich groß wäre, dann müsste aus allen Richtungen Sternenlicht kommen, und der Nachthimmel müsste durch die Gesamtheiligkeit der Sterne etwa so hell sein wie die Sonnenscheibe. Die Temperatur auf der Erde läge dann in diesem Fall bei 5000 °C. Doch in Wirklichkeit sehen wir einen dunklen Nachthimmel, denn ab einer bestimmten Entfernung können wir keine Sterne (oder Galaxien) mehr sehen, weil wir in eine Zeit zurückblicken, in der es noch gar keine Sterne und Galaxien gab. Das Universum muss demnach vor endlicher Zeit aus einem Urknall hervorgegangen sein. Allerdings gibt es heute durch neue kosmologische Messungen eine andere Erklärung des dunklen Nachthimmels.

Planetenstellungen

Die Positionen der Planeten im Weltraum und am Himmel infolge ihres Umlaufs um unser Zentralgestirn, woraus sich auch die Beobachtungsmöglichkeiten ergeben. Wichtig ist hierbei, ob der Planet innerhalb oder außerhalb der Erdbahn um die Sonne läuft. Steht ein innerer Planet (Merkur, Venus) von der Erde aus gesehen hinter der Sonne, spricht man von oberer Konjunktion und er ist nicht zu sehen. Steht er zwischen Erde und Sonne, also in unterer Konjunktion, ist er ebenfalls unsichtbar, weil er uns die unbeleuchtete Rückseite zuwendet. Nur wenn er seitlich der Sonne steht, sich also in Elongation befindet, können wir ihn als Sichel sehen. Bei den äußeren Planeten (ab Mars) spricht man ebenfalls von Konjunktion, wenn der Planet von der Erde aus gesehen hinter der Sonne steht. Steht er aber hinter der Erde der Sonne gegenüber, spricht man von Opposition. Der Planet geht dann mit dem Sonnenuntergang auf und bleibt bis Sonnenaufgang die ganze Nacht am Himmel sichtbar.

Plattentektonik

Unsere 12 700 km durchmessende Erde ist schalenförmig aufgebaut: die feste Kruste mit ihren kontinentalen und ozeanischen Bestandteilen (die kontinentale Kruste ist 30–40 km dick, unter den Gebirgen sogar bis zu 70 km, die ozeanische nur 5–8 km), der darunter liegende zähflüssige Mantel, der sich in einen oberen und unteren Bereich gliedert, und der in 2900 km Tiefe folgende, sich bis zum Erdmittelpunkt erstreckende Kern. Dessen äußere Hülle ist zähflüssig und besteht aus Eisen und vermutlich Schwefel, der innere dagegen ist fest und aus Eisen und Nickel zusammengesetzt. Dort herrschen, erzeugt durch radioaktive Prozesse, Temperaturen zwischen 3600 und 5100 °C. Im äußeren Erdkern entsteht auch das Magnetfeld. Die Erdkruste unterteilt sich in verschiedene große und kleine Platten. Ihre Verschiebung durch heiße auf- und absteigende Ströme glühenden Mantelgesteinsmaterials führt zur Produktion neuen Meeresbodens sowie zu der Kollision der Krustenplatten. Dabei kann die ozeanische unter die kontinentale Kruste gezogen und aufgeschmolzen werden, wodurch Gebirge aufgefaltet, Vulkane geformt und Erdbeben ausgelöst werden (Gebiet der Anden). Kontinentale Krustenplatten können zusammenstoßen, sodass es zu Gebirgsauffaltungen und Erdbeben kommt (Himalaja). Zwei Krustenplatten können aneinander vorbeigleiten und sich dabei verhaken, wodurch Erdbeben entstehen (San-Andreas-Spalte, Kalifornien/USA). Oder eine Krustenplatte gleitet über eine aufsteigende heiße Magmasäule des Erdmantels (Hot Spot), wobei sie wie von einer Nähmaschinennadel durchlöchert wird und sich vulkanische Inselketten wie Hawaii bilden.

Plutino

Name für Körper des →Kuipergürtels, deren Bahnelemente mit denen Plutos vergleichbar sind. Die ersten vier Plutinos wurden vom 14. bis 17. September 1993 entdeckt. Beispiele für diese Himmelskörper sind: Huya, Ixion, Orcus sowie Pluto und sein Mond Charon. Plutinos sind nicht zu verwechseln mit den →Plutoiden.

Plutoid

Die Plutoiden sind eine Unterklasse der Zwergplaneten. Somit müssen sie also eine Umlaufbahn um die Sonne innehaben und genügend Masse besitzen, um durch die eigene Schwerkraft eine annähernd kugelförmige Gestalt anzunehmen. Ebenso dürfen sie ihren Orbit nicht von anderen Objekten bereinigt haben, so wie es bei Planeten der Fall ist, und es darf sich bei ihnen nicht um einen Satelliten (Mond) handeln. Im Unterschied zu den Zwergplaneten kommt als zusätzliches Kriterium für die Plutoiden noch hinzu, dass ihre Bahn um die Sonne die des Neptun übertreffen muss. Somit ist also der Zwergplanet Ceres kein Plutoid, da er sich im Asteroidengürtel zwischen Mars und Jupiter befindet und daher nicht jenseits der Neptunbahn die Sonne umrundet.

Präzession

Bezeichnung für die Lageänderung der Erdachse im Raum durch eine voranschreitende Kreisbewegung und damit Wanderung um den Himmelspol. Sonne, Mond und Planeten üben eine Anziehungskraft auf den Äquatorwulst der Erde aus und versuchen, die Erdachse aufzurichten. Diese verhält sich aber wie ein angetippter Kreisel und bricht kreisförmig aus. Im Verlauf von rund 26 000 Jahren wandert die Erdachse um den Himmelspol und zeigt dabei in eine andere Richtung, d. h. wenn sich ein Stern in der Nähe befindet, auf einen anderen Stern. Damit wird auch der Stern Alpha im Kleinen Wagen, Polaris, nicht immer Polarstern bleiben und er war es auch in der Vergangenheit nicht immer. Ebenso verschiebt sich das gesamte himmlische Koordinatengitternetz im Verhältnis zu den Sternen.

Radialgeschwindigkeit

Die Geschwindigkeit, mit der sich ein Himmelskörper auf den Beobachter zu oder von ihm weg bewegt. Sie wird in Kilometer pro Sekunde gemessen und z. B. mithilfe des →Dopplereffekts aus dem Spektrum eines Sternes bestimmt.

Saroszyklus

Die Zeitspanne, in der sich Sonnen- und Mondfinsternisse in derselben Art und Weise wiederholen. Sie beträgt 18 Jahre, 11 Tage und ca. 8 Stunden und war schon im Altertum den Babyloniern bekannt.

Swing-by-Manöver

Flugmanöver, bei dem die Anziehungskraft eines passierten Planeten durch einen nahen Vorbeiflug so ausgenutzt wird, dass ein Raumfahrzeug weiteren Schwung bekommt und mit erhöhter Geschwindigkeit zum nächsten Planeten weiterfliegt. Auf diese Weise gelangte die Raumsonde Voyager II von 1977 bis 1989 bis zum Neptun.

Seyfert-Galaxien

Aktive Radiogalaxie mit einem kleinen, aber sehr hellen Kern.

Sonnensonden SOHO und TRACE

Das 1995 gestartete Solar and Heliospheric Observatory (SOHO) ist ein Gemeinschaftsprojekt der ESA und NASA zur Erforschung der Korona und Oszillationen der Sonne, während der 1998 gestartete NASA-Transit Region and Coronal Explorer (TRACE) die Sonnenkorona und die Grenze zur Chromosphäre untersuchen soll.

Starburst-Galaxien

Bezeichnung für Galaxien, in denen es als Folge von Galaxienkollisionen plötzlich zu Sternentstehungsprozessen kam.

Stern von Bethlehem

Name für jenes Himmelsobjekt bzw. -phänomen, das im Jahr 7 v. Chr. den drei Weisen aus dem Morgenland – wahrscheinlich babylonische Priesterastronomen – den Weg nach Bethlehem gewiesen hat. Auch wenn der Name und die allgemeinen Krippendarstellungen an einen neuen hellen Stern (Supernova) oder Schweifstern (Komet) denken lassen, scheiden diese beiden Phänomene aus: Eine Supernova, aber auch ein heller Komet wurden im fraglichen Zeitraum im Mittelmeerraum nicht beobachtet und Kometen galten darüber hinaus als Unglücksbringer.

Am ehesten trifft eine dreifache Begegnung der Planeten Jupiter und Saturn im selben Jahr im Sternbild Fische zu (Größte Konjunktion), und zwar am 27. Mai, 6. Oktober und 1. Dezember 7 v. Chr., die dann von diesen Gelehrten als Messias- und Königshinweis ausgelegt wurde.

Spektrum

Name für das regenbogenfarbene Band des Lichtes. Es entsteht, wenn Sonnenlicht durch ein Prisma oder durch Wassertröpfchen gebrochen wird, was in diesem Fall zum Regenbogen führt. Mit besonderen Instrumenten (Spektroskop oder Spektrograf) kann man dieses Farbband auf dunkle Linien untersuchen (→Fraunhofer-Linien) und auf diese Weise die chemische Zusammensetzung analysieren.

Surveyor-Sonden

Name einer Serie von US-Mondlandesonden, die zwischen 1966 und 1968 auf dem Erdbegleiter weich landeten und nicht nur die Umgebung fotografierten, sondern auch Bodenuntersuchungen vornahmen. Insgesamt wurden sieben Sonden zum Mond geschickt, von denen fünf erfolgreich landeten.

Szintillation

Funkeln einer Punktlichtquelle, hier eines Sternes. Es wird verursacht durch die Brechung des Lichtes in den turbulenten Strömungen der Atmosphäre und entsteht in 10 km Höhe. Im Fernrohr lässt sie den Stern funkeln und tanzen.

Tierkreis

Auch Zodiak genannt. Es ist jene Sternbildzone des Himmels, in der sich im Verlauf eines Jahres Sonne, Mond und Planeten zu bewegen scheinen. Der Tierkreis wird durch zwölf Sternbilder markiert, die, beginnend mit dem Frühlingsbeginn, lauten: Widder, Stier, Zwillinge, Krebs, Löwe, Waage, Skorpion, Schütze, Steinbock, Wassermann und Fische. In Wirklichkeit handelt es sich beim Tierkreis um die Erdbahnebene oder auch die Ebene des Sonnensystems, deren Kulisse die Tierkreissternbilder stellen. Während die Planeten und der an die Erde gebundene Mond wirklich durch die Tierkreissternbilder wandern, weil sie und er mit der Erde um die Sonne laufen, ist die jährliche Wanderung der Sonne nur scheinbar. Es ist in Wahrheit die Erde, die die Sonne umläuft, sodass wir unser Tagesgestirn jeden Monat vor dem Hintergrund eines anderen Sternbildes sehen könnten, wenn es sie nicht mit ihrem Licht überstrahlen würde. Ein mit dem Tierkreis zusammenhängender Begriff, oft im gleichen Atemzug genannt, ist die →Ekliptik.

Tierkreiszeichen

Die Astrologen des Altertums versahen die Sterngruppen des scheinbaren Jahresweges der Sonne über den Himmel nicht nur mit mythischen Tier- und Heldenfiguren, sondern ordneten den gleichzeitig in zwölf Teile untergliederten Abschnitten auch bestimmte Zeichen zu. Durch die →Präzessionsbewegung der Erdachse haben sich jedoch die Zeichen in Bezug auf die Bilder verschoben und stimmen mit ihnen nicht mehr überein. Die Tierkreiszeichen sind seit der altertümlichen Zuordnung um ca. eine Sternbildbreite weitergewandert.

Turm zu Babel
Auch Zikkurat von Etemenanki: „Haus des Himmelsfundaments auf der Erde" genannt. Durch die Bibel berühmt gewordenes stufenförmiges Höhenheiligtum. Von diesen über das Zweistromland verteilten Heiligtümern wissen wir zumindest vom Zikkurat von Borsippa, dass die Stufen unterschiedlich farblich mit emaillierten Ziegeln gestaltet waren: Die unterste Stufe für den Saturn (schwarz) war wegen seiner Umlaufzeit von rund 30 Jahren auch die größte, die zweite (für Jupiter) war orange, die dritte (für Mars) rot, die nächste (für die Sonne) gold, dann folgten die der Venus (grün), des Merkur (blau) und schließlich die letzte für den Mond (weiß oder silbern). Nach Herodot hatte der Turm eine Grundfläche von 91,48 auf 91,66 m und eine Höhe von 91 m. Den Abschluss bildete ein Tempel. „Dort steht ein breites Ruhebett mit schönen Decken", berichtet der griechi-sche Geograf und Geschichtsschreiber. „Aber kein Götterbild ist dort errichtet, und kein Mensch verbringt dort die Nacht, außer einer Frau aus Babylon. Sie hat sich der Gott vor allen auserwählt."

Planetentransit
Auch Durchgang oder Passage genannt. Der Vorübergang eines Planeten vor der Sonnenscheibe. Von der Erde aus kann also nur der Planetentransit von Merkur und Venus beobachtet werden. Am interessantesten ist dabei der Venusdurchgang, weil er im Fernrohr am einfachsten und eindrucksvollsten verfolgt werden kann. Diese Erscheinung – eine Art Minisonnenfinsternis – tritt pro Jahrhundert höchstens zweimal ein, weil die Venus- und die Erdbahn gegeneinander um einige Grad geneigt sind. Die letzten Venusdurchgänge waren 1874, 1882 und 2004; der nächste wird im Juni 2012 stattfinden. Historisch hatte die präzise Vermessung solcher Durchgänge große Bedeutung zur Bestimmung der Distanz Erde–Sonne und gab Anlass für viele Expeditionen und Messkampagnen der bedeutendsten Wissenschaftler. Heute wird die Entfernungsbestimmung im Sonnensystem durch Raumfahrt- und Radar-Methoden durchgeführt.

Wellenlänge
Der Abstand zwischen zwei aufeinanderfolgenden Wellenbergen. Je kleiner die Wellen-länge einer Strahlungsart ist, desto energiereicher ist die jeweilige Strahlung.

Wintersechseck und Sommerdreieck
Zusammenstellungen der hellsten Sterne verschiedener Sternbilder, um sich am Himmel grob orientieren zu können. Für den Winterhimmel handelt es sich dabei aufsteigend um die Sterne Rigel im Orion, Sirius im Großen Hund, Procyon im Kleinen Hund, Kastor in den Zwillingen, Kapella im Fuhrmann und Aldebaran im Stier. Das Sommer(himmel)dreieck besteht dagegen nur aus den Sternen Wega in der Leier, Deneb im Schwan und Atair im Adler.

Zirkumpolarsternbilder
Bezeichnung für jene Sternbilder, die so nah am Himmelspol stehen, dass sie ab einer bestimmten geografischen Breite nicht mehr untergehen. Dies sind bei uns auf der Nordhalbkugel neben den Sternbildern Großer und Kleiner Bär/Wagen, der Drache, der Cepheus und die Cassiopeia.

Zodiakallicht
Wörtlich: Tierkreis (Zodiakus)-Licht, d. h. eine leichte kegelförmige Aufhellung des Himmels über dem Auf- und Untergangspunkt der Sonne. Sie wird hervorgerufen durch die Streuung des Sonnenlichts an der interplanetaren Materie (d. h. Staub) entlang der Erdbahn.

Die Menschen der Steinzeit halten die Mondphasen durch Markierungen auf Knochen fest. Möglicherweise zeigen einige Höhlenmalereien astronomische Konstellationen, z. B. die zwischen 17 000–15 000 v. Chr. in Lascaux entstandenen Zeichnungen die Plejaden und den Tierkreis.

Die Ägypter, Sumerer, Assyrer und später die Babylonier beobachten genau den Lauf der Sonne, Planeten und des Mondes, aber auch die Stellung bestimmter Gestirne, um ihren Kalender für Aussaat und Ernte in ihren Flusslandschaften zu erstellen. Sie entwickeln den Tierkreis. Die Griechen und Römer übernehmen später dieses Wissen.

Nach dem Untergang Griechenlands und Roms übernehmen die Araber deren astronomisches Erbe.

vorgeschichtliche Zeit
32 000–1600 v. Chr.

Altertum
1600 v. Chr.–500 n. Chr.

Mittelalter
500–1543 n. Chr.

3100 v. Chr.

380 v. Chr.

Die Griechen entwickeln das geozentrische Weltbild, das 150 v. Chr. durch Ptolemäus' Schrift „Almagest" weite Verbreitung findet und anderthalb Jahrtausende nicht in Frage gestellt wird.

3100 v. Chr. Stonehenge wird als Sonnenobservatorium und möglicherweise Kalenderwarte errichtet und 1500 v. Chr. aufgegeben. Andere Steinkreise sind die von Avebury und Goseck.

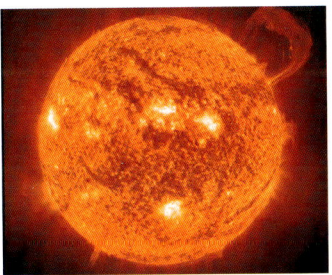

1543 erstellt Nikolaus Kopernikus seine Theorie über die Sonne als Mittelpunkt des Planetensystems und löst das geozentrische Weltbild ab.

Sir Isaac Newton führt die Gravitationstheorie und die Bewegungsgesetze ein.

Friedrich Bessel misst mit der Parallaxenmethode erstmals die Entfernung eines Sterns.

1543

1687

1838

1609

1781

1846

1609 setzt Galilei erstmals das Fernrohr in der Astronomie ein. Er entdeckt die Phasen und Krater des Mondes sowie die Phasen der Venus und die Monde des Jupiters und bestätigt so die Theorie des Kopernikus. Johannes Kepler veröffentlicht die Gesetze der Planetenbewegung.

Der Amateurastronom Wilhelm Herschel entdeckt den Planeten Uranus und erweitert damit das seit dem Altertum bis zum Saturn reichende klassische Planetensystem.

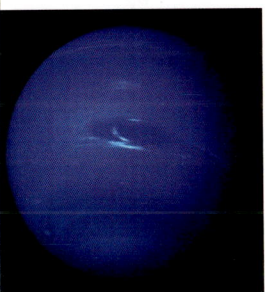

Johann Gottfried Galle entdeckt den Planeten Neptun, dessen Position zuvor zwei Forscher am Schreibtisch ermittelt hatten.

Albert Einstein veröffentlicht seine „Spezielle Relativitätstheorie", der 10 Jahre später die „Allgemeine Relativitätstheorie" folgt.

Clyde Tombaugh entdeckt Pluto.

Flug des ersten Menschen ins All, des Sowjetrussen Juri Gagarin

1905

1930

1961

1923

1957

1964

Edwin Hubble entdeckt einen Cepheiden-Veränderlichen im Andromedanebel und zeigt, dass es sich um ein außergalaktisches System handelt. 1929 entdeckt er die Flucht der Galaxien und dass sich somit das Universum ausdehnt.

Start des ersten künstlichen Erdsatelliten Sputnik 1 durch die damalige UdSSR

Entdeckung der aus allen Richtungen eintreffenden kosmischen Hintergrundstrahlung (der Reststrahlung des Urknalls) durch Arno Pencias und Robert Wilson

1976 landen die beiden Viking-Sonden der NASA erstmals weich auf dem Mars.

Start des ersten Spaceshuttles

Aufbau der Internationalen Raumstation ISS. Im gleichen Jahr wird erkannt, dass die Ausdehnung des Universums zunimmt.

Die NASA-Marssonde Phoenix landet weich im Nordpolargebiet des Mars.

1976

1981

1998

2008

1969

1990

2004

Die NASA-ESA-Sonde Cassini-Huygens erreicht den Saturn und Huygens landet 2005 weich auf Titan.

Das Weltraumteleskop Hubble wird in den Orbit gebracht.

Am 20. Juli betreten im Rahmen der Apollo-XI-Mission die ersten Menschen den Mond: die US-Amerikaner Neil Armstrong und Edwin „Buzz" Aldrin.

Register